国家精品课程和国家精品资源共享课程配套教材

网络服务器搭建、配置与管理——Linux版（第3版）（微课版）

杨云 唐柱斌 ◎ 主编

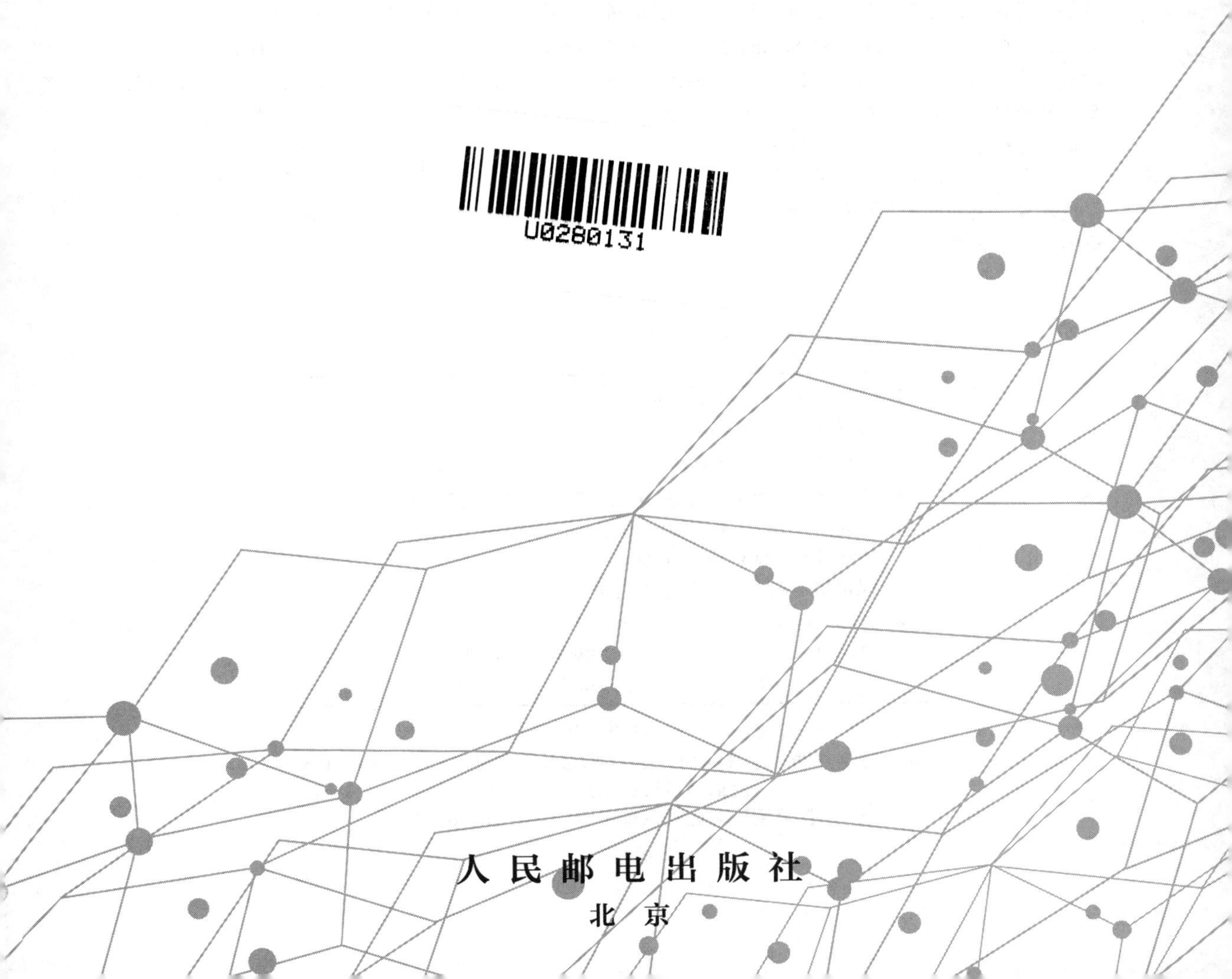

人民邮电出版社
北京

图书在版编目（CIP）数据

网络服务器搭建、配置与管理 ：Linux版 ：微课版 / 杨云，唐柱斌主编. -- 3版. -- 北京 ：人民邮电出版社，2019.2（2023.7重印）
“十二五”职业教育国家规划教材
ISBN 978-7-115-49960-8

Ⅰ. ①网… Ⅱ. ①杨… ②唐… Ⅲ. ①Linux操作系统－网络服务器－职业教育－教材 Ⅳ. ①TP316.85

中国版本图书馆CIP数据核字(2018)第253449号

内容提要

本书是“十二五”职业教育国家规划教材，也是国家精品课程和国家精品资源共享课程配套教材，以学生能够完成中小企业建网、管网的任务为出发点，以工作过程为导向，注重工程实训和应用，是为高职高专院校学生量身定做的教材。

本书以目前 Red Hat 公司最新版本 Red Hat Enterprise Linux 7.4 和 CentOS 7 为平台，对 Linux 的网络服务进行详细讲解。全书根据网络工程实际工作过程所需的知识和技能抽象出 11 个教学项目。教学项目包括：搭建与测试 Linux 服务器、配置网络和使用 SSH 服务、配置与管理防火墙、配置与管理代理服务器、配置与管理 Samba 服务器、配置与管理 NFS 服务器、配置与管理 DHCP 服务器、配置与管理 DNS 服务器、配置与管理 Apache 服务器、配置与管理 FTP 服务器、配置与管理 Postfix 邮件服务器。有的项目后面有“企业实战与应用”“故障排除”“项目实录”等结合实践应用的内容，大量详尽的企业应用实例，配以知识点微课和实训项目慕课视频，使“教、学、做”完美统一。

本书可作为高职高专院校计算机应用技术专业、计算机网络技术专业、网络系统管理专业、软件技术专业及其他计算机类专业的理论与实践一体化教材，也可作为 Linux 系统管理和网络管理人员的自学指导书。

◆ 主　　编　杨　云　唐柱斌
　责任编辑　马小霞
　责任印制　马振武
◆ 人民邮电出版社出版发行　　北京市丰台区成寿寺路 11 号
　邮编　100164　　电子邮件　315@ptpress.com.cn
　网址　http://www.ptpress.com.cn
　保定市中画美凯印刷有限公司印刷
◆ 开本：787×1092　1/16
　印张：17　　　　　　2019 年 2 月第 3 版
　字数：426 千字　　　2023 年 7 月河北第16次印刷

定价：49.80 元

读者服务热线：(010)81055256　印装质量热线：(010)81055316
反盗版热线：(010)81055315
广告经营许可证：京东市监广登字 20170147 号

前 言 FOREWORD

党的二十大报告指出“科技是第一生产力、人才是第一资源、创新是第一动力”。大国工匠和高技能人才作为人才强国战略的重要组成部分，在现代化国家建设中起着重要作用。高等职业教育肩负着培养大国工匠和高技能人才的使命，近几年得到了迅速发展和普及。

网络强国是国家的发展战略。网络技能型人才的培养显得尤为重要。

1. 编写背景

《网络服务器搭建、配置与管理——Linux版（第2版）》是“十二五”职业教育国家规划教材，也是国家精品课程、国家精品资源共享课程的配套教材，是教育部高等学校高职高专计算机类专业教学指导委员会优秀教材。该书出版3年来，得到了兄弟院校师生的厚爱，已经重印11次。为了适应计算机网络的发展和高职高专教材改革的需要，我们对本书第2版进行了修订，改写或重写了核心内容，删除部分陈旧的内容，增加了部分新技术。

2. 修订内容

第3版主要修订的内容如下。

（1）进行了版本升级，由Red Hat Enterprise Linux 6.4升级到Red Hat Enterprise Linux 7.4。

（2）由付强和杨云设计，请专业教师录制了知识点微课，由红帽认证架构师（RHCA）宁方明录制了11个实训项目的慕课。微课和慕课新颖、实用，是学生预习、对照实训、复习和教师备课、授课的好帮手。

（3）增加“配置网络和使用SSH服务”项目，增加“firewalld防火墙”“systemd”和“权限管理”等内容。组织结构更趋合理，内容更加实用、适用，更利于学生学习和教师授课。

（4）将各项目的配置文件以电子资源的形式呈现，更利于教与学。

（5）对于部分不合理的章节进行了调整和修改。

（6）提供更加丰富的电子资源和电子教材。

3. 本书特点

（1）本书是国家精品资源共享课程的配套教材

本书是国家精品课程和国家精品资源共享课程“Linux网络操作系统”的配套教材，教学资源丰富，所有教学和实验视频放在精品课程网站上，供下载学习和在线收看。另外，教学中经常会用到的PPT课件、电子教案、学习论坛、实践教学、授课计划、课程标准、题库、教师手册、学习指南、习题解答、补充材料等内容，也都放在了国家精品资源共享课程网站上。

（2）实训内容源于企业实际应用，“微课+慕课”体现“教、学、做”完美统一

本书突出实战化要求，贴近市场，贴近技术，所有实训项目都源于真实的企业应用案例。

实训内容重在培养读者分析实际问题和解决实际问题的能力。每章后面增加“项目实录”内容。知识点微课、项目实训慕课互相配合，读者可以随时学习与实践工程项目。

（3）配套丰富的教学资源

① 全部章节的知识点微课和全套的项目实训慕课（扫描书中二维码可观看）。

② 综合实训任务书、试卷若干。

③ 教学课件、电子教案、授课计划、项目指导书、课程标准、拓展提升、项目任务单、实训指导书等。

④ 各服务器配置的配置文件。

⑤ 大赛试题。

⑥ 常用命令、权限管理、vim 编辑器使用、文件系统等电子教材。

4. 教学参考学时

本书的参考学时为 76 学时，其中实践环节为 40 学时。各章的参考学时参见下面的学时分配表。

章节	课程内容	学时分配	
		讲授	实训
第 1 章	搭建与测试 Linux 服务器	4	4
第 2 章	配置网络和使用 SSH 服务	4	4
第 3 章	配置与管理防火墙	2	4
第 4 章	配置与管理代理服务器	2	2
第 5 章	配置与管理 Samba 服务器	4	4
第 6 章	配置与管理 NFS 服务器	4	4
第 7 章	配置与管理 DHCP 服务器	4	4
第 8 章	配置与管理 DNS 服务器	4	4
第 9 章	配置与管理 Apache 服务器	4	4
第 10 章	配置与管理 FTP 服务器	2	4
第 11 章	配置与管理 Postfix 邮件服务器	2	2
	学时总计	36	40
附录 1	综合实训		一周
附录 2	常用命令的使用	2	2
附录 3	Linux 用户和软件包管理	2	2
附录 4	管理文件系统和权限	4	4
	附录内容以电子版形式提供，不列入纸质教材。		

5. 其他

本书由杨云、唐柱斌主编，王世存、张晖也参与了相关章节的编写。特别感谢唐柱斌、付强、刁琦、李谷伟、朱晓彦等老师，以及 Linux 教师群里 1 000 多位教师的无私帮助和支持。

特别提示，订购教材后请向作者索要全套教学资源，作者 QQ 号码为 68433059。欢迎加入计算机研讨&资源共享（教师 QQ 群），号码为 189934741。

编　者

2023 年 5 月　于泉城

目录 CONTENTS

第1章 搭建与测试 Linux 服务器

项目导入

某高校组建了校园网，需要架设一台具有 Web、FTP、DNS、DHCP、Samba、VPN 等功能的服务器来为校园网用户提供服务，现需要选择一种既安全又易于管理的网络操作系统，正确搭建服务器并测试。

项目目标

- 了解 Linux 系统的历史、版权以及 Linux 系统的特点
- 了解 Red Hat Enterprise Linux 7.4 的优点及其家族成员
- 了解硬盘及分区知识
- 掌握如何搭建 Red Hat Enterprise Linux 7.4 服务器
- 掌握 yum、systemd、shell 等相关内容

1.1 相关知识

1.1.1 子任务 1 认识 Linux 的前世与今生

1. Linux 系统的历史

Linux 系统是一个类似 UNIX 的操作系统，Linux 系统是 UNIX 在计算机上的完整实现，它的标志是一个名为 Tux 的可爱的小企鹅，如图 1-1 所示。

视频 1-1 开源自由的 Linux 操作系统的简介

1990 年，芬兰人林纳斯·托瓦兹（Linus Torvalds）接触了为教学而设计的 Minix 系统后，开始着手研究编写一个开放的与 Minix 系统兼容的操作系统。1991 年 10 月 5 日，Linus Torvalds 在赫尔辛基技术大学的一台 FTP 服务器上发布了一个消息，这也标志着 Linux 系统诞生。Linus Torvalds 公布了第一个 Linux 的内核版本 0.02 版。在最开始时，Linus Torvalds 的兴趣在于了解操作系统运行原理，因此 Linux 早期的版本并没有考虑最终用户的使用，只是提供了最核心的框架，使得 Linux 编程人员可以享受编制内核的乐趣，但这样也保证了 Linux 系统内核的强大与稳定。Internet 的兴起，使得 Linux 系统也能十分迅速地发展，很快就有许多程序员加入了 Linux 系统的编写行列之中。

随着编程小组的扩大和完整的操作系统基础软件的出现，Linux 开发人员认识到，Linux 已经逐渐变成一个成熟的操作系统。1992 年 3 月，内核 1.0 版本的推出标志着 Linux 第一个正式版本诞生。这时能在 Linux 上运行的软件已经十分广泛了，从编译器到网络软件及 X-Window 都有。现在，Linux 凭借优秀的设计、不凡的性能，加上 IBM、Intel、AMD、

Dell、Oracle、Sybase 等国际知名企业的大力支持，市场份额逐步扩大，逐渐成为主流操作系统之一。

2. Linux 的版权问题

Linux 是基于 Copyleft（无版权）的软件模式发布的，其实 Copyleft 是与 Copyright（版权所有）相对立的新名称，它是 GNU 项目制定的通用公共许可证（General Public License，GPL）。GNU 项目是由 Richard Stallman 于 1984 年提出的，他建立了自由软件基金会（FSF）并提出 GNU 计划的目的是开发一个完全自由的、与 UNIX 类似，但功能更强大的操作系统，以便为所有的计算机使用者提供一个功能齐全、性能良好的基本系统，它的标志是角马，如图 1-2 所示。

图 1-1　Linux 的标志 Tux

图 1-2　GNU 的标志角马

GPL 是由自由软件基金会发行的用于计算机软件的协议证书，使用证书的软件称为自由软件（后来改名为开放源代码软件（Open Source Software））。大多数的 GNU 程序和超过半数的自由软件都使用它，GPL 保证任何人都有权使用、复制和修改该软件。任何人都有权取得、修改和重新发布自由软件的源代码，并且规定在不增加附加费用的条件下可以得到自由软件的源代码。同时还规定自由软件的衍生作品必须以 GPL 作为它重新发布的许可协议。Copyleft 软件的组成非常透明化，这样当出现问题时，就可以准确地查明故障原因，及时采取相应对策，同时用户不用再担心有“后门”的威胁。

小资料：GNU 这个名字使用了有趣的递归缩写，它是“GNU's Not UNIX”的缩写形式。由于递归缩写是一种在全称中递归引用它自身的缩写，因此无法精确地解释出它的真正全称。

---

3. Linux 系统的特点

Linux 操作系统作为一个免费、自由、开放的操作系统，它的发展势不可当，拥有如下特点。

（1）完全免费。由于 Linux 遵循通用公共许可证 GPL，因此任何人都有使用、复制和修改 Linux 的自由，可以放心地使用 Linux 而不必担心成为“盗版”用户。

（2）高效、安全、稳定。UNIX 操作系统的稳定性是众所周知的，Linux 继承了 UNIX 核心的设计思想，具有执行效率高、安全性高和稳定性好的特点。Linux 系统的连续运行时间通常以年作为单位，能连续运行 3 年以上的 Linux 服务器并不少见。

（3）支持多种硬件平台。Linux 能在笔记本电脑、PC、工作站甚至大型机上运行，并能在 x86、MIPS、PowerPC、SPARC、Alpha 等主流的体系结构上运行，可以说 Linux 是目前支持硬件平台最多的操作系统。

（4）友好的用户界面。Linux 提供了类似 Windows 图形界面的 X-Window 系统，用户可以使用鼠标方便、直观和快捷地进行操作。经过多年的发展，Linux 的图形界面技术已经非常成熟，其强大的功能和灵活的配置界面让一向以用户界面友好著称的 Windows 也黯然失色。

（5）强大的网络功能。网络就是 Linux 的生命，完善的网络支持是 Linux 与生俱来的能力，所以Linux在通信和网络功能方面优于其他操作系统，其他操作系统不包含如此紧密地和内核结合在一起的连接网络的能力，也没有内置这些网络特性的灵活性。

（6）支持多任务、多用户。Linux是多任务、多用户的操作系统，可以支持多个使用者同时使用并共享系统的磁盘、外设、处理器等系统资源。Linux的保护机制使每个应用程序和用户互不干扰，一个任务崩溃，其他任务仍然照常运行。

1.1.2　子任务2　理解Linux体系结构

Linux一般有3个主要部分：内核（Kernel）、命令解释层（shell或其他操作环境）、实用工具。

1. Linux内核

内核是系统的心脏，是运行程序和管理磁盘及打印机等硬件设备的核心程序。操作环境向用户提供一个操作界面，它从用户那里接受命令，并且把命令送给内核去执行。由于内核提供的都是操作系统最基本的功能，如果内核发生问题，整个计算机系统就可能会崩溃。

Linux内核的源代码主要用C语言编写，只有部分与驱动相关的用汇编语言Assembly编写。Linux内核采用模块化的结构，其主要模块包括存储管理、CPU和进程管理、文件系统管理、设备管理和驱动、网络通信及系统的引导、系统调用等。Linux内核的源代码通常安装在/usr/src目录，可供用户查看和修改。

2. 命令解释层

shell是系统的用户界面，提供了用户与内核进行交互操作的一种接口。它接收用户输入的命令，并且把它送入内核去执行。

操作环境在操作系统内核与用户之间提供操作界面，它可以描述为一个解释器。操作系统对用户输入的命令进行解释，再将其发送到内核。Linux存在几种操作环境，分别是桌面（desktop）、窗口管理器（window manager）和命令行shell（command line shell）。Linux系统中的每个用户都可以拥有自己的用户操作界面，根据自己的要求定制。

shell是一个命令解释器，它解释由用户输入的命令，并且把它们送到内核。不仅如此，shell还有自己的编程语言用于编辑命令，它允许用户编写由shell命令组成的程序。shell编程语言具有普通编程语言的很多特点，如它也有循环结构和分支控制结构等，用这种编程语言编写的shell程序与其他应用程序具有同样的效果。

同Linux本身一样，shell也有多种不同的版本。目前，主要有下列版本的shell。

- Bourne shell：是贝尔实验室开发的版本。
- BASH：是GNU的Bourne Again shell，是GNU操作系统默认的shell。
- Korn shell：是对Bourne shell的发展，在大部分情况下与Bourne shell兼容。
- C shell：是SUN公司shell的BSD版本。

shell不仅是一种交互式命令解释程序，而且是一种程序设计语言，它跟MS-DOS中的批处理命令类似，但比批处理命令功能强大。在shell脚本程序中可以定义和使用变量，进行参数传递、流程控制、函数调用等。

3. 实用工具

标准的Linux系统都有一套叫作实用工具的程序，它们是专门的程序，如编辑器、执行标准的计算操作等。用户也可以产生自己的工具。

实用工具可分为以下3类。

- 编辑器：用于编辑文件。
- 过滤器：用于接收数据并过滤数据。
- 交互程序：允许用户发送信息或接收来自其他用户的信息。

Linux 的编辑器主要有 Ed、Ex、Vi、vim 和 Emacs。Ed 和 Ex 是行编辑器，Vi、vim 和 Emacs 是全屏幕编辑器。

1.1.3 子任务 3 认识 Linux 的版本

Linux 的版本分为内核版本和发行版本两种。

1. 内核版本

内核是系统的心脏，是运行程序和管理磁盘及打印机等硬件设备的核心程序，它提供了一个在裸设备与应用程序间的抽象层。例如，程序本身不需要了解用户的主板芯片集或磁盘控制器的细节就能在高层次上读写磁盘。

内核的开发和规范一直由 Linus 领导的开发小组控制，版本也是唯一的。开发小组每隔一段时间公布新的版本或其修订版，从 1991 年 10 月 Linus 向世界公开发布的内核 0.0.2 版本（因为 0.0.1 版本功能相当简陋，所以没有公开发布）到目前最新的内核 4.16.6 版本，Linux 的功能越来越强大。

Linux 内核的版本号命名是有一定规则的，版本号的格式通常为“主版本号.次版本号.修正号”。主版本号和次版本号标志着重要的功能变动，修正号表示较小的功能变更。以 2.6.12 版本为例，2 代表主版本号，6 代表次版本号，12 代表修正号。其中次版本号还有特定的意义：如果是偶数，就表示该内核是一个可放心使用的稳定版；如果是奇数，则表示该内核加入了某些测试的新功能，是一个内部可能存在 Bug 的测试版。例如，2.5.74 表示是一个测试版的内核，2.6.12 表示是一个稳定版的内核。读者可以到 Linux 内核官方网站下载最新的内核代码，如图 1-3 所示。

图 1-3 Linux 内核官方网站

2. 发行版本

因为仅有内核而没有应用软件的操作系统是无法使用的，所以许多公司或社团将内核、源代码及相关的应用程序组织构成一个完整的操作系统，让一般的用户可以简便地安装和使用 Linux，这就是所谓的发行版本（Distribution），一般谈论的 Linux 系统便是针对这些发行版本的。目前各种发行版本超过 300 种，它们的发行版本号各不相同，使用的内核版本号也可能不一样，现在最流行的套件有 Red Hat（红帽子）、CentOS、Fedora、openSUSE、Debian、Ubuntu、红旗 Linux 等。

现在国内大多数 Linux 相关的图书都是围绕 CentOS 系统编写的，作者大多也会给出围绕 CentOS 进行写作的一系列理由，但是很多理由都站不住脚，根本没有剖析到 CentOS 系统与 RHEL（Red Hat Enterprise Linux）系统的本质关系。CentOS 系统是通过把 RHEL 系统释放出的程序源代码经过二次编译之后生成的一种 Linux 系统，其命令操作和服务配置方法与 RHEL 完全相同，但是去掉了很多收费的服务套件功能，而且不提供任何形式的技术支持，出现问题后只能由运维人员自己解决。经过这般分析基本上可以判断出，选择 CentOS 的理由只剩下免费！当人们大举免费、开源、正义的旗帜来宣扬 CentOS 系统的时候，殊不知 CentOS 系统其实早在 2014 年年初就已经被红帽公司“收编”，当前只是战略性的免费而已。再者说，根据 GNU GPL 许可协议，我们同样也可以免费使用 RHEL 系统，甚至是修改其代码创建衍生产品。开源系统在自由程度上没有任何差异，更无关道德问题。

本书是基于最新的 RHEL 7.4 系统编写的，书中内容及实验完全通用于 CentOS、Fedora 等系统。也就是说，当您学完本书后，即便公司内的生产环境部署的是 CentOS 系统，也照样可以搞得定。更重要的是，本书配套资料中的 ISO 镜像与红帽 RHCSA 及 RHCE 考试基本保持一致，因此更适合备考红帽认证的考生使用。（加入 QQ 群 189934741 可随时索要 ISO 及其他资料，后面不再说明。）

1.2 设计与准备搭建 Linux 服务器

中小型企业在选择网络操作系统时，首先推荐企业版 Linux 网络操作系统。一是由于其开源的优势，另一个是考虑到其安全性较高。

要想成功安装 Linux，首先必须充分准备硬件的基本要求、硬件的兼容性、多重引导、磁盘分区和安装方式等，获取发行版本，查看硬件是否兼容，选择适合的安装方式。做好这些准备工作，Linux 安装之旅才会一帆风顺。

Red Hat Enterprise Linux 7.4 支持目前绝大多数主流的硬件设备，不过由于硬件配置、规格更新极快，若想知道自己的硬件设备是否被 Red Hat Enterprise Linux 7.4 支持，最好访问硬件认证网页，查看哪些硬件通过了 Red Hat Enterprise Linux 7.4 的认证。

1. 物理设备的命名规则

在 Linux 系统中一切都是文件，硬件设备也不例外。既然是文件，就必须有文件名称。系统内核中的 udev 设备管理器会自动把硬件名称规范起来，目的是让用户通过设备文件名称可以猜出设备大致的属性及分区信息等；这对于陌生的设备来说特别方便。另外，udev 设备管理器的服务会一直以守护进程的形式运行并侦听内核发出的信号来管理/dev 目录下的设备文件。Linux 系统中常见的硬件设备的文件名称如表 1-1 所示。

表 1-1 常见的硬件设备及其文件名称

硬件设备	文件名称
IDE 设备	/dev/hd[a-d]
SCSI/SATA/U 盘	/dev/sd[a-p]
软驱	/dev/fd[0-1]
打印机	/dev/lp[0-15]
光驱	/dev/cdrom
鼠标	/dev/mouse
磁带机	/dev/st0 或/dev/ht0

由于现在的IDE设备已经很少见了，所以一般的硬盘设备都是以“/dev/sd”开头的。而一台主机上可以有多块硬盘，因此系统采用a～p来代表16块不同的硬盘（默认从a开始分配），而且硬盘的分区编号也有规定。

- 主分区或扩展分区的编号从1开始，到4结束。
- 逻辑分区从编号5开始。

注意：① /dev目录中的sda设备之所以是a，并不是由插槽决定的，而是由系统内核的识别顺序来决定的。读者以后在使用iSCSI网络存储设备时就会发现，明明主板上第二个插槽是空着的，但系统却能识别到/dev/sdb这个设备就是这个道理。② sda3表示编号为3的分区，而不能判断sda设备上已经存在了3个分区。

那么/dev/sda5这个设备文件名称包含哪些信息呢？其包含的信息如图1-4所示。

首先，/dev/目录中保存的应当是硬件设备文件；其次，sd表示是存储设备，a表示系统中同类接口中第一个被识别到的设备，5表示这个设备是一个逻辑分区。一言以蔽之，“/dev/sda5”表示的就是“这是系统中第一块被识别到的硬件设备中分区编号为5的逻辑分区的设备文件”。

2. 硬盘相关知识

硬盘设备是由大量的扇区组成的，每个扇区的容量为512字节。其中第一个扇区最重要，它里面保存着主引导记录与分区表信息。就第一个扇区来讲，主引导记录需要占用446字节，分区表为64字节，结束符占用2字节；其中分区表中每记录一个分区信息就需要16字节，这样一来最多只有4个分区信息可以写到第一个扇区中，这4个分区就是4个主分区。第一个扇区中的数据信息如图1-5所示。

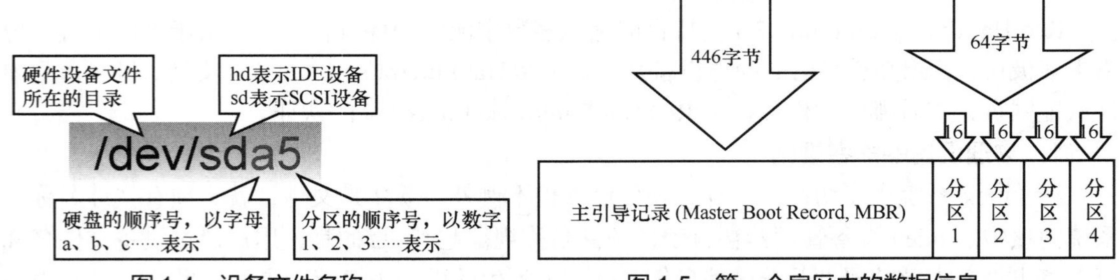

图1-4　设备文件名称　　图1-5　第一个扇区中的数据信息

第一个扇区最多只能创建出4个分区，于是为了解决分区数不够的问题，可以将第一个扇区的分区表中16字节（原本要写入主分区信息）的空间（称之为扩展分区）拿出来指向另外一个分区。也就是说，扩展分区其实并不是一个真正的分区，而更像是一个占用16字节分区表空间的指针——一个指向另外一个分区的指针。这样一来，用户一般会选择使用3个主分区加1个扩展分区的方法，然后在扩展分区中创建出数个逻辑分区，从而满足多分区（大于4个）的需求。主分区、扩展分区、逻辑分区可以像图1-6那样来规划。

注意：扩展分区严格地讲不是一个实际意义的分区，它仅仅是一个指向下一个分区的指针，这种指针结构将形成一个单向链表。

思考：/dev/sdb8是什么意思？

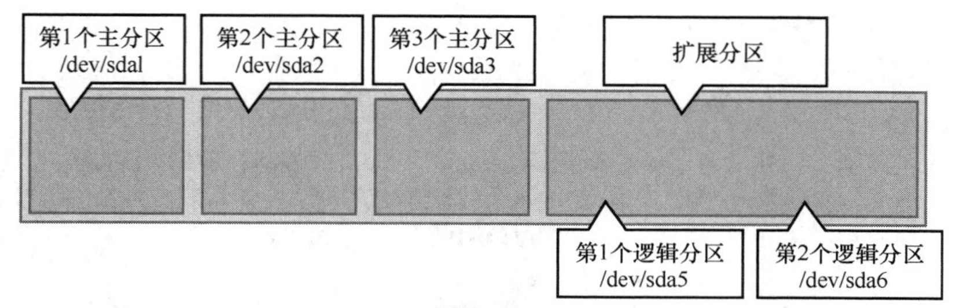

图 1-6　硬盘分区的规划

3. 规划分区

在安装 Red Hat Enterprise Linux 7.4 之前，需要根据实际情况，准备 Red Hat Enterprise Linux 7.4 的 DVD 光盘或镜像文件，同时要提前对系统的分区进行规划。

因为对于初次接触 Linux 的用户来说，分区方案越简单越好，所以最好的选择就是为 Linux 准备两个分区，一个是用户保存系统和数据的根分区（/），另一个是交换分区。其中交换分区不用太大，与物理内存同样大小即可；根分区则需要根据 Linux 系统安装后占用资源的大小和所需保存数据的多少来调整大小（一般情况下，划分 15GB～20GB 就足够了）。

当然，对于 Linux 熟手，或者要安装服务器的管理员来说，这种分区方案就不太适合了。此时，一般还会单独创建一个/boot 分区，用于保存系统启动时所需的文件；再创建一个/usr 分区，操作系统基本都在这个分区中；还需要创建一个/home 分区，所有的用户信息都在这个分区下；还有/var 分区，服务器的登录文件、邮件、Web 服务器的数据文件都会放在这个分区中，如图 1-7 所示。

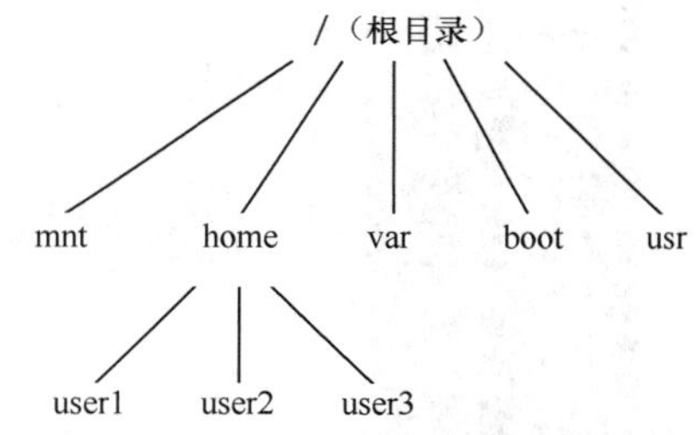

图 1-7　Linux 服务器常见分区方案

至于分区操作，由于 Windows 并不支持 Linux 下的 ext2、ext3、ext4 和 swap 分区，所以只有借助于 Linux 的安装程序进行分区了。当然，绝大多数第三方分区软件也支持 Linux 的分区，也可以用它们来完成这项工作。

下面，通过 Red Hat Enterprise Linux 7 DVD 来启动计算机，并逐步安装程序。

1.3　项目实施

任务 1-1　安装配置 VM 虚拟机

① 成功安装 VMware Workstation 后的界面如图 1-8 所示。

② 在图 1-8 中，单击“创建新的虚拟机”选项，在弹出的“新建虚拟机向导”界面中选择“典型”单选按钮，然后单击“下一步”按钮，如图 1-9 所示。

③ 选中“稍后安装操作系统”单选按钮，单击“下一步”按钮，如图 1-10 所示。

注意：请一定选择“稍后安装操作系统”单选按钮，如果选择“安装程序光盘镜像文件”单选按钮，并选中下载好的 RHEL 7 系统的镜像，虚拟机会通过默认的安装策略为您部署最精简的 Linux 系统，而不会再向您询问安装设置的选项。

---

④ 在图 1-11 中，选择客户机操作系统的类型为“Linux”，版本为“Red Hat Enterprise Linux 7 64 位”，然后单击“下一步”按钮。

图 1-8 虚拟机软件的管理界面

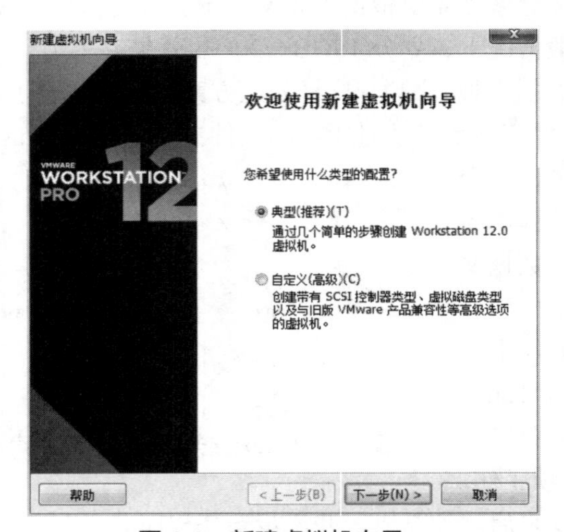

图 1-9 新建虚拟机向导

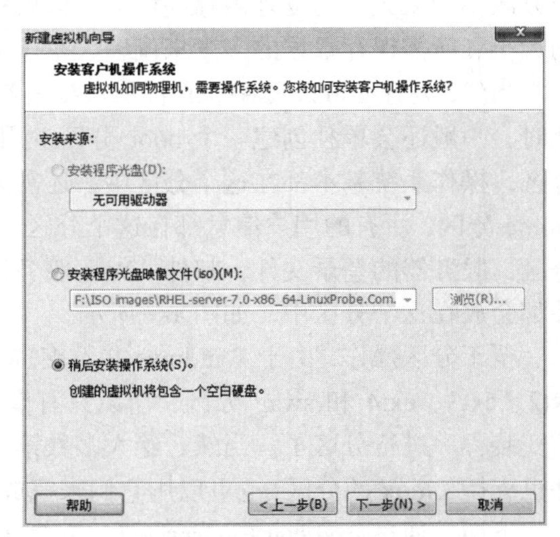

图 1-10 选择虚拟机的安装来源

⑤ 输入“虚拟机名称”，并在选择安装位置之后单击“下一步”按钮，如图 1-12 所示。

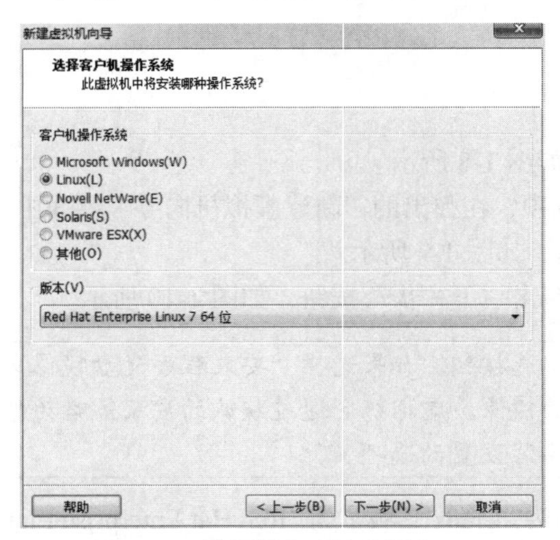

图 1-11 选择操作系统的版本

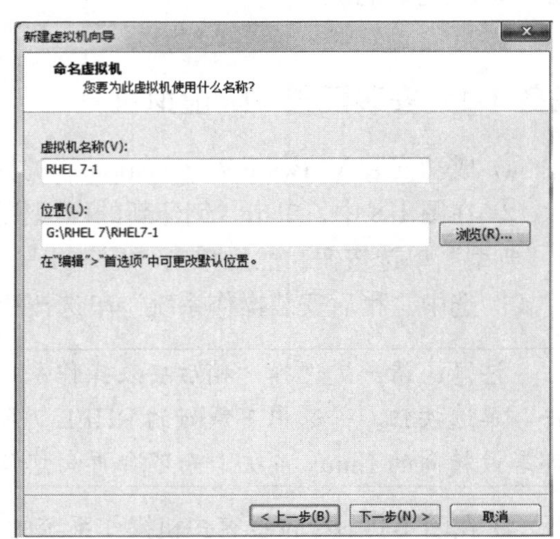

图 1-12 命名虚拟机及设置安装路径

⑥ 将虚拟机系统的“最大磁盘大小”设置为 40.0GB（默认即可），然后单击“下一步”按钮，如图 1-13 所示。

⑦ 单击“自定义硬件”按钮，如图 1-14 所示。

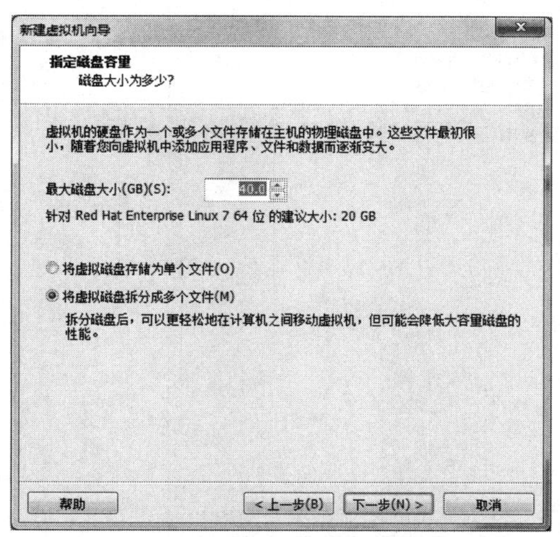

图 1-13 设置虚拟机最大磁盘大小

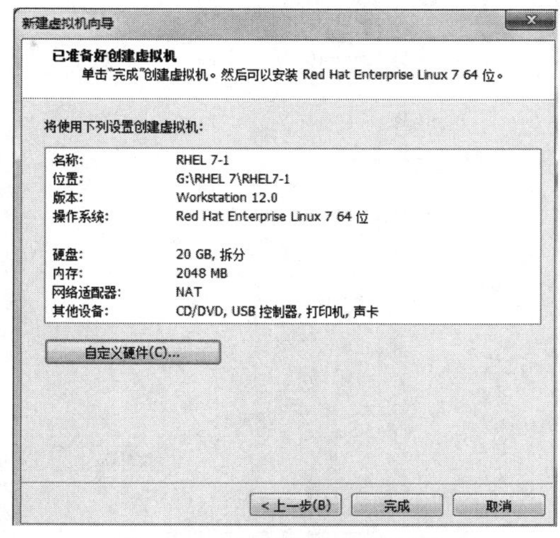

图 1-14 虚拟机的配置界面

⑧ 在出现的图 1-15 所示的界面中，建议将虚拟机系统内存的可用量设置为 2GB，最低不应低于 1GB。根据宿主机的性能设置 CPU 处理器的数量及每个处理器的核心数量，并开启虚拟化功能，如图 1-16 所示。

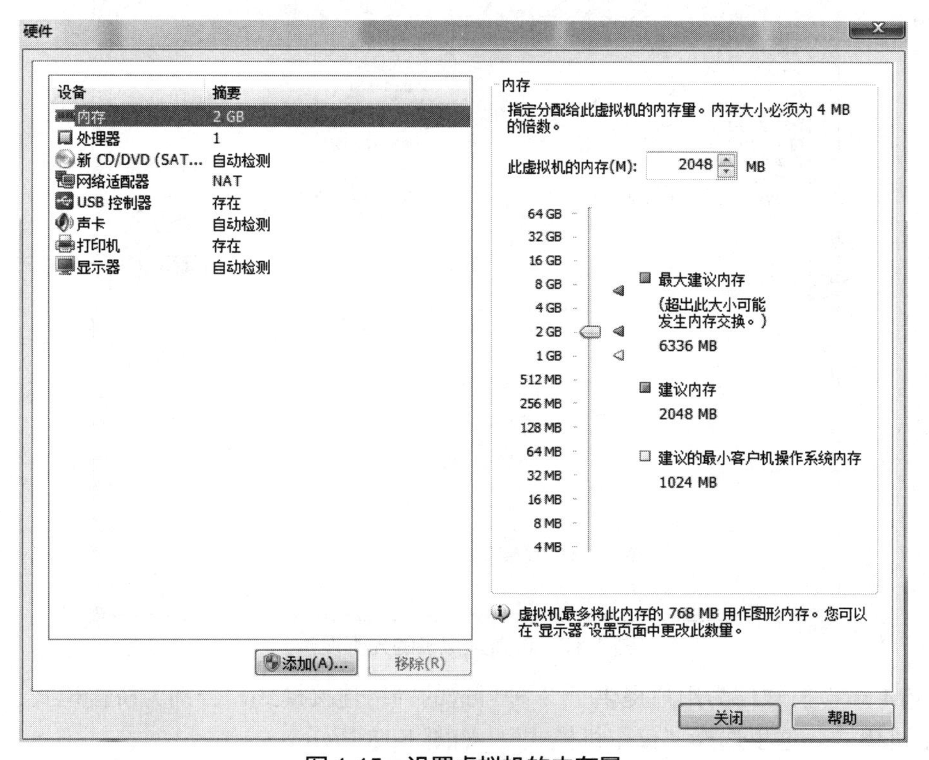

图 1-15 设置虚拟机的内存量

图 1-16　设置虚拟机的处理器参数

⑨ 光驱设备此时应在“使用 ISO 镜像文件”中选中了下载好的 RHEL 系统镜像文件，如图 1-17 所示。

图 1-17　设置虚拟机的光驱设备

⑩ VM 虚拟机软件为用户提供了 3 种可选的网络连接模式，分别为桥接模式、NAT 模式与仅主机模式。这里选择“仅主机模式”，如图 1-18 所示。

- **桥接模式：**相当于在物理主机与虚拟机网卡之间架设了一座桥梁，从而可以通过物理主机的网卡访问外网。

图 1-18　设置虚拟机的网络适配器

- **NAT 模式**：让 VM 虚拟机的网络服务发挥路由器的作用，使得通过虚拟机软件模拟的主机可以通过物理主机访问外网，在真机中，NAT 虚拟机网卡对应的物理网卡是 VMnet8。
- **仅主机模式**：仅让虚拟机内的主机与物理主机通信，不能访问外网，在真机中，仅主机模式模拟网卡对应的物理网卡是 VMnet1。

⑪ 把 USB 控制器、声卡、打印机设备等不需要的设备统统移除掉。移除声卡后可以避免在输入错误后发出提示声音，确保自己在今后的实验中思绪不被打扰。然后单击“关闭”按钮，如图 1-19 所示。

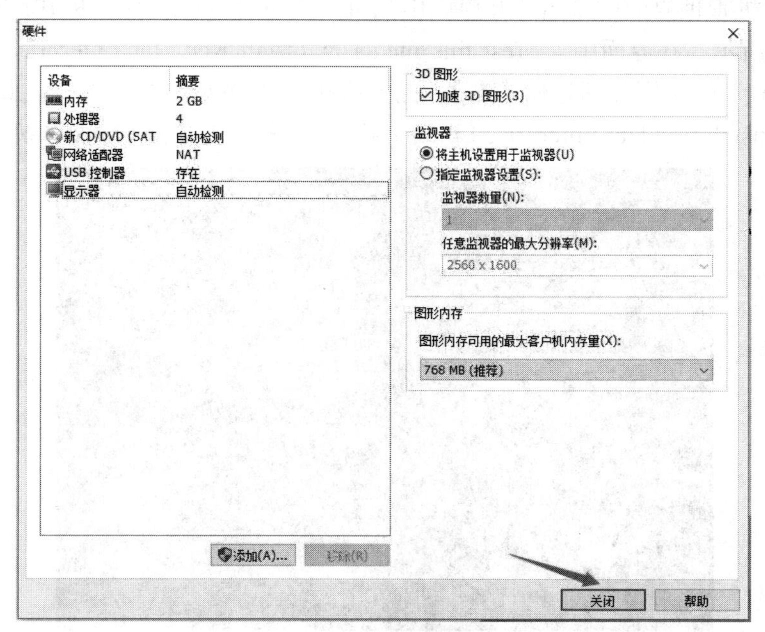

图 1-19　最终的虚拟机配置情况

⑫ 返回虚拟机配置向导界面后，单击“完成”按钮。虚拟机的安装和配置顺利完成。当看到图 1-20 所示的界面时，就说明虚拟机已经配置成功了。

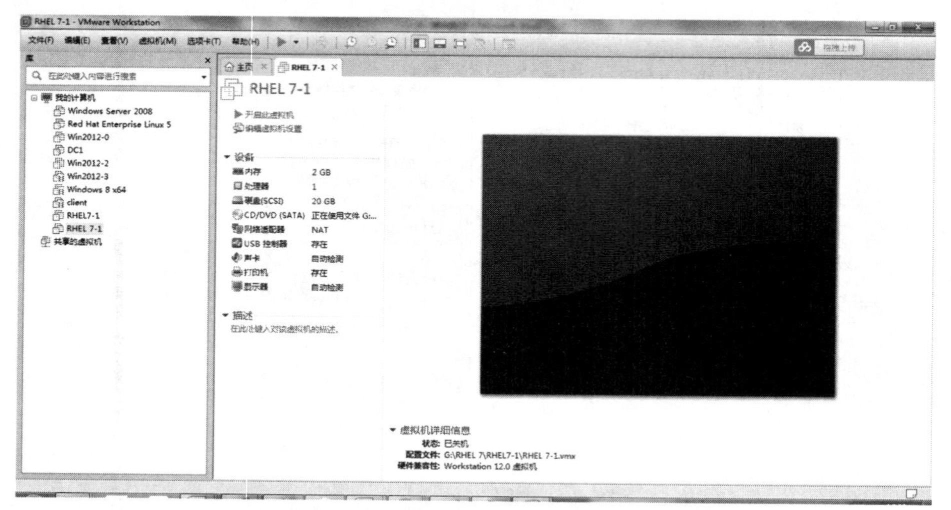

图 1-20　虚拟机配置成功的界面

任务 1-2　安装 Red Hat Enterprise Linux 7.4

安装 RHEL 7.4 或 CentOS 7.4 系统时，计算机的 CPU 需要支持 VT（Virtualization Technology，虚拟化技术）。所谓 VT，是指让单台计算机能够分割出多个独立资源区，并让每个资源区按照需要模拟出系统的一项技术，其本质就是通过中间层实现计算机资源的管理和再分配，让系统资源的利用率最大化。其实只要计算机不是五六年前买的，价格不低于 3000 元，它的 CPU 就肯定会支持 VT。如果开启虚拟机后依然提示“CPU 不支持 VT 技术”等报错信息，请重启计算机并进入 BIOS 中开启 VT 虚拟化功能即可。

① 在虚拟机管理界面中单击“开启此虚拟机”按钮后数秒就看到 RHEL 7.4 系统安装界面，如图 1-21 所示。在界面中，“Test this media & install Red Hat Enterprise Linux 7.4”和“Troubleshooting”的作用分别是校验光盘完整性后再安装及启动救援模式。此时通过键盘的方向键选择“Install Red Hat Enterprise Linux 7.4”选项来直接安装 Linux 系统。

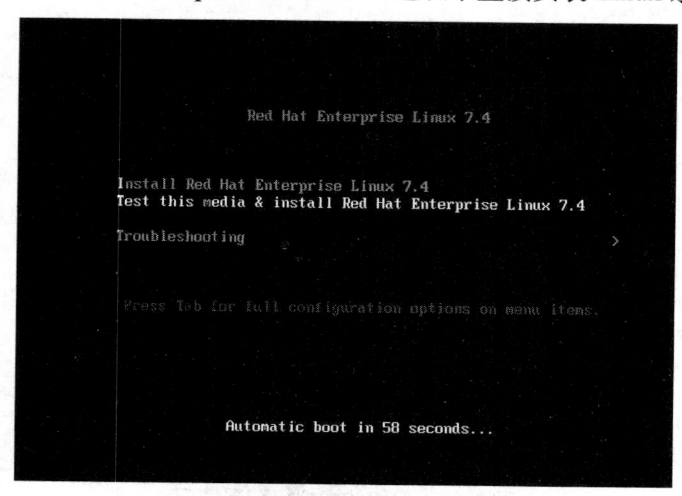

图 1-21　RHEL 7.4 系统安装界面

② 按回车键后开始加载安装镜像，所需时间在30s～60s，请耐心等待，选择系统的安装语言（简体中文）后单击“继续”按钮。

③ 在安装界面中单击“软件选择”选项，如图1-22所示。

④ RHEL 7.4 系统的软件定制界面可以根据用户的需求来调整系统的基本环境，如把Linux系统用作基础服务器、文件服务器、Web服务器或工作站等。此时只需在界面中单击选中“带GUI的服务器”单选按钮（注意：如果不选此项，则无法进入图形界面），如图1-23所示，然后单击左上角的“完成”按钮即可。

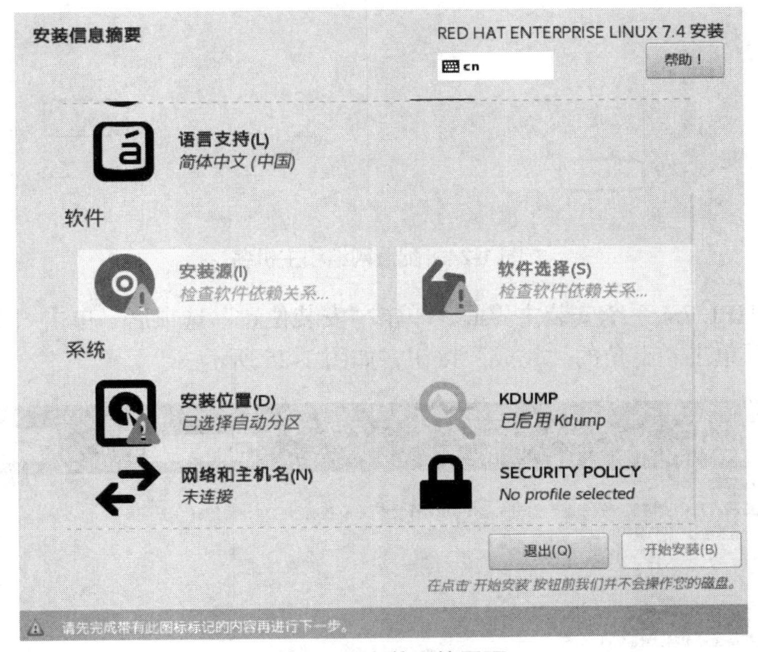

图1-22 安装系统界面

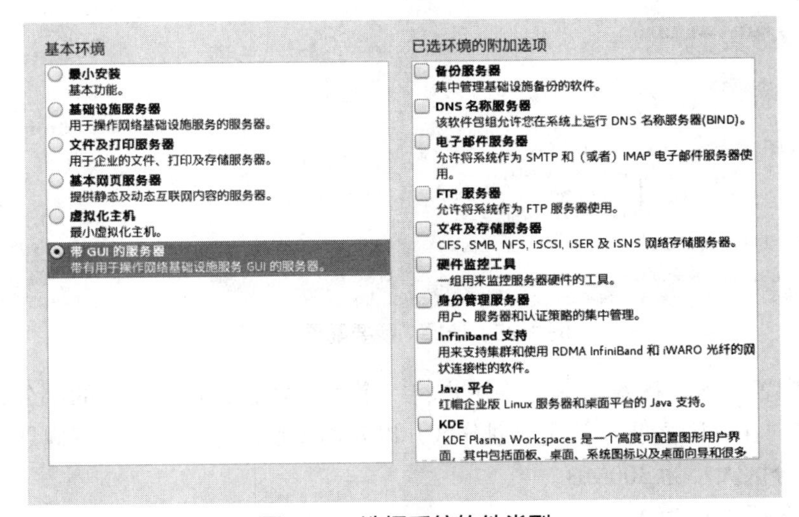

图1-23 选择系统软件类型

⑤ 返回RHEL 7.4系统安装主界面，单击“网络和主机名”选项后，将“主机名”设置为RHEL7-1，然后单击左上角的“完成”按钮，如图1-24所示。

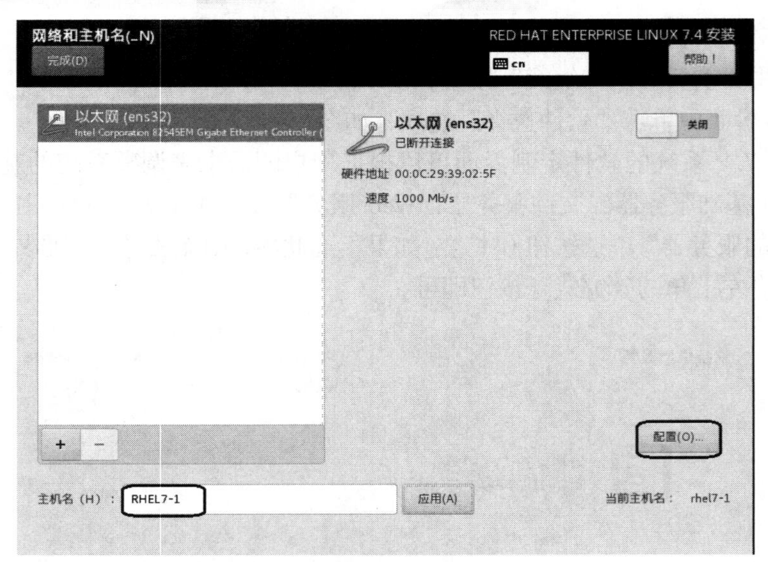

图 1-24　配置网络和主机名

⑥ 返回 RHEL 7.4 系统安装主界面，单击“安装位置”选项后，单击“我要配置分区”单选按钮，然后单击左上角的“完成”按钮，如图 1-25 所示。

图 1-25　选择“我要配置分区”

⑦ 开始配置分区。磁盘分区允许用户将一个磁盘划分成几个单独的部分，每一部分都有自己的盘符。在分区之前，首先规划分区，以 40GB 硬盘为例，做如下规划。

- /boot 分区大小为 300MB。
- swap 分区大小为 4GB。
- /分区大小为 10GB。
- /usr 分区大小为 8GB。
- /home 分区大小为 8GB。

- /var 分区大小为 8GB。
- /tmp 分区大小为 1GB。

下面进行具体分区操作。

step1：创建 boot 分区（启动分区）。在“新挂载点将使用以下分区方案”下选中“标准分区”。单击“+”按钮，打开“添加新挂载点”对话框，如图 1-26 所示。选择挂载点为“/boot”（也可以直接输入挂载点），期望容量设置为 300MB，然后单击“添加挂载点”按钮。在图 1-27 所示的界面中设置文件系统类型为“ext4”，默认文件系统 xfs 也可以。

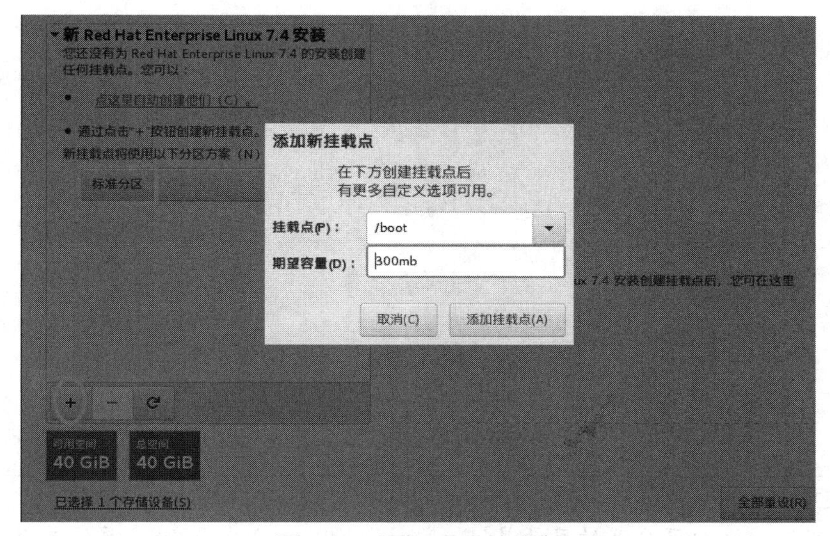

图 1-26　添加/boot 挂载点

图 1-27　设置/boot 挂载点的文件系统类型

注意：一定要选中标准分区，以保证/home 为单独分区，为后面做配额实训做必要准备！

step2：创建交换分区。单击“+”按钮，创建交换分区。“文件系统”类型选择“swap”，大小一般设置为物理内存的两倍即可。例如，计算机物理内存大小为 2GB，设置的 swap 分区大小就是 4096MB（4GB）。

说明：什么是 swap 分区？简单地说，swap 就是虚拟内存分区，它类似于 Windows 的 PageFile.sys 页面交换文件。就是当计算机的物理内存不够时，作为后备军利用硬盘上的指定空间来动态扩充内存的大小。

step3：用同样方法创建其他分区创建“/”分区大小为 10GB，“/usr”分区大小为 8GB，“/home”分区大小为 8GB，“/var”分区大小为 8GB，“/tmp”分区大小为 1GB。文件系统类型全部设置为“ext4”，设置分区类型全部为“标准分区”。设置完成如图 1-28 所示。

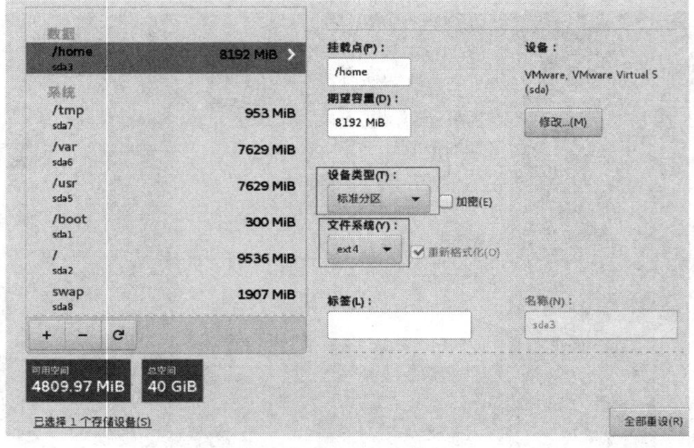

图 1-28　手动分区

特别注意：

① 不可与 root 分区分开的目录是/dev、/etc、/sbin、/bin 和/lib。系统启动时，核心只载入一个分区，那就是“/”，因为核心启动要加载/dev、/etc、/sbin、/bin 和/lib5 个目录的程序，所以以上几个目录必须和/根目录在一起。

② 最好单独分区的目录是/home、/usr、/var 和/tmp，出于安全和管理的目的，以上 4 个目录最好独立出来，比如在 Samba 服务中，/home 目录可以配置磁盘配额 quota，在 sendmail 服务中，/var 目录可以配置磁盘配额 quota。

step4：单击左上角的“完成”按钮，单击“接受更改”按钮完成分区，如图 1-29 所示。

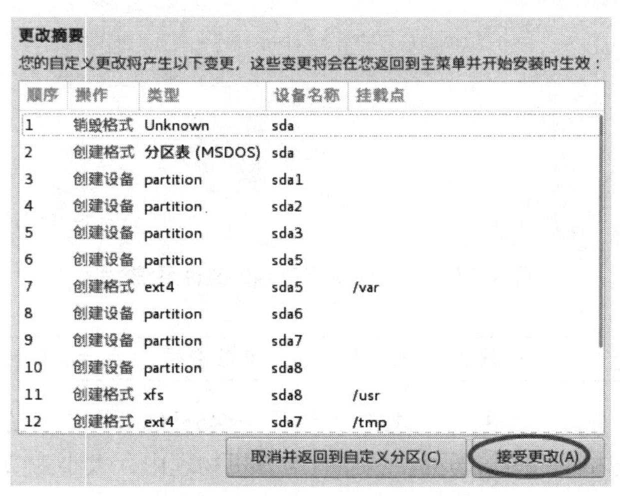
更改摘要

您的自定义更改将产生以下变更，这些变更将会在您返回到主菜单并开始安装时生效：

顺序	操作	类型	设备名称	挂载点
1	销毁格式	Unknown	sda	
2	创建格式	分区表 (MSDOS)	sda	
3	创建设备	partition	sda1	
4	创建设备	partition	sda2	
5	创建设备	partition	sda3	
6	创建设备	partition	sda5	
7	创建格式	ext4	sda5	/var
8	创建设备	partition	sda6	
9	创建设备	partition	sda7	
10	创建设备	partition	sda8	
11	创建格式	xfs	sda8	/usr
12	创建格式	ext4	sda7	/tmp

取消并返回到自定义分区(C)　接受更改(A)

图 1-29　完成分区后的结果

⑧ 返回安装主界面，如图 1-30 所示，单击“开始安装”按钮后即可看到安装进度，此处选择“ROOT 密码”，如图 1-31 所示。

图 1-30　RHEL 7.4 安装主界面

图 1-31　RHEL 7.4 系统的安装界面

⑨ 设置 root 管理员的密码。若坚持用弱口令的密码，则需要单击 2 次左上角的“完成”按钮才可以确认，如图 1-32 所示。这里需要多说一句，在虚拟机中做实验时，密码无所谓强弱，但在生产环境中一定要让 root 管理员的密码足够复杂，否则系统将面临严重的安全问题。

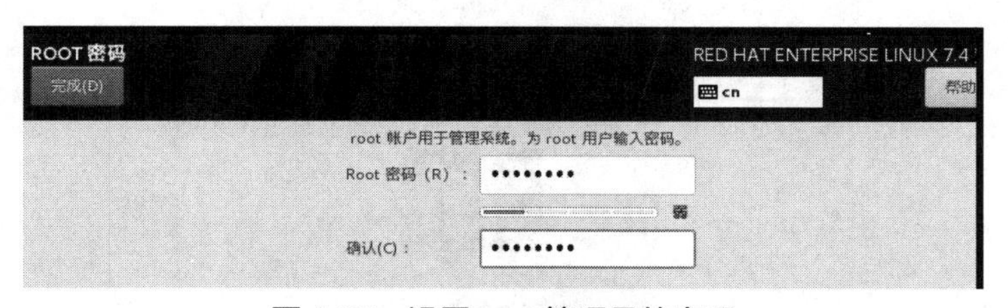

图 1-32　设置 root 管理员的密码

⑩ Linux 系统的安装一般需要 30～60 分钟，在安装过程中耐心等待即可。安装完成后单击“重启”按钮。

⑪ 重启系统后将看到系统的初始化界面，单击“LICENSE INFORMATION”选项，如图 1-33 所示。

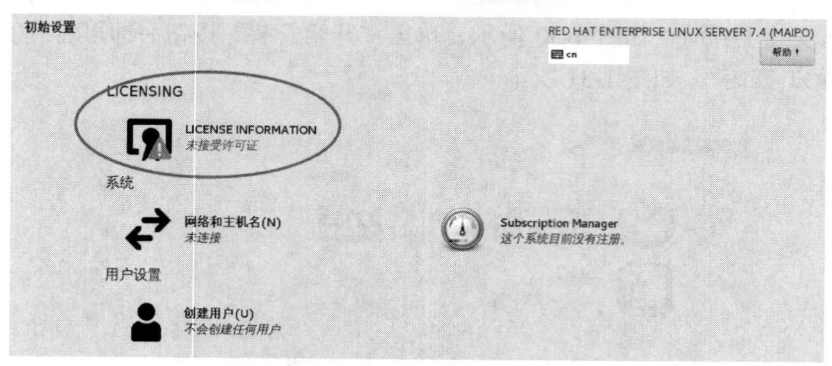

图 1-33　系统初始化界面

⑫ 选中“我同意许可协议”复选框，然后单击左上角的“完成”按钮。

⑬ 返回初始化界面后单击“完成配置”选项。

⑭ 虚拟机软件中的 RHEL 7.4 系统经过又一次的重启后，终于可以看到系统的欢迎界面，如图 1-34 所示。在界面中选择默认的语言——汉语（中文），然后单击“前进”按钮。

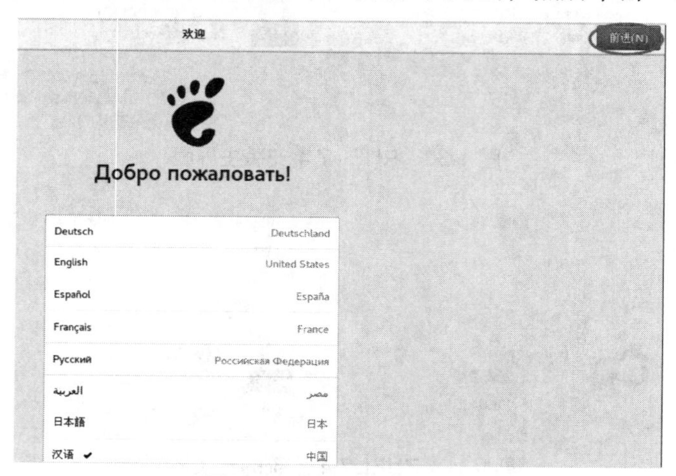

图 1-34　系统的语言设置

⑮ 将系统的键盘布局或输入方式选择为“English（Australian）”，然后单击“前进”按钮，如图 1-35 所示。

图 1-35　设置系统的输入来源类型

⑯ 按照图 1-36 所示设置系统的时区（上海，中国），然后单击“前进”按钮。

图 1-36　设置系统的时区

⑰ 为 RHEL 7.4 系统创建一个本地的普通用户，该账户的用户名为 yangyun，密码为 redhat，然后单击“前进”按钮，如图 1-37 所示。

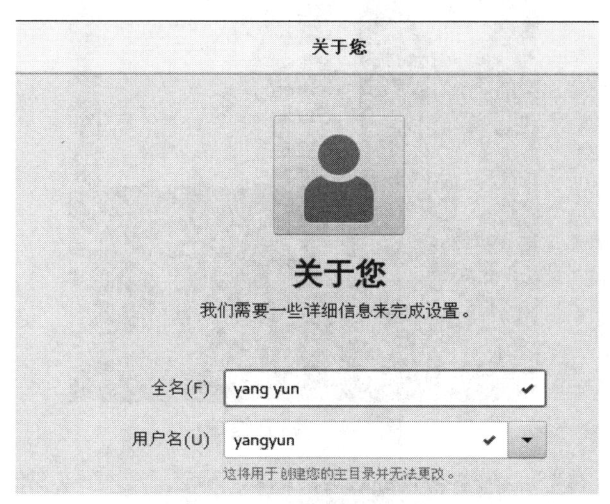

图 1-37　设置本地普通用户

⑱ 在图 1-38 所示的界面中单击“开始使用 Red Hat Enterprise Linux Server”按钮，出现图 1-39 所示的界面。至此，RHEL 7.4 系统完成了全部的安装和部署工作，我们终于可以感受到 Linux 的风采了。

图 1-38　系统初始化结束界面

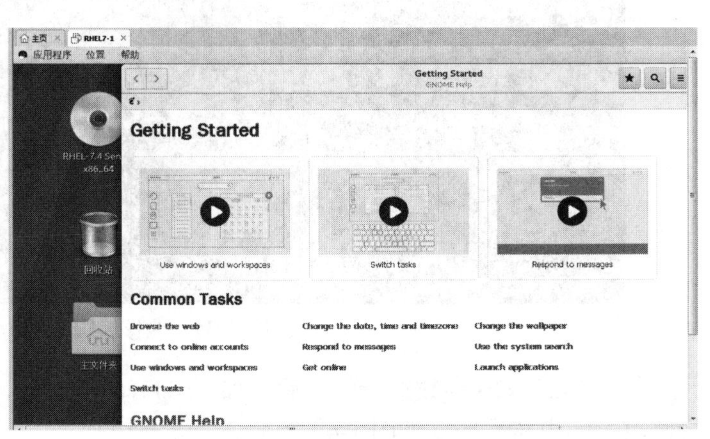

图 1-39　系统的欢迎界面

任务 1-3 重置 root 管理员密码

平日里让运维人员头疼的事情已经很多了，因此偶尔把 Linux 系统的密码忘记了不用慌，只需简单几步就可以完成密码的重置工作。如果读者刚刚接手了一台 Linux 系统，要先确定是否为 RHEL 7.4 系统。如果是，就执行下面的操作。

① 如图 1-40 所示，先在空白处单击鼠标右键，单击“打开终端”命令，然后在打开的终端中输入如下命令。

图 1-40 打开终端

```
[root@localhost ~]#  cat /etc/redhat-release
Red Hat Enterprise Linux Server release 7.4 (Maipo)
[root@localhost ~]#
```

② 在终端中输入“reboot”，或者单击右上角的关机按钮，选择“重启”按钮，重启 Linux 系统主机并出现引导界面时，按下键盘上的 e 键进入内核编辑界面，如图 1-41 所示。

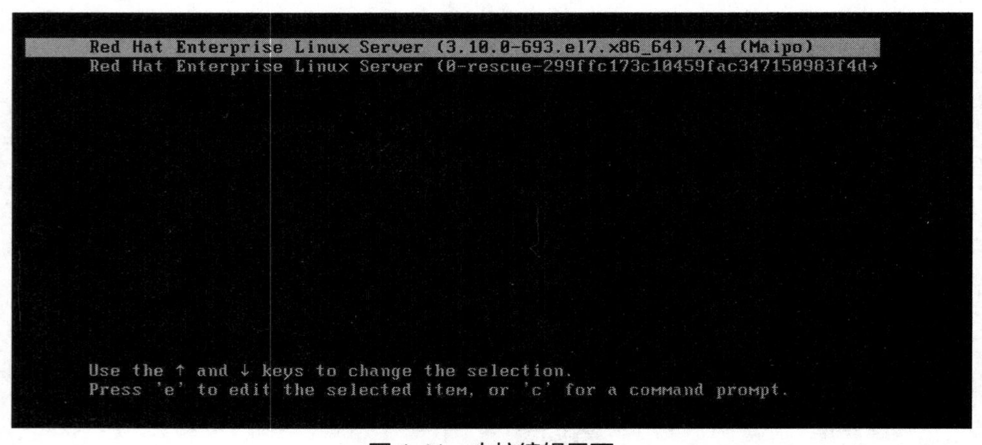

图 1-41 内核编辑界面

③ 在 Linux16 参数这行的最后追加“rd.break”参数，然后按下“Ctrl + X”组合键来运行修改过的内核程序，如图 1-42 所示。

```
        insmod ext2
        set root='hd0,msdos1'
        if [ x$feature_platform_search_hint = xy ]; then
          search --no-floppy --fs-uuid --set=root --hint-bios=hd0,msdos1 --hin\
t-efi=hd0,msdos1 --hint-baremetal=ahci0,msdos1 --hint='hd0,msdos1'  bda3add8-d\
4d6-4b59-9d1e-bca664150906
        else
          search --no-floppy --fs-uuid --set=root bda3add8-d4d6-4b59-9d1e-bca6\
64150906
        fi
        linux16 /vmlinuz-3.10.0-693.el7.x86_64 root=/dev/mapper/rhel-root ro c\
rashkernel=auto rd.lvm.lv=rhel/root rd.lvm.lv=rhel/swap rd.lvm.lv=rhel/usr rhg\
b quiet LANG=zh_CN.UTF-8 rd.break
        initrd16 /initramfs-3.10.0-693.el7.x86_64.img


      Press Ctrl-x to start, Ctrl-c for a command prompt or Escape to
      discard edits and return to the menu. Pressing Tab lists
      possible completions.
```

图 1-42　内核信息的编辑界面

④ 大约 30s 过后，进入系统的紧急救援模式。依次输入以下命令，等待系统重启操作完毕，就可以使用新密码 newredhat 来登录 Linux 系统了。命令行执行效果如图 1-43 所示。

注意： 输入 passwd 后，输入密码和确认密码是不显示的！

```
Entering emergency mode. Exit the shell to continue.
Type "journalctl" to view system logs.
You might want to save "/run/initramfs/rdsosreport.txt" to a USB stick or /boot
after mounting them and attach it to a bug report.


switch_root:/# mount -o remount,rw /sysroot
switch_root:/# chroot /sysroot
sh-4.2# passwd
■ ■ ■ ■  root ■ ■ ■  ■
■ ■  ■ ■ ■
■ ■ ■ ■ ■ ■  ■ ■ ■ ■  8 ■ ■ ■
■ ■ ■ ■ ■ ■ ■  ■ ■ ■
passwd■ ■ ■ ■ ■ ■ ■ ■ ■ ■ ■ ■ ■ ■ ■ ■ ■
sh-4.2# touch /.autorelabel
sh-4.2# exit
exit
switch_root:/# reboot
```

图 1-43　重置 Linux 系统的 root 管理员密码

```
mount -o remount,rw /sysroot
chroot /sysroot
passwd
touch /.autorelabel
exit
reboot
```

任务 1-4　RPM（红帽软件包管理器）

在 RPM（红帽软件包管理器）公布之前，要想在 Linux 系统中安装软件只能采取源码包的方式安装。早期在 Linux 系统中安装程序是一件非常困难、耗费耐心的事情，而且大多数的服务程序仅仅提供源代码，需要运维人员自行编译代码并解决许多的软件依赖关系，因此要安装好一个服务程序，运维人员需要具备丰富的知识和高超的技能，甚至良好的耐心，而且在安装、升级、卸载服务程序时，还要考虑到其他程序、库的依赖关系，所以校验、安装、卸载、查询、升级等管理软件操作的难度都非常大。

RPM 机制就是为解决这些问题而设计的。RPM 有点像 Windows 系统中的控制面板，会建立统一的数据库文件，详细记录软件信息并能够自动分析依赖关系。目前 RPM 的优势已经被公众所认可，使用范围也已不局限在红帽系统中了。表 1-2 是一些常用的 RPM 软件包命令。

表 1-2　常用的 RPM 软件包命令

安装软件的命令格式	rpm -ivh filename.rpm
升级软件的命令格式	rpm -Uvh filename.rpm
卸载软件的命令格式	rpm -e filename.rpm
查询软件描述信息的命令格式	rpm -qpi filename.rpm
列出软件文件信息的命令格式	rpm -qpl filename.rpm
查询文件属于哪个 RPM 的命令格式	rpm -qf filename

任务 1-5　yum 软件仓库

尽管 RPM 能够帮助用户查询软件相关的依赖关系，但问题还是要运维人员自己来解决，而有些大型软件可能与数十个程序都有依赖关系，在这种情况下，安装软件会是非常痛苦的。yum 软件仓库便是为了进一步降低软件安装难度和复杂度而设计的技术。

RHEL 先将发布的软件存放到 yum 服务器内，然后分析这些软件的依赖属性问题，将软件内的记录信息写下来（header）。再将这些信息分析后记录成软件相关性的清单列表。这些列表数据与软件所在的位置可以叫容器（repository）。当用户端有软件安装的需求时，用户端主机会主动向网络上面的 yum 服务器的容器网址下载清单列表，然后通过清单列表的数据与本机 RPM 数据库已存在的软件数据相比较，从而一次性安装所有需要的具有依赖属性的软件。yum 使用的整个流程如图 1-44 所示。

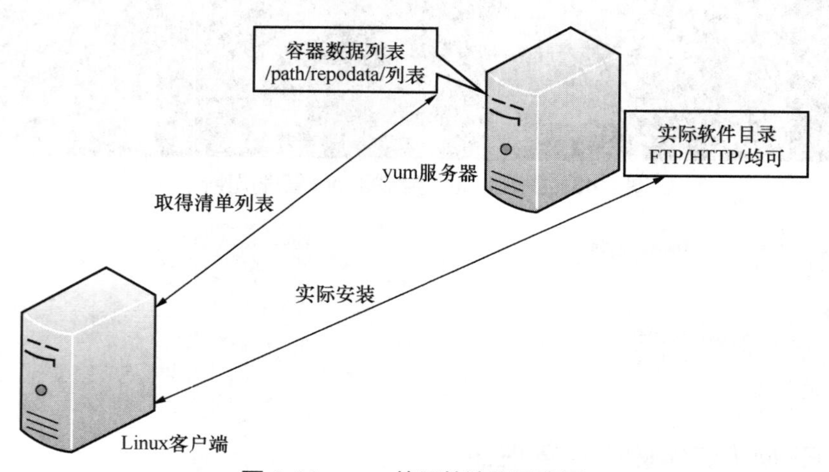

图 1-44　yum 使用的流程示意图

当用户端有升级、安装的需求时，yum 会向容器要求更新清单，使清单更新到本机的 /var/cache/yum 中。当用户端实施更新、安装时，会用本机清单与本机的 RPM 数据库进行比较，这样就知道该下载什么软件了。接下来 yum 会到容器服务器（yum server）下载所需的软件，然后通过 RPM 的机制开始安装软件。这就是整个流程，但仍然离不开 RPM。常见的 yum 命令如表 1-3 所示。

表 1-3 常见的 yum 命令

命 令	作 用
yum repolist all	列出所有仓库
yum list all	列出仓库中的所有软件包
yum info 软件包名称	查看软件包信息
yum install 软件包名称	安装软件包
yum reinstall 软件包名称	重新安装软件包
yum update 软件包名称	升级软件包
yum remove 软件包名称	移除软件包
yum clean all	清除所有仓库缓存
yum check-update	检查可更新的软件包
yum grouplist	查看系统中已经安装的软件包组
yum groupinstall 软件包组	安装指定的软件包组
yum groupremove 软件包组	移除指定的软件包组
yum groupinfo 软件包组	查询指定的软件包组信息

任务 1-6 systemd 初始化进程

Linux 操作系统的开机过程为：从 BIOS 开始，进入 Boot Loader，加载系统内核，然后内核进行初始化，最后启动初始化进程。初始化进程作为 Linux 系统的第一个进程，它需要完成 Linux 系统中相关的初始化工作，为用户提供合适的工作环境。RHEL 7 系统已经替换掉了熟悉的初始化进程服务 System V init，正式采用全新的 systemd 初始化进程服务。如果读者之前学习的是 RHEL 5 或 RHEL 6 系统，可能会不习惯。systemd 初始化进程服务采用了并发启动机制，开机速度得到了不小的提升。

RHEL 7 系统选择 systemd 初始化进程服务已经是一个既定事实，因此也没有了“运行级别”这个概念，Linux 系统在启动时要进行大量的初始化工作，比如挂载文件系统和交换分区、启动各类进程服务等，这些都可以看作是一个个的单元（Unit），systemd 用目标（target）代替了 System V init 中运行级别的概念，这两者的区别及作用如表 1-4 所示。

表 1-4 systemd 与 System V init 的区别及作用

System V init 运行级别	systemd 目标名称	作 用
0	runlevel0.target, poweroff.target	关机
1	runlevel1.target, rescue.target	单用户模式
2	runlevel2.target, multi-user.target	等同于级别 3
3	runlevel3.target, multi-user.target	多用户的文本界面
4	runlevel4.target, multi-user.target	等同于级别 3
5	runlevel5.target, graphical.target	多用户的图形界面
6	runlevel6.target, reboot.target	重启
emergency	emergency.target	紧急 shell

如果想要将系统默认的运行目标修改为“多用户，无图形”模式，可直接用ln命令把多用户模式目标文件连接到/etc/systemd/system/目录。

```
[root@linuxprobe ~]# ln -sf /lib/systemd/system/multi-user.target /etc/systemd/
system/default.target
```

在RHEL 6系统中使用service、chkconfig等命令来管理系统服务，而在RHEL 7系统中使用systemctl命令来管理服务。表1-5和表1-6是RHEL 6系统中System V init命令与RHEL 7系统中systemctl命令的对比，后续章节中会经常用到它们。

表1-5　systemctl管理服务的启动、重启、停止、重载、查看状态等常用命令

System V init 命令（RHEL 6 系统）	systemctl 命令（RHEL 7 系统）	作　用
service foo start	systemctl start foo.service	启动服务
service foo restart	systemctl restart foo.service	重启服务
service foo stop	systemctl stop foo.service	停止服务
service foo reload	systemctl reload foo.service	重新加载配置文件（不终止服务）
service foo status	systemctl status foo.service	查看服务状态

表1-6　systemctl设置服务开机启动或不启动、查看各级别下服务启动状态等常用命令

System V init 命令（RHEL 6 系统）	systemctl 命令（RHEL 7 系统）	作　用
chkconfig foo on	systemctl enable foo.service	开机自动启动
chkconfig foo off	systemctl disable foo.service	开机不自动启动
chkconfig foo	systemctl is-enabled foo.service	查看特定服务是否为开机自动启动
chkconfig --list	systemctl list-unit-files --type=service	查看各个级别下服务的启动与禁用情况

任务1-7　启动shell

操作系统的核心功能就是管理和控制计算机硬件、软件资源，以尽量合理、有效的方法组织多个用户共享多种资源，而shell则是介于使用者和操作系统核心程序（Kernel）间的一个接口。在各种Linux发行套件中，目前虽然已经提供了丰富的图形化接口，但是shell仍是一种非常方便、灵活的途径。

Linux中的shell又被称为命令行，在这个命令行窗口中，用户输入指令，操作系统执行并将结果回显在屏幕上。

1．使用Linux系统的终端窗口

现在的Red Hat Enterprise Linux 7操作系统都默认采用图形界面的GNOME或者KDE操作方式，要想使用shell功能，就必须像在Windows中那样打开一个命令行窗口。普通用户可以执行“应用程序”→“系统工具”→“终端”命令来打开终端窗口（或者直接用鼠标右键单击桌面，选择“在终端中打开（Open Terminal）”命令），如图1-45所示。如果是英文系统，对应的是“Applications”→“System Tools”→“Terminal”。由于中英文之间都是比较

常用的单词，在本书的后面不再单独说明。

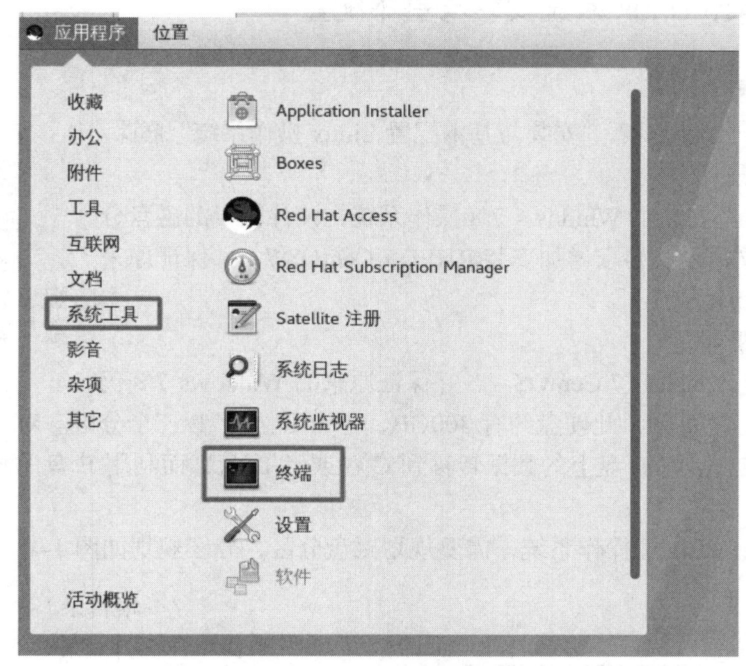

图 1-45　从这里打开终端

执行以上命令后，打开一个白底黑字的命令行窗口，在这里可以使用 Red Hat Enterprise Linux 7.4 支持的所有命令行指令。

2. 使用 shell 提示符

登录之后，普通用户的命令行提示符以“$”号结尾，超级用户的命令行提示符以“#”号结尾。

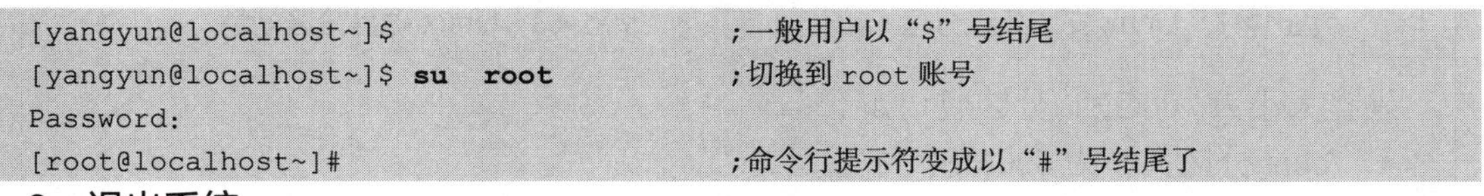

```
[yangyun@localhost~]$                  ;一般用户以“$”号结尾
[yangyun@localhost~]$ su  root         ;切换到 root 账号
Password:
[root@localhost~]#                     ;命令行提示符变成以“#”号结尾了
```

3. 退出系统

在终端中输入“shutdown –P now”，或者单击右上角的关机按钮⏻，选择“关机”按钮，可以退出系统。

4. 再次登录

如果再次登录，为了后面的实训顺利进行，请选择 root 用户。在图 1-46 中，单击“Not listed?（未列出）”按钮，后面输入 root 用户及密码，以 root 身份登录计算机。

yangyun

Not listed?

图 1-46　选择用户登录

5. 制作系统快照

特别提示：安装成功后，一定要使用 VM 的快照功能备份快照，一旦需要可立即恢复到系统的初始状态。提醒读者，对于重要实训节点，也可以备份快照，以便后续可以恢复到适当断点。这很重要！很实用！

1.4　项目实录：Linux 系统安装与基本配置

1．视频位置

实训前请扫二维码观看“安装与基本配置 Linux 操作系统”慕课。

视频 1-2　实训项目 安装与基本配置 Linux 操作系统

2．项目背景

某计算机已经安装了 Windows 7/8 操作系统，该计算机的磁盘分区情况如图 1-47 所示，要求增加安装 RHEL 7/CentOS 7，并保证原来的 Windows 7/8 仍可使用。

3．项目分析

要求增加安装 RHEL 7/CentOS 7，并保证原来的 Windows 7/8 仍可使用。从图 1-47 可知，此硬盘约有 300GB，分为 C、D、E 三个分区。对于此类硬盘，比较简便的操作方法是将 E 盘上的数据转移到 C 盘或者 D 盘，而利用 E 盘的硬盘空间来安装 Linux。

对于要安装的 Linux 操作系统，需要规划磁盘分区，分区规划如图 1-48 所示。

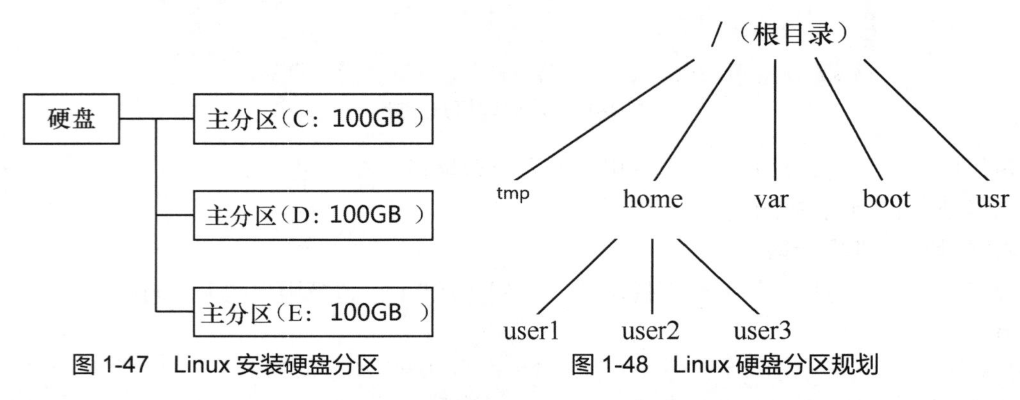

图 1-47　Linux 安装硬盘分区　　图 1-48　Linux 硬盘分区规划

硬盘大小为 100GB，分区规划如下。

- /boot 分区大小为 600MB。
- swap 分区大小为 4GB。
- /分区大小为 10GB。
- /usr 分区大小为 8GB。
- /home 分区大小为 8GB。
- /var 分区大小为 8GB。
- /tmp 分区大小为 6GB。
- 预留 55.4GB 不进行分区。

4．深度思考

在观看视频时思考以下几个问题。

（1）如何进行双启动安装？

（2）分区规划为什么必须慎之又慎？

（3）安装系统前，对 E 盘是如何处理的？

（4）第一个系统的虚拟内存设置至少多大？为什么？

5. 做一做

根据项目要求及视频内容，将项目完整地做一遍。

1.5 练习题

一、填空题

1. GNU 的含义是________。
2. Linux 一般有 3 个主要部分：________、________、________。
3. POSIX 是________的缩写，重点在规范核心与应用程序之间的接口，这是由美国电气与电子工程师学会（IEEE）发布的一项标准。
4. 当前的 Linux 常见的应用可分为________与________两个方面。
5. Linux 的版本分为________和________两种。
6. 安装 Linux 最少需要两个分区，分别是________。
7. Linux 默认的系统管理员账号是________。

二、选择题

1. Linux 最早是由计算机爱好者（　　）开发的。
   A. Richard Petersen　B. Linus Torvalds　C. Rob Pick　D. Linux Sarwar
2. 下列选项中，（　　）是自由软件。
   A. Windows XP　B. UNIX　C. Linux　D. Windows 2008
3. 下列选项中，（　　）不是 Linux 的特点。
   A. 多任务　B. 单用户　C. 设备独立性　D. 开放性
4. Linux 的内核版本 2.3.20 是（　　）的版本。
   A. 不稳定　B. 稳定的　C. 第三次修订　D. 第二次修订
5. Linux 安装过程中的硬盘分区工具是（　　）。
   A. PQmagic　B. FDISK　C. FIPS　D. Disk Druid
6. Linux 的根分区系统类型可以设置成（　　）。
   A. FAT16　B. FAT32　C. ext4　D. NTFS

三、简答题

1. 简述 Linux 的体系结构。
2. 使用虚拟机安装 Linux 系统时，为什么要先选择稍后安装操作系统，而不是选择 RHEL 7 系统镜像光盘？
3. 简述 RPM 与 Yum 软件仓库的作用。
4. 安装 Red Hat Enterprise Linux 系统的基本磁盘分区有哪些？
5. Red Hat Enterprise Linux 系统支持的文件类型有哪些？
6. 丢失 root 口令如何解决？
7. RHEL 7 系统采用了 systemd 作为初始化进程，那么如何查看某个服务的运行状态？

1.6 实践习题

使用虚拟机和安装光盘安装和配置 Red Hat Enterprise Linux 7.4，试着在安装过程中配置 IPv4。

1.7 超级链接

单击访问国家精品资源共享课程网站中学习项目的相关内容进行学习。后面项目也请访问该学习网站，不再一一标注。

第2章 配置网络和使用 SSH 服务

项目导入

作为 Linux 系统的网络管理员，学习 Linux 服务器的网络配置是至关重要的，同时管理远程主机也是管理员必须熟练掌握的。这些是后续网络服务配置的基础，必须学好。

本项目讲解了如何使用 nmtui 命令配置网络参数，以及通过 nmcli 命令查看网络信息并管理网络会话服务，从而能够在不同工作场景中快速切换网络运行参数；还讲解了如何手工绑定 mode6 模式双网卡，实现网络的负载均衡。本项目还深入介绍了 SSH 协议与 sshd 服务程序的理论知识、Linux 系统的远程管理及在系统中配置服务程序的方法。

项目目标

- 掌握常见的网络配置服务
- 掌握远程控制服务
- 掌握不间断会话服务

2.1 网络服务知识

Linux 主机要与网络中的其他主机通信，首先要正确配置网络。网络配置通常包括主机名、IP 地址、子网掩码、默认网关、DNS 服务器等的设置。

2.1.1 检查并设置有线处于连接状态

单击桌面右上角的启动按钮，单击“Connect”按钮，设置有线处于连接状态，如图 2-1 所示。

设置完成后，右上角将出现有线连接的小图标，如图 2-2 所示。

图 2-1 设置有线处于连接状态

图 2-2 有线处于连接状态

特别提示：必须首先使有线处于连接状态，这是一切配置的基础，切记。

2.1.2 设置主机名

RHEL 7 中有 3 种定义的主机名。

- 静态的（static）："静态"主机名也称为内核主机名，是系统在启动时从/etc/hostname 自动初始化的主机名。
- 瞬态的（transient）："瞬态"主机名是在系统运行时临时分配的主机名，由内核管理。例如，通过 DHCP 或 DNS 服务器分配的，如 localhost。
- 灵活的（pretty）："灵活"主机名是 UTF8 格式的自由主机名，以展示给终端用户。

与之前版本不同，用户可以在配置文件中直接更改主机名，RHEL 7 中的主机名配置文件是/etc/hostname。

1．使用 nmtui 修改主机名

```
[root@RHEL7-1 ~]# nmtui
```

在图 2-3、图 2-4 中进行配置。

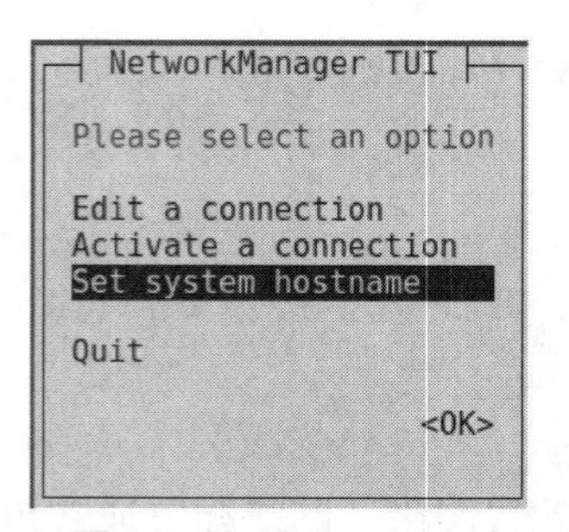

图 2-3　配置 hostname

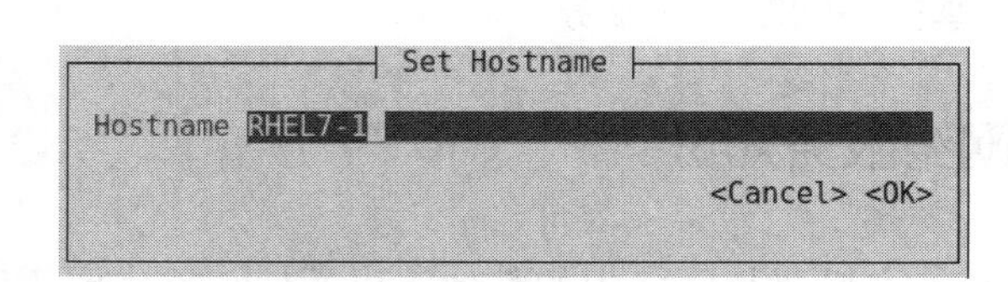

图 2-4　修改主机名为 RHEL7-1

使用 NetworkManager 的 nmtui 接口修改静态主机名后（/etc/hostname 文件），不会通知 hostnamectl。要想强制让 hostnamectl 知道静态主机名已经被修改，需要重启 hostnamed 服务。

```
[root@RHEL7-1 ~]# systemctl restart systemd-hostnamed
```

2．使用 hostnamectl 修改主机名

① 查看主机名。

```
[root@RHEL7-1 ~]# hostnamectl status
  Static hostname: RHEL7-1
  Pretty hostname: RHEL7-1
      ......
```

② 设置新的主机名。

```
[root@RHEL7-1 ~]# hostnamectl set-hostname my.smile.com
```

③ 查看主机名。

```
[root@RHEL7-1 ~]# hostnamectl status
  Static hostname: my.smile.com
      ......
```

3．使用 NetworkManager 的命令行接口 nmcli 修改主机名

nmcli 可以修改/etc/hostname 中的静态主机名。

```
//查看主机名
[root@RHEL7-1 ~]# nmcli general hostname
```

```
my.smile.com
//设置新主机名
[root@RHEL7-1 ~]# nmcli general hostname RHEL7-1
[root@RHEL7-1 ~]# nmcli general hostname
RHEL7-1
//重启 hostnamed 服务让 hostnamectl 知道静态主机名已经被修改
[root@RHEL7-1 ~]# systemctl restart systemd-hostnamed
```

2.1.3 使用系统菜单配置网络

接下来将学习如何在 Linux 系统上配置服务。但是在此之前，必须先保证主机之间能够顺畅地通信。如果网络不通，即便服务部署得再正确，用户也无法顺利访问，所以，配置网络并确保网络的连通性是学习部署 Linux 服务之前的最后一个重要知识点。

视频 2-1　TCP-IP 网络接口配置

可以单击桌面右上角的网络连接图标，打开网络配置界面，一步步完成网络信息查询和网络配置。具体过程如图 2-5 ~ 图 2-8 所示。

图 2-5　单击“Wired Settings”(有线连接设置)

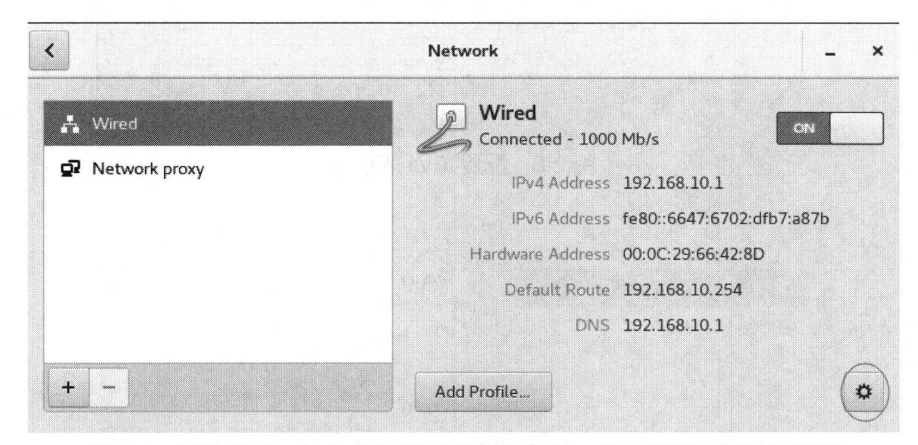

图 2-6　网络配置：单击“ON”按钮激活连接、单击齿轮按钮进行配置

设置完成后，单击“Apply”按钮应用配置，返回图 2-9 所示的界面。注意网络连接应该设置在“ON”状态，如果在“OFF”状态，请修改。注意，有时需要重启系统配置才能生效。

Wired
Details
Security
Identity
IPv4
IPv6
Reset
Link speed 1000 Mb/s
IPv4 Address 192.168.10.1
IPv6 Address fe80::6647:6702:dfb7:a87b
Hardware Address 00:0C:29:66:42:8D
Default Route 192.168.10.254
DNS 192.168.10.1
Cancel
Apply

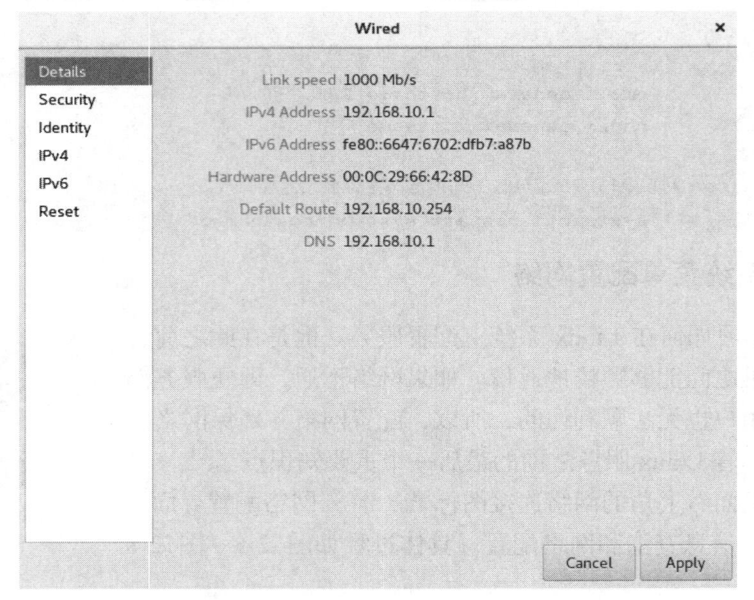

图 2-7　配置有线连接

Wired
Details
Security
Identity
IPv4
IPv6
Reset
IPv4
ON
Addresses
Manual
Address 192.168.10.1
Netmask 255.255.255.0
Gateway 192.168.10.254
DNS
Automatic
ON
Server 192.168.10.1
Cancel
Apply

图 2-8　配置 IPv4 等信息

Network
Wired
Network proxy
Wired
Connected - 1000 Mb/s
ON
IPv4 Address 192.168.10.1
IPv6 Address fe80::6647:6702:dfb7:a87b
Hardware Address 00:0C:29:66:42:8D
Default Route 192.168.10.254
DNS 192.168.10.1
Add Profile...

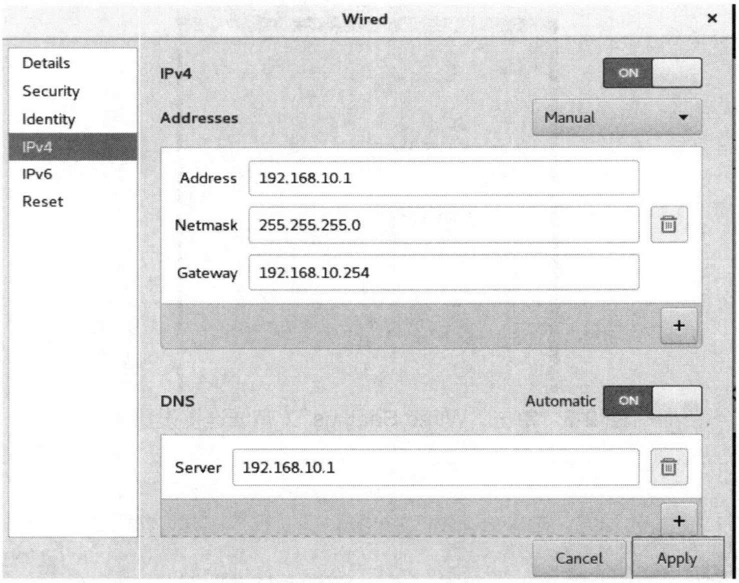

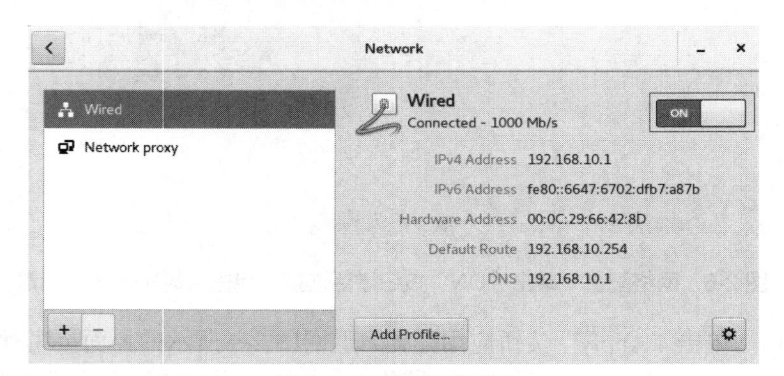

图 2-9　网络配置界面

建议： 首选使用系统菜单配置网络。因为从 RHEL 7 开始，图形界面已经非常完善。在 Linux 系统桌面，单击“Applications”→“System Tools”→“Settings”→“Network”，同样可以打开网络配置界面。后面不再赘述。

2.1.4 通过网卡配置文件配置网络

网卡 IP 地址配置得是否正确是两台服务器是否可以相互通信的前提。在 Linux 系统中，一切都是文件，因此配置网络服务的工作其实就是在编辑网卡配置文件。

在 RHEL 5、RHEL 6 中，网卡配置文件的前缀为 eth，第 1 块网卡为 eth0，第 2 块网卡为 eth1；以此类推。而在 RHEL 7 中，网卡配置文件的前缀则以 ifcfg 开始，加上网卡名称共同组成了网卡配置文件的名称，如 ifcfg-ens33；好在除了文件名变化外，也没有其他大的区别。

现在有一个名称为 ifcfg-ens33 的网卡设备，将其配置为开机自启动，并且 IP 地址、子网、网关等信息由人工指定，操作步骤如下。

① 切换到/etc/sysconfig/network-scripts 目录中（存放网卡的配置文件）。

② 使用 vim 编辑器修改网卡文件 ifcfg-ens33，逐项写入下面的配置参数并保存退出。由于每台设备的硬件及架构是不一样的，因此请读者使用 ifconfig 命令自行确认各自网卡的默认名称。

- 设备类型：TYPE=Ethernet
- 地址分配模式：BOOTPROTO=static
- 网卡名称：NAME=ens33
- 是否启动：ONBOOT=yes
- IP 地址：IPADDR=192.168.10.1
- 子网掩码：NETMASK=255.255.255.0
- 网关地址：GATEWAY=192.168.10.1
- DNS 地址：DNS1=192.168.10.1

③ 重启网络服务并测试网络是否连通。

进入网卡配置文件所在的目录，然后编辑网卡配置文件，在其中输入下面的信息。

```
[root@RHEL7-1 ~]# cd /etc/sysconfig/network-scripts/
[root@RHEL7-1 network-scripts]# vim ifcfg-ens33
TYPE=Ethernet
PROXY_METHOD=none
BROWSER_ONLY=no
BOOTPROTO=static
NAME=ens33
UUID=9d5c53ac-93b5-41bb-af37-4908cce6dc31
DEVICE=ens33
ONBOOT=yes
IPADDR=192.168.10.1
NETMASK=255.255.255.0
GATEWAY=192.168.10.1
DNS1=192.168.10.1
```

执行重启网卡设备的命令（在正常情况下不会有提示信息），然后通过 ping 命令测试网络能否连通。由于在 Linux 系统中 ping 命令不会自动终止，因此需要手动按下“Ctrl+C”组合键来强行结束进程。

```
[root@RHEL7-1 network-scripts]# systemctl restart network
[root@RHEL7-1 network-scripts]# ping 192.168.10.1
PING 192.168.10.1 (192.168.10.1) 56(84) bytes of data.
64 bytes from 192.168.10.1: icmp_seq=1 ttl=64 time=0.095 ms
64 bytes from 192.168.10.1: icmp_seq=2 ttl=64 time=0.048 ms
……
```

注意：使用配置文件配置网络，需要启动 network 服务，而从 RHEL 7 以后，network 服务已被 NetworkManager 服务替代，所以不建议使用配置文件配置网络参数。

2.1.5 使用图形界面配置网络

使用图形界面配置网络是比较方便、简单的一种网络配置方式。

① 上节是使用网络配置文件配置网络服务，这一节使用 nmtui 命令来配置网络。

```
[root@RHEL7-1 network-scripts]# nmtui
```

② 显示图 2-10 所示的图形配置界面，选中 Edit a connection 并按下回车键，或单击“OK”按钮。

③ 配置过程如图 2-11、图 2-12 所示。

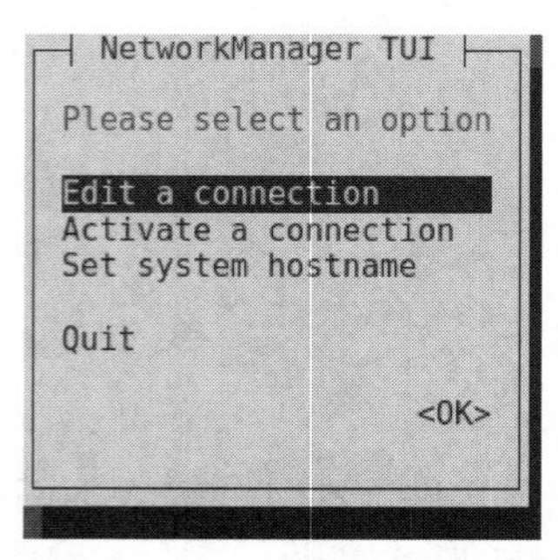

图 2-10 选中“Edit a connection”并按下回车键

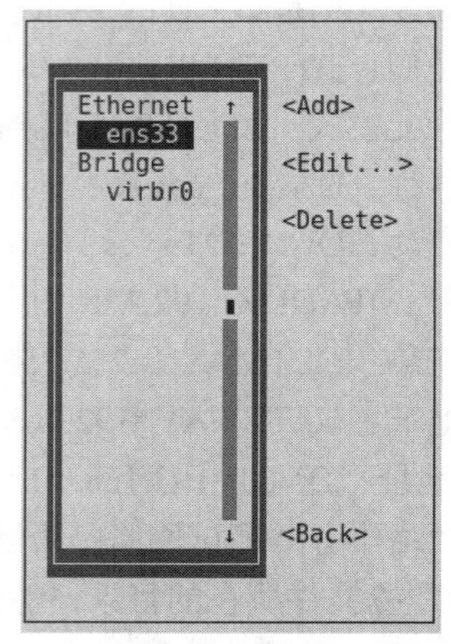

图 2-11 选中要编辑的网卡名称，然后单击“Edit”（编辑）按钮

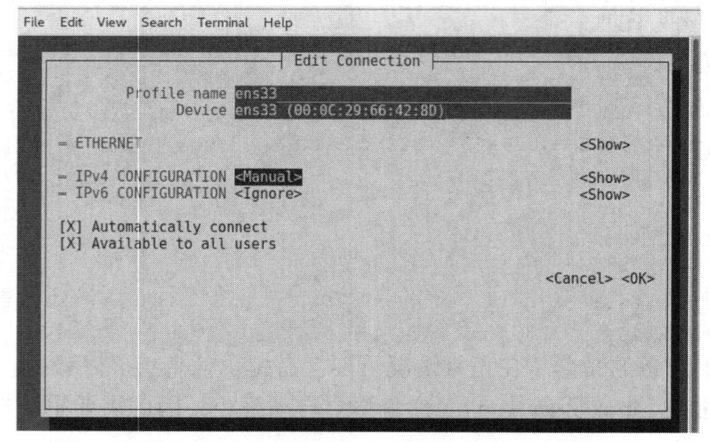

图 2-12 把网络 IPv4 的配置方式改成“Manual”（手动）

注意：本书的服务器主机 IP 地址均为 192.168.10.1，而客户端主机一般设为 192.168.10.20 及 192.168.10.30。之所以这样做，就是为了后面服务器配置方便。

---

④ 单击“Show”（显示）按钮，显示信息配置框，如图 2-13 所示。在服务器主机的网络配置信息中填写 IP 地址 192.168.10.1/24 等信息。单击“OK”按钮，如图 2-14 所示。

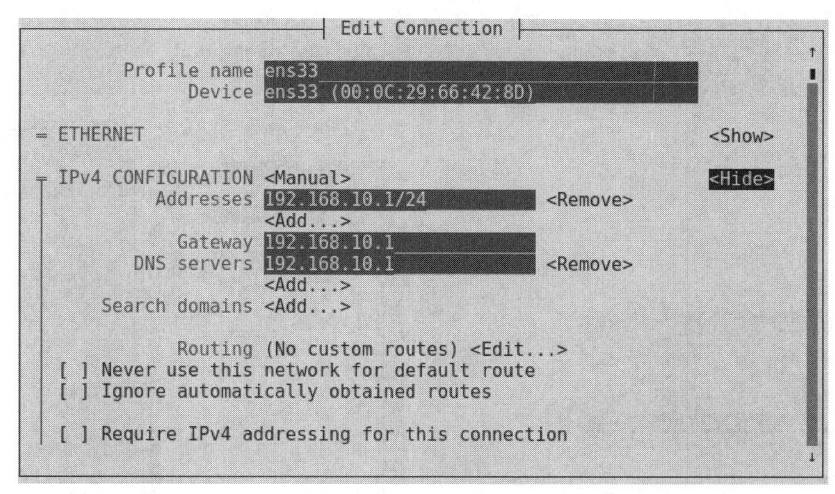

图 2-13　填写 IP 地址

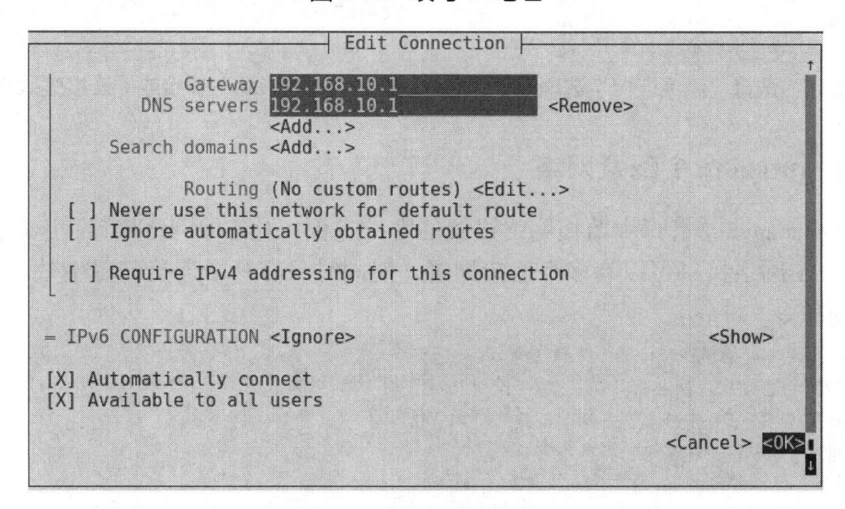

图 2-14　单击“OK”按钮保存配置

⑤ 单击“back”按钮返回 nmtui 图形界面初始状态，选中“Activate a connection”选项，如图 2-15 所示，激活刚才的连接“ens33”。前面有“*”号表示激活，如图 2-16 所示。

⑥ 至此，在 Linux 系统中配置网络就结束了。

```
[root@RHEL7-1 ~]# ifconfig
ens33: flags=4163<UP,BROADCAST,RUNNING,MULTICAST>  mtu 1500
        inet 192.168.10.1  netmask 255.255.255.0  broadcast 192.168.10.255
        inet6 fe80::c0ae:d7f4:8f5:e135  prefixlen 64  scopeid 0x20<link>
        ether 00:0c:29:66:42:8d  txqueuelen 1000  (Ethernet)
        RX packets 151  bytes 16024 (15.6 KiB)
        RX errors 0  dropped 0  overruns 0  frame 0
```

```
        TX packets 186  bytes 18291 (17.8 KiB)
        TX errors 0  dropped 0 overruns 0  carrier 0  collisions 0

lo: flags=73<UP,LOOPBACK,RUNNING>  mtu 65536
        inet 127.0.0.1  netmask 255.0.0.0
……

virbr0: flags=4099<UP,BROADCAST,MULTICAST>  mtu 1500
        inet 192.168.122.1  netmask 255.255.255.0  broadcast 192.168.122.255
……
```

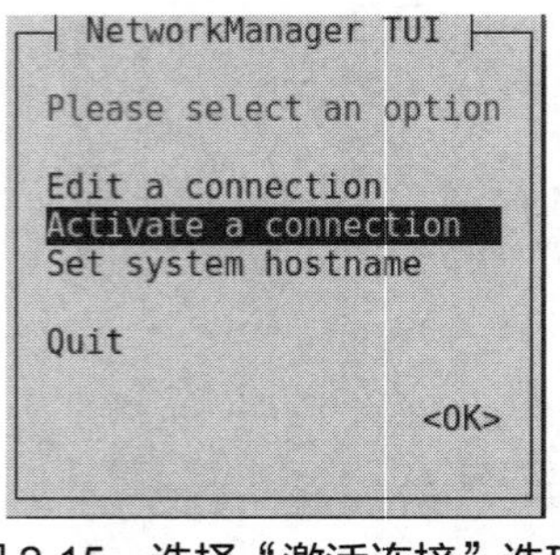
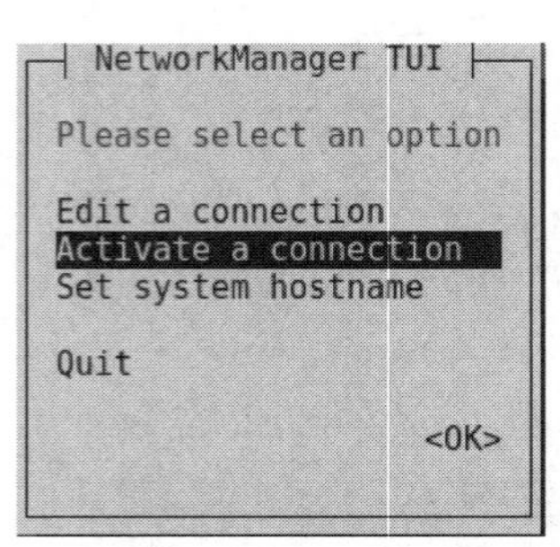

图 2-15　选择“激活连接”选项

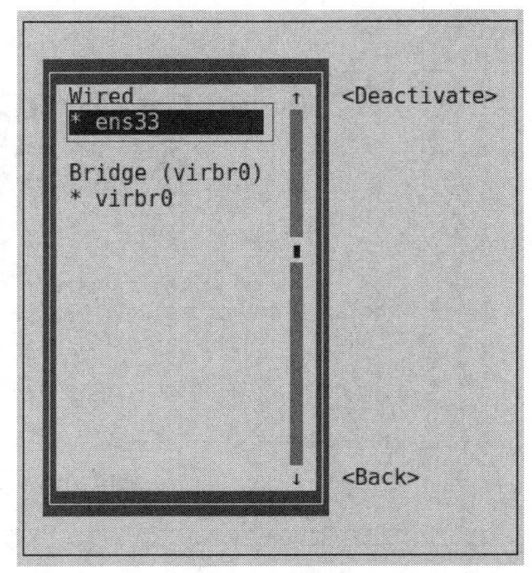

图 2-16　激活（Activate）连接或使连接失效（Deactivate）

2.1.6　使用 nmcli 命令配置网络

NetworkManager 是管理和监控网络设置的守护进程，设备即网络接口，连接是对网络接口的配置。一个网络接口可以有多个连接配置，但同时只有一个连接配置生效。

1. 常用命令

```
nmcli connection show：显示所有连接。
nmcli connection show --active：显示所有活动的连接状态。
nmcli connection show "ens33"：显示网络连接配置。
nmcli device status：显示设备状态。
nmcli device show ens33：显示网络接口属性。
nmcli connection add help：查看帮助。
nmcli connection reload：重新加载配置。
nmcli connection down test2：禁用 test2 的配置，注意一个网卡可以有多个配置。
nmcli connection up test2：启用 test2 的配置。
nmcli device disconnect ens33：禁用 ens33 网卡、物理网卡。
nmcli device connect ens33：启用 ens33 网卡。
```

2. 新连接配置

① 创建新连接配置 default，IP 地址通过 DHCP 自动获取。

```
[root@RHEL7-1 ~]# nmcli connection show
NAME    UUID                                  TYPE             DEVICE
ens33   9d5c53ac-93b5-41bb-af37-4908cce6dc31  802-3-ethernet   ens33
virbr0  f30a1db5-d30b-47e6-a8b1-b57c614385aa  bridge           virbr0
[root@RHEL7-1 ~]# nmcli connection add con-name default type Ethernet ifname ens33
```

```
Connection 'default' (ffe127b6-ece7-40ed-b649-7082e86c0775) successfully added.
```

② 删除连接。

```
[root@RHEL7-1 ~]# nmcli connection delete default
Connection 'default' (ffe127b6-ece7-40ed-b649-7082e86c0775) successfully deleted.
```

③ 创建新的连接配置 test2，指定静态 IP 地址，不自动连接。

```
[root@RHEL7-1 ~]# nmcli connection add con-name test2 ipv4.method manual ifname ens
33 autoconnect no type Ethernet ipv4.addresses 192.168.10.100/24 gw4 192.168.10.1
Connection 'test2' (7b0ae802-1bb7-41a3-92ad-5a1587eb367f) successfully added.
```

参数说明如下。

- con-name：指定连接名称，没有特殊要求。
- ipv4.method：指定获取 IP 地址的方式。
- ifname：指定网卡设备名，也就是本次配置生效的网卡。
- autoconnect：指定是否自动启动。
- ipv4.addresses：指定 IPv4 地址。
- gw4：指定网关。

3. 查看/etc/sysconfig/network-scripts/目录

```
[root@RHEL7-1 ~]# ls /etc/sysconfig/network-scripts/ifcfg-*
/etc/sysconfig/network-scripts/ifcfg-ens33  /etc/sysconfig/network-scripts/ifcfg-test2
/etc/sysconfig/network-scripts/ifcfg-lo
```

多出一个文件/etc/sysconfig/network-scripts/ifcfg-test2，说明添加确实生效了。

4. 启用 test2 连接配置

```
[root@RHEL7-1 ~]# nmcli connection up test2
Connection successfully activated (D-Bus active path: /org/freedesktop/NetworkManag
er/ ActiveConnection/6)
[root@RHEL7-1 ~]# nmcli  connection show
NAME    UUID                                  TYPE            DEVICE
test2   7b0ae802-1bb7-41a3-92ad-5a1587eb367f  802-3-ethernet  ens33
virbr0  f30a1db5-d30b-47e6-a8b1-b57c614385aa  bridge          virbr0
ens33   9d5c53ac-93b5-41bb-af37-4908cce6dc31  802-3-ethernet  --
```

5. 查看是否生效

```
[root@RHEL7-1 ~]# nmcli device show ens33
GENERAL.DEVICE:                   ens33
GENERAL.TYPE:                     ethernet
GENERAL.HWADDR:                     00:0C:29:66:42:8D
GENERAL.MTU:                       1500
GENERAL.STATE:                    100 (connected)
GENERAL.CONNECTION:                 test2
GENERAL.CON-PATH:                 /org/freedesktop/NetworkManager/ActiveConnection/6
WIRED-PROPERTIES.CARRIER:           on
IP4.ADDRESS[1]:                  192.168.10.100/24
IP4.GATEWAY:                      192.168.10.1
IP6.ADDRESS[1]:                  fe80::ebcc:9b43:6996:c47e/64
IP6.GATEWAY:                      --
```

基本的 IP 地址配置成功。

6. 修改连接设置

① 修改 test2 为自动启动。

```
[root@RHEL7-1 ~]#  nmcli connection modify test2 connection.autoconnect yes
```

② 修改 DNS 为 192.168.10.1。

```
[root@RHEL7-1 ~]# nmcli connection modify test2 ipv4.dns 192.168.10.1
```

③ 添加 DNS 114.114.114.114。

```
[root@RHEL7-1 ~]# nmcli connection modify test2 +ipv4.dns 114.114.114.114
```

④ 查看是否成功。

```
[root@RHEL7-1 ~]# cat /etc/sysconfig/network-scripts/ifcfg-test2
TYPE=Ethernet
PROXY_METHOD=none
BROWSER_ONLY=no
BOOTPROTO=none
IPADDR=192.168.10.100
PREFIX=24
GATEWAY=192.168.10.1
DEFROUTE=yes
IPV4_FAILURE_FATAL=no
IPV6INIT=yes
IPV6_AUTOCONF=yes
IPV6_DEFROUTE=yes
IPV6_FAILURE_FATAL=no
IPV6_ADDR_GEN_MODE=stable-privacy
NAME=test2
UUID=7b0ae802-1bb7-41a3-92ad-5a1587eb367f
DEVICE=ens33
ONBOOT=yes
DNS1=192.168.10.1
DNS2=114.114.114.114
```

可以看到均已生效。

⑤ 删除 DNS。

```
[root@RHEL7-1 ~]# nmcli connection modify test2 -ipv4.dns 114.114.114.114
```

⑥ 修改 IP 地址和默认网关。

```
[root@RHEL7-1 ~]# nmcli connection modify test2 ipv4.addresses 192.168.10.200/24
gw4 192.168.10.254
```

⑦ 添加多个 IP 地址。

```
[root@RHEL7-1 ~]# nmcli connection modify test2 +ipv4.addresses 192.168.10.250/24
[root@RHEL7-1 ~]# nmcli  connection  show  "test2"
```

nmcli 命令和/etc/sysconfig/network-scripts/ifcfg-*文件的对应关系如表 2-1 所示。

表 2-1　对应关系

nmcli 命令	/etc/sysconfig/network-scripts/ifcfg-*文件
ipv4.method manual	BOOTPROTO=none
ipv4.method auto	BOOTPROTO=dhcp
ipv4.addresses 192.0.2.1/24	IPADDR=192.0.2.1 PREFIX=24
gw4 192.0.2.254	GATEWAY=192.0.2.254
ipv4.dns 8.8.8.8	DNS0=8.8.8.8
ipv4.dns-search example.com	DOMAIN=example.com
ipv4.ignore-auto-dns true	PEERDNS=no

续表

nmcli 命令	/etc/sysconfig/network-scripts/ifcfg-*文件
connection.autoconnect yes	ONBOOT=yes
connection.id eth0	NAME=eth0
connection.interface-name eth0	DEVICE=eth0
802-3-ethernet.mac-address . . .	HWADDR= . . .

2.2 项目设计与准备

本项目要在 RHEL7-1 上完成的任务如下。

（1）创建会话。

（2）绑定两块网卡。

（3）配置远程服务。

2.3 项目实施

任务 2-1 创建网络会话实例

RHEL 和 CentOS 系统默认使用 NetworkManager 来提供网络服务，这是一种动态管理网络配置的守护进程，能够让网络设备保持连接状态。前面讲过，可以使用 nmcli 命令来管理 Network Manager 服务。nmcli 是一款基于命令行的网络配置工具，功能丰富，参数众多。它可以轻松地查看网络信息或网络状态。

```
[root@RHEL7-1 ~]# nmcli connection show
NAME   UUID                                  TYPE            DEVICE
ens33  9d5c53ac-93b5-41bb-af37-4908cce6dc31  802-3-ethernet  --
```

另外，RHEL 7 系统支持网络会话功能，允许用户在多个配置文件中快速切换（非常类似于 firewalld 防火墙服务中的区域技术）。我们在公司网络中使用笔记本电脑时需要手动指定网络的 IP 地址，回到家中则是使用 DHCP 自动分配 IP 地址。这就需要频繁地修改 IP 地址，但是使用网络会话功能后，一切就简单多了——只需在不同的使用环境中激活相应的网络会话，就可以实现网络配置信息的自动切换了。

可以使用 nmcli 命令并按照“connection add con-name type ifname”的格式来创建网络会话。假设将公司网络中的网络会话称为 company，将家庭网络中的网络会话称为 home，现在依次创建各自的网络会话。

① 使用 con-name 参数指定公司使用的网络会话名称 **company**，然后依次用 ifname 参数指定本机的网卡名称（千万要以实际环境为准，不要照抄书上的 ens33）。用 autoconnect no 参数设置该网络会话默认不被自动激活，以及用 ip4 及 gw4 参数手动指定网络的 IP 地址。

```
[root@RHEL7-1 ~]# nmcli connection add con-name company ifname ens33 autoconnect no
type ethernet ip4 192.168.10.1/24 gw4 192.168.10.1
Connection 'company' (69bf7a9e-1295-456d-873b-505f0e89eba2) successfully added.
```

② 使用 con-name 参数指定家庭使用的网络会话名称 **home**。因为我们想从外部 DHCP 服务器自动获得 IP 地址，因此这里不需要手动指定。

```
[root@RHEL7-1 ~]# nmcli connection add con-name home type ethernet ifname ens33
Connection 'home' (7a9f15fe-2f9c-47c6-a236-fc310e1af2c9) successfully added.
```

③ 成功创建网络会话后，可以使用 nmcli 命令查看创建的所有网络会话。

```
   [root@RHEL7-1 ~]# nmcli connection show
  NAME      UUID                                  TYPE            DEVICE
  ens33     9d5c53ac-93b5-41bb-af37-4908cce6dc31  802-3-ethernet  ens33
  virbr0    a3d2d523-5352-4ea9-974d-049fb7fd1c6e  bridge          virbr0
company  70823d95-a119-471b-a495-9f7364e3b452  802-3-ethernet  --
home     cc749b8d-31c6-492f-8e7a-81e95eacc733  802-3-ethernet  --
```

④ 使用 nmcli 命令配置过的网络会话是永久生效的，这样当我们下班回家后，顺手启用 home 网络会话，网卡就能自动通过 DHCP 获取到 IP 地址了。

```
[root@RHEL7-1 ~]# nmcli connection up home
Connection successfully activated (D-Bus active path:
/org/freedesktop/NetworkManager/ActiveConnection/6)
[root@RHEL7-1 ~]# ifconfig
ens33: flags=4163<UP,BROADCAST,RUNNING,MULTICAST>  mtu 1500
       inet 10.0.167.34  netmask 255.255.255.0  broadcast 10.0.167.255
       inet6 fe80::c70:8b8f:3261:6f18  prefixlen 64  scopeid 0x20<link>
       ether 00:0c:29:66:42:8d  txqueuelen 1000  (Ethernet)
       RX packets 457  bytes 41358 (40.3 KiB)
       RX errors 0  dropped 0  overruns 0  frame 0
       TX packets 131  bytes 17349 (16.9 KiB)
       TX errors 0  dropped 0 overruns 0  carrier 0  collisions 0
       ……
```

⑤ 如果使用的是虚拟机，请把虚拟机系统的网卡（网络适配器）切换成桥接模式，如图 2-17 所示，然后重启虚拟机系统即可。

图 2-17　设置虚拟机网卡的模式

⑥ 回到公司，可以停止 home 会话，启动 company 会话（连接）。

```
[root@RHEL7-1 ~]# nmcli connection down home
Connection 'home' successfully deactivated (D-Bus active path: /org/freedesktop/ NetworkManager/ActiveConnection/4)
[root@RHEL7-1 ~]# nmcli connection up company
Connection successfully activated (D-Bus active path: /org/freedesktop/NetworkManager/ ActiveConnection/6)
[root@RHEL7-1 ~]# ifconfig
ens33: flags=4163<UP,BROADCAST,RUNNING,MULTICAST>  mtu 1500
        inet 192.168.10.1  netmask 255.255.255.0  broadcast 192.168.10.255
        inet6 fe80::7ce7:c434:4c95:7ddb  prefixlen 64  scopeid 0x20<link>
……
```

⑦ 如果要删除会话连接，则执行 nmtui 命令，再执行 Edit a connection 命令，然后选中要删除的会话，单击“Delete”按钮即可，如图 2-18 所示。

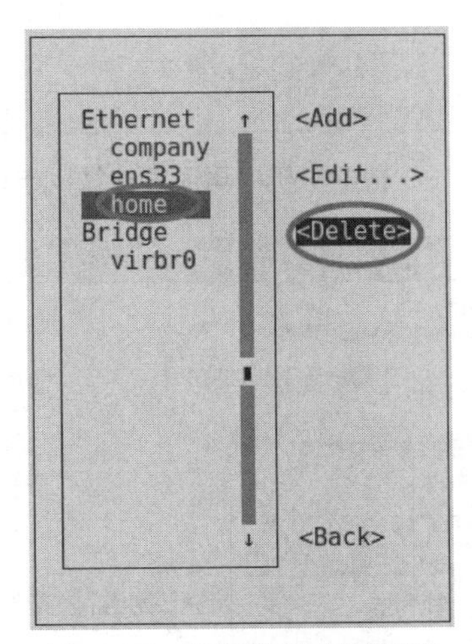

图 2-18 删除网络会话连接

任务 2-2 绑定两块网卡

一般来讲，生产环境必须提供 7 × 24 小时的网络传输服务。借助于网卡绑定技术，不仅可以提高网络传输速度，更重要的是，还可以确保在其中一块网卡出现故障时，依然可以正常提供网络服务。假设对两块网卡实施了绑定技术，这样在正常工作中它们会共同传输数据，使得网络传输的速度更快；而且即使有一块网卡突然出现了故障，另外一块网卡也会立即自动顶替上去，保证数据传输不会中断。

下面介绍如何绑定网卡。

① 在虚拟机系统中再添加一块网卡设备，请确保两块网卡都处在同一个网络连接中（即网卡模式相同），如图 2-19 和图 2-20 所示。只有处于相同模式的网卡设备，才可以绑定网卡，否则这两块网卡无法互相传送数据。

② 使用 Vim 文本编辑器配置网卡设备的绑定参数。网卡绑定的理论知识类似于 RAID 硬盘组，需要对参与绑定的网卡设备逐个进行“初始设置”。需要注意的是，这些原本独立的网卡设备此时需要被配置成为一块“从属”网卡，服务于“主”网卡，不应该再有自己的 IP 地址等信息。进行初始设置之后，它们就可以支持网卡绑定了（先使用 ifconfig 命令查询两块网卡的名称。在本例中，经查询得知，网卡名称为 ens33 和 ens38）。

图 2-19　在虚拟机中再添加一块网卡设备

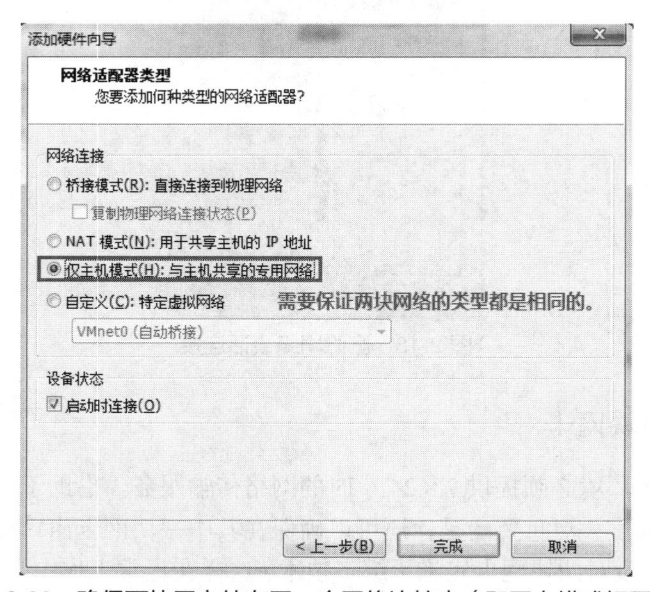

图 2-20　确保两块网卡处在同一个网络连接中（即网卡模式相同）

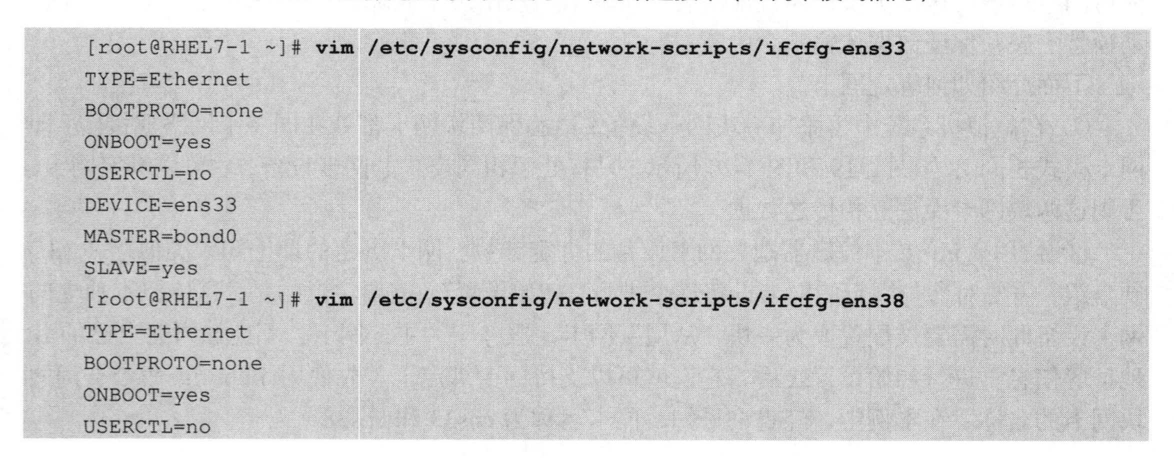

```
[root@RHEL7-1 ~]# vim /etc/sysconfig/network-scripts/ifcfg-ens33
TYPE=Ethernet
BOOTPROTO=none
ONBOOT=yes
USERCTL=no
DEVICE=ens33
MASTER=bond0
SLAVE=yes
[root@RHEL7-1 ~]# vim /etc/sysconfig/network-scripts/ifcfg-ens38
TYPE=Ethernet
BOOTPROTO=none
ONBOOT=yes
USERCTL=no
```

```
DEVICE=ens38
MASTER=bond0
SLAVE=yes
```

还需要将绑定后的设备命名为 bond0 并把 IP 地址等信息填写进去，这样当用户访问相应服务时，实际上就是由这两块网卡设备在共同提供服务。

```
[root@RHEL7-1 ~]# vim /etc/sysconfig/network-scripts/ifcfg-bond0
TYPE=Ethernet
BOOTPROTO=none
ONBOOT=yes
USERCTL=no
DEVICE=bond0
IPADDR=192.168.10.1
PREFIX=24
DNS=192.168.10.1
NM_CONTROLLED=no
```

③ 让 Linux 内核支持网卡绑定驱动。常见的网卡绑定驱动有 3 种模式——mode 0、mode 1 和 mode 6。下面以绑定两块网卡为例，讲解使用的情景。

- mode 0（平衡负载模式）：平时两块网卡均工作，且自动备援，但需要在与服务器本地网卡相连的交换机设备上进行端口聚合来支持绑定技术。
- mode 1（自动备援模式）：平时只有一块网卡工作，在它故障后自动替换为另外的网卡。
- mode6（平衡负载模式）：平时两块网卡均工作，且自动备援，无须交换机设备提供辅助支持。

比如有一台用于提供 NFS 或者 Samba 服务的文件服务器，它所能提供的最大网络传输速度为 100Mbit/s，但是访问该服务器的用户特别多，那么它的访问压力一定很大。在生产环境中，网络的可靠性是极为重要的，而且网络的传输速度也必须得以保证。针对这样的情况，比较好的选择就是 mode 6 网卡绑定驱动模式了。因为 mode 6 能够让两块网卡同时工作，当其中一块网卡出现故障后能自动备援，且无须交换机设备支援，从而提供了可靠的网络传输保障。

下面使用 Vim 文本编辑器创建一个用于网卡绑定的驱动文件，使得绑定后的 bond0 网卡设备能够支持绑定技术（bonding）；同时定义网卡以 mode 6 模式进行绑定，且出现故障时自动切换的时间为 100ms。

```
[root@RHEL7-1 ~]# vim /etc/modprobe.d/bonding.conf
alias bond0 bonding
options bond0 miimon=100 mode=6
```

④ 先停止网络管理服务再重启网络服务后网卡绑定操作即可成功。在正常情况下，只有 bond0 网卡设备才会有 IP 地址等信息。

```
[root@RHEL7-1 ~]# systemctl stop NetworkManager
[root@RHEL7-1 ~]# systemctl restart network
[root@RHEL7-1 ~]# ifconfig
bond0: flags=5123<UP,BROADCAST,MASTER,MULTICAST>  mtu 1500
        inet 192.168.10.1  netmask 255.255.255.0  broadcast 192.168.10.255
        ether 86:08:25:89:b4:6d  txqueuelen 1000  (Ethernet)
        RX packets 0  bytes 0 (0.0 B)
        RX errors 0  dropped 0  overruns 0  frame 0
        TX packets 0  bytes 0 (0.0 B)
        TX errors 0  dropped 0 overruns 0  carrier 0  collisions 0
```

```
ens33: flags=4163<UP,BROADCAST,RUNNING,MULTICAST>  mtu 1500
        ether 00:0c:29:66:42:8d  txqueuelen 1000  (Ethernet)
        RX packets 119  bytes 12615 (12.3 KiB)
        RX errors 0  dropped 0  overruns 0  frame 0
        TX packets 0  bytes 0 (0.0 B)
        TX errors 0  dropped 0 overruns 0  carrier 0  collisions 0

ens38: flags=4163<UP,BROADCAST,RUNNING,MULTICAST>  mtu 1500
        ether 00:0c:29:66:42:97  txqueuelen 1000  (Ethernet)
        RX packets 48  bytes 6681 (6.5 KiB)
        RX errors 0  dropped 0  overruns 0  frame 0
        TX packets 0  bytes 0 (0.0 B)
        TX errors 0  dropped 0 overruns 0  carrier 0  collisions 0
……
```

可以在本地主机执行 ping 192.168.10.1 命令检查网络的连通性。为了检验网卡绑定技术的自动备援功能，在虚拟机硬件配置中随机移除一块网卡设备，可以非常清晰地看到网卡切换的过程（一般只有 1 个数据丢包或不丢包），然后另外一块网卡会继续为用户提供服务。

```
[root@RHEL7-1 ~]# ping 192.168.10.1
PING 192.168.10.1 (192.168.10.1) 56(84) bytes of data.
64 bytes from 192.168.10.1: icmp_seq=1 ttl=64 time=0.171 ms
64 bytes from 192.168.10.1: icmp_seq=2 ttl=64 time=0.048 ms
64 bytes from 192.168.10.1: icmp_seq=3 ttl=64 time=0.059 ms
64 bytes from 192.168.10.1: icmp_seq=4 ttl=64 time=0.049 ms
ping: sendmsg: Network is unreachable

--- 192.168.10.1 ping statistics ---
8 packets transmitted, 7 received, 12% packet loss, time 7006ms
rtt min/avg/max/mdev = 0.042/0.073/0.109/0.023 ms
```

注意：做完绑定网卡的实验后，为了不影响其他实训，请利用 VM 快照恢复到系统初始状态。或者删除绑定：删除网卡绑定的配置文件，利用系统菜单重新配置网络，然后重启系统。这个处理原则，也适用于其他改变常规状态的实验。

任务 2-3　配置远程控制服务

1. 配置 sshd 服务

SSH（Secure shell）是一种能够以安全的方式提供远程登录的协议，也是目前远程管理 Linux 系统的首选方式。在此之前，一般使用 FTP 或 Telnet 来进行远程登录。但是因为它们以明文的形式在网络中传输账户密码和数据信息，因此很不安全，很容易受到黑客发起的中间人攻击，这轻则篡改传输的数据信息，重则直接抓取服务器的账户密码。

想要使用 SSH 协议来远程管理 Linux 系统，就需要部署配置 sshd 服务程序。sshd 是基于 SSH 协议开发的一款远程管理服务程序，不仅使用起来方便快捷，而且能够提供两种安全验证的方法。

- 基于口令的验证——用账户和密码来验证登录。
- 基于密钥的验证——需要在本地生成密钥对，然后把密钥对中的公钥上传至服务器，并与服务器中的公钥比较。该方式相较来说更安全。

前文曾多次强调“Linux 系统中的一切都是文件”，因此在 Linux 系统中修改服务程序的运行参数，实际上就是在修改程序配置文件的过程。sshd 服务的配置信息保存在/etc/ssh/sshd_config 文件中。运维人员一般会把保存最主要配置信息的文件称为主配置文件，而配置文件中有许多以井号开头的注释行，要想让这些配置参数生效，需要在修改参数后再去掉前面的井号。sshd 服务配置文件包含的参数及作用如表 2-2 所示。

表 2-2 sshd 服务配置文件包含的参数及作用

参 数	作 用
`Port 22`	默认的 sshd 服务端口
`ListenAddress 0.0.0.0`	设定 sshd 服务器监听的 IP 地址
`Protocol 2`	SSH 协议的版本号
`HostKey /etc/ssh/ssh_host_key`	SSH 协议版本为 1 时，DES 私钥存放的位置
`HostKey /etc/ssh/ssh_host_rsa_key`	SSH 协议版本为 2 时，RSA 私钥存放的位置
`HostKey /etc/ssh/ssh_host_dsa_key`	SSH 协议版本为 2 时，DSA 私钥存放的位置
`PermitRootLogin yes`	设定是否允许 root 管理员直接登录
`StrictModes yes`	当远程用户的私钥改变时直接拒绝连接
`MaxAuthTries 6`	最大密码尝试次数
`MaxSessions 10`	最大终端数
`PasswordAuthentication yes`	是否允许密码验证
`PermitEmptyPasswords no`	是否允许空密码登录（很不安全）

现有计算机的情况如下。

- 计算机名为 RHEL7-1，角色为 RHEL 7 服务器，IP 地址为 192.168.10.1/24。
- 计算机名为 RHEL7-2，角色为 RHEL 7 客户机，IP 地址为 192.168.10.20/24。
- 特别注意两台虚拟机的网络配置方式一定要一致，本例中都改为：桥接模式。

在 RHEL 7 系统中，已经默认安装并启用了 sshd 服务程序。接下来使用 ssh 命令在 RHEL7-2 上远程连接 RHEL7-1，其格式为“ssh [参数] 主机 IP 地址”。要退出登录则执行 exit 命令。在 RHEL7-2 上操作。

```
[root@RHEL7-2 ~]# ssh 192.168.10.1
The authenticity of host '192.168.10.1 (192.168.10.1)' can't be established.
ECDSA key fingerprint is SHA256:f7b2rHzLTyuvW4WHLjl3SRMIwkiUN+cN9y1yDb9wUbM.
ECDSA key fingerprint is MD5:d1:69:a4:4f:a3:68:7c:f1:bd:4c:a8:b3:84:5c:50:19.
Are you sure you want to continue connecting (yes/no)? yes
Warning: Permanently added '192.168.10.1' (ECDSA) to the list of known hosts.
root@192.168.10.1's password//此处输入远程主机 root 管理员的密码
Last login: Wed May 30 05:36:53 2018 from 192.168.10.
[root@RHEL7-1 ~]#
[root@RHEL7-1 ~]# exit
logout
Connection to 192.168.10.1 closed.
```

如果禁止以 root 管理员的身份远程登录到服务器，则可以大大降低被黑客暴力破解密码的概率。下面进行相应配置。

① 在 RHEL7-1 SSH 服务器上，首先使用 Vim 文本编辑器打开 sshd 服务的主配置文件，然后把第 38 行#PermitRootLogin yes 参数前的井号（#）去掉，并把参数值 yes 改成 no，这样就不再允许 root 管理员远程登录了。记得最后保存文件并退出。

```
[root@RHEL7-1 ~]# vim /etc/ssh/sshd_config
 ……
 36
 37 #LoginGraceTime 2m
 38 PermitRootLogin no
 39 #StrictModes yes

 ……
```

② 一般的服务程序并不会在配置文件修改之后立即获得最新的参数。如果想让新配置文件生效，则需要手动重启相应的服务程序。最好也将这个服务程序加入开机启动项中，这样系统在下一次启动时，该服务程序会自动运行，继续为用户提供服务。

```
[root@RHEL7-1 ~]# systemctl restart sshd
[root@RHEL7-1 ~]# systemctl enable sshd
```

③ 当 root 管理员再次尝试访问 sshd 服务程序时，系统会提示不可访问的错误信息。仍然在 RHEL7-2 上测试。

```
[root@RHEL7-2 ~]# ssh 192.168.10.1
root@192.168.10.10's password//此处输入远程主机 root 管理员的密码
Permission denied, please try again.
```

注意：为了不影响下面的实训，请将/etc/ssh/sshd_config 配置文件的更改恢复到初始状态。

2. 安全密钥验证

加密是对信息进行编码和解码的技术，在传输数据时，如果担心被他人监听或截获，就可以在传输前先使用公钥对数据进行加密处理，再进行传送。这样，只有掌握私钥的用户，才能解密这段数据，除此之外的其他人即便截获了数据，一般也很难将其破译为明文信息。

在生产环境中使用密码验证口令存在被暴力破解或嗅探截获的风险。如果正确配置了密钥验证方式，那么 sshd 服务程序将更加安全。

下面使用密钥验证方式，以用户 student 身份登录 SSH 服务器，具体配置如下。

① 在服务器 RHEL7-1 上建立用户 student，并设置密码。

```
[root@RHEL7-1 ~]# useradd student
[root@RHEL7-1 ~]# passwd student
```

② 在客户端主机 RHEL7-2 中生成“密钥对”。查看公钥 id_rsa.pub 和私钥 id_rsa。

```
[root@RHEL7-2 ~]# ssh-keygen
Generating public/private rsa key pair.
Enter file in which to save the key (/root/.ssh/id_rsa)//按回车键或设置密钥的存储路径
Enter passphrase (empty for no passphrase)//直接按回车键或设置密钥的密码
Enter same passphrase again//再次按回车键或设置密钥的密码
Your identification has been saved in /root/.ssh/id_rsa.
Your public key has been saved in /root/.ssh/id_rsa.pub.
The key fingerprint is:
SHA256:jSb1Z223Gp2j9HlDNMvXKwptRXR5A8vMnjCtCYPCTHs root@RHEL7-1
The key's randomart image is:
+---[RSA 2048]----+
|     .       o...|
|    + . .   * oo.|
|     = E.o o B  o|
|      o. +o B..o |
|       . S ooo+= =|
```

```
|       o  .o...==|
|         . o o.=o|
|          o ..=o+|
|           ..o.oo|
+----[SHA256]-----+
[root@RHEL7-2 ~]# cat /root/.ssh/id_rsa.pub
ssh-rsa AAAAB3NzaC1yc2EAAAADAQABAAABAQCurhcVb9GHKP4taKQMuJRdLLKTAVnC4f9Y9H2Or4rLx3Y
CqsBVYUUn4gSzi8LAcKPcPdBZ817Y4a2OuOVmNW+hpTR9vfwwuGOiU1Fu4Sf5/14qgkd5EreUjE/KIPlZVNX904
blbIJ90yu6J3CVz6opAdzdrxckstWrMSlp68SIhi517OVqQxzA+2G7uCkplh3pbtLCKlz6ck6x0zXd7MBgR9S7n
wm1DjHl5NWQ+542Z++MA8QJ9CpXyHDA54oEVrQoLitdWEYItcJIEqowIHM99L86vSCtKzhfD4VWvfLnMiO1Utos
tQfpLazjXoU/XVplfkfYtc7FFl+uSAxIO1nJ root@RHEL7-2
[root@RHEL7-2 ~]# cat /root/.ssh/id_rsa
```

③ 把客户端主机 RHEL7-2 中生成的公钥文件传送至远程主机。

```
[root@RHEL7-2 ~]# ssh-copy-id student@192.168.10.1
/usr/bin/ssh-copy-id: INFO: attempting to log in with the new key(s), to filter out
 any that are already installed
/usr/bin/ssh-copy-id: INFO: 1 key(s) remain to be installed -- if you are prompted
now it is to install the new keys
student@192.168.10.1's password//此处输入远程服务器密码

Number of key(s) added: 1

Now try logging into the machine, with:   "ssh 'student@192.168.10.1'"
and check to make sure that only the key(s) you wanted were added.
```

④ 设置服务器 RHEL7-1（第 65 行左右），使其只允许密钥验证，拒绝传统的口令验证方式。将“PasswordAuthentication yes”改为“PasswordAuthentication no”。记得在修改配置文件后保存并重启 sshd 服务程序。

```
[root@RHEL7-1 ~]# vim /etc/ssh/sshd_config
……
74
62 # To disable tunneled clear text passwords, change to no here!
63 #PasswordAuthentication yes
64 #PermitEmptyPasswords no
65 PasswordAuthentication no
66
……
[root@RHEL7-1 ~]# systemctl restart sshd
```

⑤ 在客户端 RHEL7-2 上尝试使用 student 用户远程登录到服务器，此时无须输入密码也可成功登录。同时利用 ifconfig 命令可查看到 ens33 的 IP 地址是 192.168.10.1，即 RHEL7-1 的网卡和 IP 地址，说明已成功登录到了远程服务器 RHEL7-1 上。

```
[root@RHEL7-2 ~]# ssh student@192.168.10.1
Last failed login: Sat Jul 14 20:14:22 CST 2018 from 192.168.10.20 on ssh:notty
There were 6 failed login attempts since the last successful login.
[student@RHEL7-1 ~]$ ifconfig
ens33: flags=4163<UP,BROADCAST,RUNNING,MULTICAST>  mtu 1500
        inet 192.168.10.1  netmask 255.255.255.0  broadcast 192.168.10.255
        inet6 fe80::4552:1294:af20:24c6  prefixlen 64  scopeid 0x20<link>
        ether 00:0c:29:2b:88:d8  txqueuelen 1000  (Ethernet)
        ……
```

⑥ 在 RHEL7-1 上查看 RHEL7-2 客户机的公钥是否传送成功。本例成功传送。

```
[root@RHEL7-1 ~]# cat /home/student/.ssh/authorized_keys
ssh-rsa AAAAB3NzaC1yc2EAAAADAQABAAABAQCurhcVb9GHKP4taKQMuJRdLLKTAVnC4f9Y9H2Or4rLx3Y
CqsBVYUUn4gSzi8LAcKPcPdBZ817Y4a2OuOVmNW+hpTR9vfwwuGOiU1Fu4Sf5/14qgkd5EreUjE/KIPlZVNX904
blbIJ90yu6J3CVz6opAdzdrxckstWrMSlp68SIhi517OVqQxzA+2G7uCkplh3pbtLCKlz6ck6x0zXd7MBgR9S7n
wmlDjHl5NWQ+542Z++MA8QJ9CpXyHDA54oEVrQoLitdWEYItcJIEqowIHM99L86vSCtKzhfD4VWvfLnMiO1Utos
tQfpLazjXoU/XVplfkfYtc7FFl+uSAxIO1nJ root@RHEL7-2
```

3. 远程传输命令

scp（secure copy）是一个基于 SSH 协议在网络之间进行安全传输的命令，其格式为“scp [参数] 本地文件 远程账户@远程 IP 地址:远程目录”。

与 cp 命令不同，cp 命令只能在本地硬盘中复制文件，而 scp 不仅能够通过网络传送数据，而且所有的数据都将进行加密处理。例如，如果想把一些文件通过网络从一台主机传递到其他主机，这两台主机又恰巧是 Linux 系统，这时使用 scp 命令就可以轻松完成文件的传递了。scp 命令中可用的参数及作用如表 2-3 所示。

表 2-3 scp 命令中可用的参数及作用

参 数	作 用
-v	显示详细的连接进度
-P	指定远程主机的 sshd 端口号
-r	用于传送文件夹
-6	使用 IPv6 协议

在使用 scp 命令把文件从本地复制到远程主机时，首先需要以绝对路径的形式写清本地文件的存放位置。如果要传送整个文件夹内的所有数据，还需要额外添加参数-r 进行递归操作，然后写上要传送到的远程主机的 IP 地址，远程服务器便会要求进行身份验证。当前用户名称为 root，密码则为远程服务器的密码。如果想使用指定用户的身份进行验证，可使用“用户名@主机地址”的参数格式。最后需要在远程主机的 IP 地址后面添加冒号，并在后面写上要传送到远程主机的哪个文件夹中。只要参数正确并且成功验证了用户身份，就可开始传送工作。下面在 RHEL7-1 上，向远程主机 RHEL7-2（192.168.10.20）传输文件。

```
[root@RHEL7-1 ~]# echo "Welcome to smile.com" > mytest.txt
[root@RHEL7-1 ~]# scp /root/mytest.txt 192.168.10.20:/home
root@192.168.10.20's password//此处输入远程服务器中 root 管理员的密码
mytest.txt                    100%    21    34.9KB/s    00:00
```

此外，还可以使用 scp 命令把远程主机上的文件下载到本地主机，其命令格式为“scp [参数] 远程用户@远程 IP 地址:远程文件 本地目录”。例如，可以把远程主机的系统版本信息文件下载下来，这样就无须先登录远程主机，再传送文件了，也就省去了很多周折。

```
[root@RHEL7-1 ~]# scp 192.168.10.20:/etc/redhat-release /root
root@192.168.10.20's password//此处输入远程服务器中 root 管理员的密码
redhat-release                 100%    52    55.5KB/s    00:00
[root@RHEL7-1 ~]# cat redhat-release
Red Hat Enterprise Linux Server release 7.4 (Maipo)
```

提示：编辑/etc/resolv.conf 文件也可以更改 DNS 服务器。使用 ifconfig 可以配置临时生效的 IP 地址等信息。由于这些内容已经不常使用，所以不再详述，请参考相关内容或在本课程的 QQ 研讨群里讨论。

使用 ifconfig 配置 IP 地址实例如下（重启计算机失效）。

```
[root@RHEL7-2 ~]# ifconfig ens38 192.168.10.10
[root@RHEL7-2 ~]# ifconfig ens38 192.168.10.10 netmask 255.255.255.0
[root@RHEL7-2 ~]# ifconfig ens38 192.168.10.10 netmask 255.255.255.0 broadcast 192.168.10.255
```

2.4　项目实录：配置 Linux 下的 TCP/IP 和远程管理

1．视频位置

实训前请扫描二维码：实训项目　配置 TCP-IP 网络接口和配置远程管理。

视频 2-2　实训项目 配置 TCP-IP 网络接口

视频 2-3　实训项目 配置远程管理

2．项目实训目的

- 掌握 Linux 下 TCP/IP 网络的设置方法。
- 学会使用命令检测网络配置。
- 学会启用和禁用系统服务。
- 掌握 SSH 服务及应用。

3．项目背景

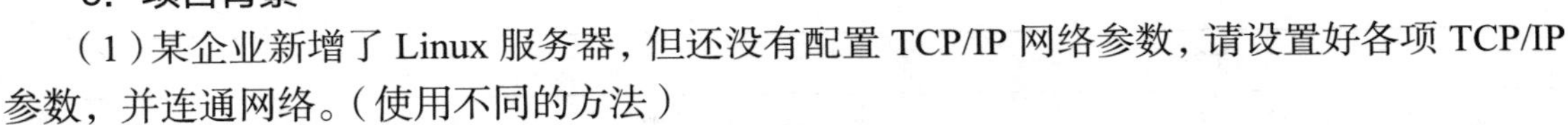

（1）某企业新增了 Linux 服务器，但还没有配置 TCP/IP 网络参数，请设置好各项 TCP/IP 参数，并连通网络。（使用不同的方法）

（2）要求用户在多个配置文件中快速切换。在公司网络中使用笔记本电脑时需要手动指定网络的 IP 地址，回到家中则是使用 DHCP 自动分配 IP 地址。

（3）通过 SSH 服务访问远程主机，可以使用证书登录远程主机，不需要输入远程主机的用户名和密码。

（4）使用 VNC 服务访问远程主机，使用图形界面访问主机，桌面端口号为 1。

4．项目实训内容

练习在 Linux 系统中设置 TCP/IP 网络、检测网络、创建实用的网络会话、应用 SSH 服务和 VNC 服务。

5．做一做

根据项目实录视频进行项目实训，检查学习效果。

2.5　练习题

一、填空题

1. ________文件主要用于设置基本的网络配置，包括主机名称、网关等。
2. 一块网卡对应一个配置文件，配置文件位于目录________中，文件名以________开始。
3. ________文件是 DNS 客户端用于指定系统所用的 DNS 服务器的 IP 地址。
4. 查看系统的守护进程可以使用________命令。
5. 只有处于________模式的网卡设备才可以绑定网卡，否则网卡间无法互相传送数据。
6. ________是一种能够以安全的方式提供远程登录的协议，也是目前________Linux 系统的首选方式。

7. ________是基于 SSH 协议开发的一款远程管理服务程序，不仅使用起来方便快捷，而且能够提供两种安全验证的方法：________和________，其中________方式相较来说更安全。

8. Scp（secure copy）是一个基于________协议在网络之间进行安全传输的命令，其格式为________________________________。

二、选择题

1. 以下哪个命令能用来显示 server 当前正在监听的端口？（　　）

A. ifconfig　　B. netlst　　C. iptables　　D. netstat

2. 以下哪个文件存放机器名到 IP 地址的映射？（　　）

A. /etc/hosts　　B. /etc/host　　C. /etc/host.equiv　　D. /etc/hdinit

3. Linux 系统提供了一些网络测试命令，当与某远程网络连接不上时，就需要跟踪路由查看，以便了解在网络的什么位置出现了问题，请从下面的命令中选出满足该目的的命令。（　　）

A. ping　　B. ifconfig　　C. traceroute　　D. netstat

4. 拨号上网使用的协议通常是（　　）。

A. PPP　　B. UUCP　　C. SLIP　　D. Ethernet

三、补充表格

请将 nmcli 命令的含义列表补充完整。

命令	含义
	显示所有连接
	显示所有活动的连接状态
nmcli connection show "ens33"	
nmcli device status	
nmcli device show ens33	
	查看帮助
	重新加载配置
nmcli connection down test2	
nmcli connection up test2	
	禁用 ens33 网卡、物理网卡
nmcli device connect ens33	

四、简答题

1. 在 Linux 系统中有多种方法可以配置网络参数，请列举几种。

2. 简述网卡绑定技术 mode 6 模式的特点。

3. 在 Linux 系统中，当修改其配置文件中的参数来配置服务程序时，若想让新配置的参数生效，还需要执行什么操作？

4. sshd 服务的口令验证与密钥验证方式，哪个更安全？

5. 想要把本地文件/root/myout.txt 传送到地址为 192.168.10.20 的远程主机的/home 目录下，且本地主机与远程主机均为 Linux 系统，最为简便的传送方式是什么？

第3章 配置与管理防火墙

项目导入

某高校组建了校园网，并且已经架设了 Web、FTP、DNS、DHCP、Mail 等功能的服务器来为校园网用户提供服务，现有如下问题需要解决。

（1）需要架设防火墙以实现校园网的安全。

（2）需要将子网连接在一起构成整个校园网。

（3）由于校园网使用的是私有地址，需要转换网络地址，使校园网中的用户能够访问互联网。

该项目实际上是由 Linux 的防火墙与代理服务器 iptables、firewalld 和 squid 来完成的，通过该角色部署 iptables、firewalld、NAT、squid，能够实现上述功能。

项目目标

- 了解防火墙的分类及工作原理
- 了解 NAT
- 掌握 iptables 防火墙的配置
- 掌握 firewalld 防火墙的配置
- 掌握服务的访问控制列表
- 掌握利用 iptables 实现 NAT

3.1 相关知识

3.1.1 防火墙概述

防火墙的本义是指一种防护建筑物，古代建造木制结构房屋时，为防止火灾发生和蔓延，人们在房屋周围将石块堆砌成石墙，这种防护构筑物就被称为“防火墙”。

通常所说的网络防火墙是套用了古代的防火墙的喻义，它指的是隔离在本地网络与外界网络之间的一道防御系统。防火墙可以使企业内部局域网与 Internet 之间或者与其他外部网络间互相隔离、限制网络互访，以此来保护内部网络。

防火墙的分类方法多种多样，不过从传统意义上讲，防火墙大致可以分为三大类，分别是“包过滤”“应用代理”和“状态检测”，无论防火墙的功能多么强大，性能多么完善，归根结底都是在这 3 种技术的基础之上扩展功能的。

3.1.2 iptables 与 firewalld

早期的 Linux 系统采用过 ipfwadm 作为防火墙，但在 2.2.0 核心中被 ipchains 取代。

Linux 2.4 版本发布后，netfilter/iptables 信息包过滤系统正式使用。它引入了很多重要的改进，比如基于状态的功能，基于任何 TCP 标记和 MAC 地址的包过滤，更灵活的配和记录功能，强大而且简单的 NAT 功能和透明代理功能等，然而，最重要的变化是引入了模块化的架构方式。这使得 iptables 运用和功能扩展更加方便灵活。

视频 3-1 管理与维护 Iptables 防火墙

Netfilter/iptables IP 数据包过滤系统实际是由 netfilter 和 iptables 两个组件构成的。Netfilter 是集成在内核中的一部分，它的作用是定义、保存相应的规则。而 iptables 是一种工具，用以修改信息的过滤规则及其他配置。用户可以通过 iptables 来设置适合当前环境的规则，而这些规则会保存在内核空间中。如果将 nefilter/iptable 数据包过滤系统比作一辆功能完善的汽车的话，那么 netfilter 就像是发动机以及车轮等部件，它可以让车发动、行驶。而 iptables 则像方向盘、刹车、油门，汽车行驶的方向、速度都要靠 iptables 来控制。

对于 Linux 服务器而言，采用 netfilter/iptables 数据包过滤系统，能够节约软件成本，并可以提供强大的数据包过滤控制功能，iptables 是理想的防火墙解决方案。

在 RHEL 7 系统中，firewalld 防火墙取代了 iptables 防火墙。现实而言，iptables 与 firewalld 都不是真正的防火墙，它们都只是用来定义防火墙策略的防火墙管理工具而已，或者说，它们只是一种服务。iptables 服务会把配置好的防火墙策略交由内核层面的 netfilter 网络过滤器来处理，而 firewalld 服务则是把配置好的防火墙策略交由内核层面的 nftables 包过滤框架来处理。换句话说，当前在 Linux 系统中其实存在多个防火墙管理工具，旨在方便运维人员管理 Linux 系统中的防火墙策略，我们只需要配置妥当其中的一个就足够了。虽然这些工具各有优劣，但它们在防火墙策略的配置思路上是保持一致的。

3.1.3 iptables 的工作原理

netfilter 是 Linux 核心中的一个通用架构，它提供了一系列的“表”（tables），每个表由若干“链”（chains）组成，而每条链可以由一条或数条“规则”（rules）组成。实际上，netfilter 是表的容器，表是链的容器，而链又是规则的容器。

1．iptables 名词解释

（1）规则（rules）。设置过滤数据包的具体条件，如 IP 地址、端口、协议以及网络接口等信息，iptables 的规则如表 3-1 所示。

表 3-1 iptables 规则

条　件	说　明
Address	针对封包内的地址信息进行比对。可对来源地址（Source Address）、目的地址（Destination Address）与网络卡地址（MAC　Address）进行比对
Port	封包内存放设定的传输层（Transport Layer）的 Port 信息比对条件，可用来比对的 Pott 信息包含来源 Port（Source Port）、目的 Port（Destination Port）
Protocol	通信协议，是指某一种特殊种类的通信协议。Netfilter 可以比对 TCP、UDP 或者 ICMP 等协议
Interface	接口，是指封包接收，或者输出的网络适配器名称
Fragment	不同 Network Interface 的网络系统，会有不同封包长度的限制。如封包跨越至不同的网络系统时，可能会将封包裁切（Fragment）。可以针对裁切后的封包信息进行监控与过滤
Counter	可针对封包的计数单位进行条件比对

（2）动作（target）。当数据包经过 Linux 时，若 netfilter 检测该包符合相应规则，则会对该数据包进行相应的处理。iptables 动作如表 3-2 所示。

表 3-2　iptables 动作

动　　作	说　　明
ACCEPT	允许数据包通过
DROP	丢弃数据包
REJECT	丢弃包，并返回错误信息
LOG	将符合该规则的数据包写入日志
QUEUE	传送给应用和程序处理该数据包

（3）链（chain）。在数据包传递过程中，不同的情况下所要遵循的规则组合形成了链。规则链可以分为以下两种。

- 内置链（Build-in Chains）。
- 用户自定义链（User-Defined Chains）。

netfilter 常用的为内置链，共有 5 个内置链，如表 3-3 所示。

表 3-3　iptables 内置链

动　　作	说　　明
PREROUTING	数据包进入本机，进入路由表之前
INPUT	通过路由表后，目的地为本机
OUTPUT	由本机产生，向外转发
FORWARD	通过路由表后，目的地不为本机
POSTROUTING	通过路由表后，发送至网卡接口之前

netfilter 的 5 条链相互关联，如图 3-1 所示。

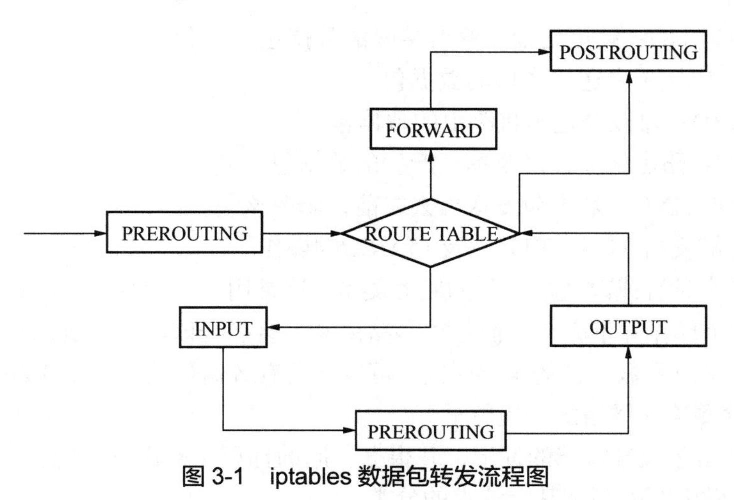

图 3-1　iptables 数据包转发流程图

① 当一个数据包进入网卡时，它首先进入 PREROUTING 链，内核根据数据包目的 IP 判断是否需要转送出去。

② 如果数据包就是进入本机的，它就会沿着图向下移动，到达 INPUT 链。数据包到了

INPUT 链后，任何进程都会收到它。本机上运行的程序可以发送数据包，这些数据包会经过 OUTPUT 链，然后到达 POSTROUTING 链输出。

③ 如果数据包是要转发出去的，且内核允许转发，数据包就会如图 3-1 所示向右移动，经过 FORWARD 链，然后到达 POSTROUTING 链输出。

（4）表（table）。接收数据包时，Netfilter 会提供以下 3 种数据包处理的功能。

- 过滤。
- 地址转换。
- 变更。

Netfilter 根据数据包的处理需要，将链（chain）组合，设计了 3 个表（table）：filter、nat 以及 mangle。

① filter。这是 netfilter 默认的表，通常使用该表设置过滤规则，它包含以下内置链。

- INPUT：应用于发往本机的数据包。
- FORWARD：应用于路由经过本地的数据包。
- OUTPUT：本地产生的数据包。

filter 表的过滤功能强大，几乎能够设定所有的动作（target）。

② nat。当数据包建立新的连接时，该 nat 表能够修改数据包，并完成网络地址转换。它包含以下 3 个内置链。

- PREROUTING：修改到达的数据包。
- OUTPUT：路由之前，修改本地产生的数据包。
- POSTROUTING：数据包发送前，修改该包。

nat 表仅用于网络地址转换，也就是转换包的源或目标地址，其具体的动作有 DNAT、SNAT 以及 MASQUERADE，下面的内容将会详细介绍。

③ mangle。该表用在数据包的特殊变更操作，如修改 TOS 等特性。Linux 2.4.17 内核以前，它包含两个内置链：PREROUTING 和 OUTPUT，内核 2.4.18 发布后，mangle 表对其他 3 个链提供了支持。

- PREROUTING：路由之前，修改接收的数据包。
- INPUT：应用于发送给本机的数据包。
- FORWARD：修改经过本机路由的数据包。
- OUTPUT：路由之前，修改本地产生的数据包。
- POSTROUTING：数据包发送出去之前，修改该包。

mangle 表能够支持 TOS、TTL 以及 MARK 的操作。

TOS 操作用来设置或改变数据包的服务类型。这常用来设置网络上的数据包如何被路由等策略。注意这个操作并不完善，而且很多路由器不会检查该设置，所以不必进行该操作。

TTL 操作用来改变数据包的生存时间，可以让所有数据包共用一个 TTL 值。这样，能够防止通过 TTL 检测连接网络的主机数量。

MARK 用来给包设置特殊的标记，并根据不同的标记（或没有标记）决定不同的路由。用这些标记可以做带宽限制和基于请求的分类。

2. iptables 工作流程

iptables 拥有 3 个表和 5 个链，其整个工作流程如图 3-2 所示。

（1）数据包进入防火墙以后，首先进入 mangle 表的 PREROUTING 链，如果有特殊设定，会更改数据包的 TOS 等信息。

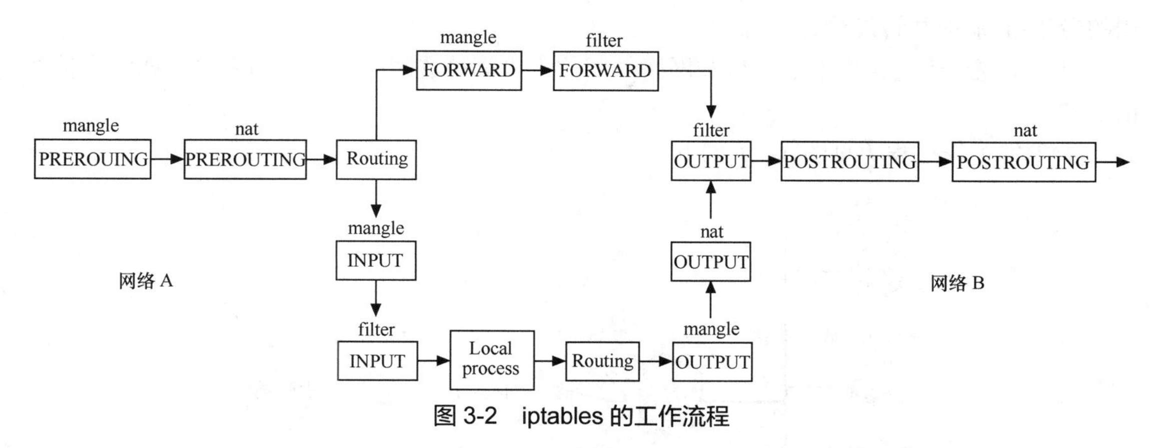

图 3-2 iptables 的工作流程

（2）数据包进入 nat 表的 PREROUTING 链，如有规则设置，则转换目的地址。

（3）数据包经过路由，判断该包是发送给本机，还是需要向其他网络转发。

（4）如果是转发，就发送给 mangle 表的 FORWARD 链，根据需要修改相应的参数，然后送给 filter 表的 FORWARD 链进行过滤，然后转发给 mangle 表的 POSTROUTING 链，如有设置，则调整参数，然后发给 nat 表的 POSTROUTING 链，根据需要，可能会进行网络地址转换，修改数据包的源地址，最后数据包发送给网卡，转发给外部网络。

（5）如果目的地为本机，数据包则会进入 mangle 的 INPUT 链，经过处理，进入 filter 表的 INPUT 链，经过相应的过滤，进入本机的处理进程。

（6）本机产生的数据包，首先进入路由，然后分别经过 mangle、nat 以及 filter 的 OUTPUT 链进行相应的操作，再进入 mangle、nat 的 POSTROUTING 链，向外发送。

3.1.4 NAT 基础知识

网络地址转换器（Network Address Translator，NAT）位于使用专用地址的 Intranet 和使用公用地址的 Internet 之间，主要具有以下几种功能。

（1）从 Intranet 传出的数据包由 NAT 将它们的专用地址转换为公用地址。

（2）从 Internet 传入的数据包由 NAT 将它们的公用地址转换为专用地址。

（3）支持多重服务器和负载均衡。

（4）实现透明代理。

这样在内网中计算机使用未注册的专用 IP 地址，而在与外部网络通信时，使用注册的公用 IP 地址，大大降低了连接成本。同时 NAT 也起到将内部网络隐藏起来，保护内部网络的作用，因为对外部用户来说，只有使用公用 IP 地址的 NAT 是可见的，类似于防火墙的安全措施。

1. NAT 的工作过程

（1）客户机将数据包发给运行 NAT 的计算机。

（2）NAT 将数据包中的端口号和专用的 IP 地址换成它自己的端口号和公用的 IP 地址，然后将数据包发给外部网络的目的主机，同时记录一个跟踪信息在映像表中，以便向客户机发送回答信息。

（3）外部网络发送回答信息给 NAT。

（4）NAT 将收到的数据包的端口号和公用 IP 地址转换为客户机的端口号和内部网络使用的专用 IP 地址并转发给客户机。

以上步骤对于网络内部的主机和网络外部的主机都是透明的，对它们来讲就如同直接通信一样。

NAT 的工作过程（见图 3-3）如下。

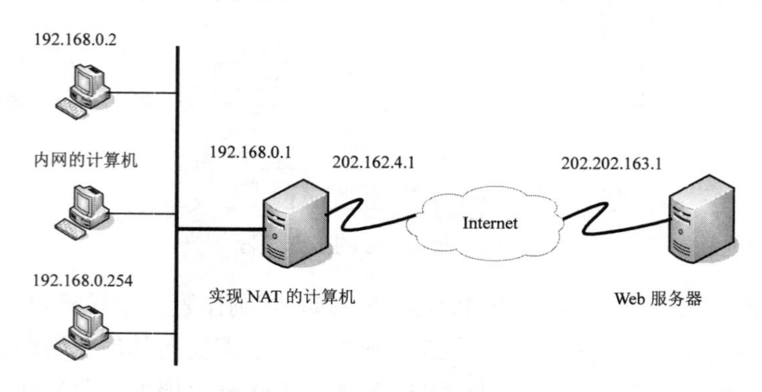

图 3-3　NAT 的工作过程

（1）192.168.0.2 用户使用 Web 浏览器连接到位于 202.202.163.1 的 Web 服务器，用户计算机将创建带有下列信息的 IP 数据包。

目标 IP 地址：202.202.163.1

源 IP 地址：192.168.0.2

目标端口：TCP 端口 80

源端口：TCP 端口 1350

（2）IP 数据包转发到运行 NAT 的计算机上，它将传出的数据包地址转换成下面的形式。

目标 IP 地址：202.202.163.1

源 IP 地址：202.162.4.1

目标端口：TCP 端口 80

源端口：TCP 端口 2 500

（3）NAT 协议在表中保留了{192.168.0.2，TCP 1350}到 {202.162.4.1，TCP 2500}的映射，以便回传。

（4）转发的 IP 数据包是通过 Internet 发送的。Web 服务器响应通过 NAT 协议发回和接收。当接收时，数据包包含下面的公用地址信息。

目标 IP 地址：202.162.4.1

源 IP 地址：202.202.163.1

目标端口：TCP 端口 2 500

源端口：TCP 端口 80

（5）NAT 协议检查转换表，将公用地址映射到专用地址，并将数据包转发给位于 192.168.0.2 的计算机。转发的数据包包含以下地址信息。

目标 IP 地址：192.168.0.2

源 IP 地址：202.202.163.1

目标端口：TCP 端口 1 350

源端口：TCP 端口 80

对于来自 NAT 协议的传出数据包，源 IP 地址（专用地址）被映射到 ISP 分配的地址（公用地址），并且 TCP/UDP 端口号也会被映射到不同的 TCP/UDP 端口号。

对于到 NAT 协议的传入数据包，目标 IP 地址（公用地址）被映射到源 Internet 地址（专用地址），并且 TCP/UDP 端口号被重新映射回源 TCP/UDP 端口号。

2．NAT 的分类

（1）源 NAT（Source NAT，SNAT）。SNAT 是指修改第一个包的源 IP 地址。SNAT 会在包送出之前的最后一刻做好 Post-Routing 的动作。Linux 中的 IP 伪装（MASQUERADE）就是 SNAT 的一种特殊形式。

（2）目的 NAT（Destination NAT，DNAT）。DNAT 是指修改第一个包的目的 IP 地址。DNAT 总是在包进入后立刻进行 Pre-Routing 动作。端口转发、负载均衡和透明代理均属于 DNAT。

3.1.5　yum

1．yum 简介

yum（Yellow dog Updater Modified）的宗旨是自动化地升级、安装与移除 rpm 包，收集 rpm 包的相关信息，检查依赖性并自动提示用户解决。yum 的关键之处是要有可靠的软件仓库，它可以是 http、ftp 站点，也可以是本地软件池，但必须包含 rpm 的 header，header 包括 rpm 包的各种信息，包括描述、功能、提供的文件、依赖性等。

2．配置文件

yum 的配置文件在/etc 目录下，主要包含/etc/yum.conf、/etc/yum 目录下的所有文件、/etc/yum.repos.d 目录下的所有 yum 安装源文件。

yum 的一切配置信息都储存在一个叫 yum.conf 的配置文件中，通常位于/etc 目录下，这是整个 yum 系统的重中之重，内容如下。

```
[main]
cachedir=/var/cache/yum/$basearch/$releasever
keepcache=0
debuglevel=2
logfile=/var/log/yum.log
exactarch=1
obsoletes=1
gpgcheck=1
plugins=1
installonly_limit=5
bugtracker_url=http://bugs.centos.org/set_project.php?project_id=16&ref=http://bugs
.centos.org/bug_rep
ort_page.php?category=yum
distroverpkg=centos-release
# PUT YOUR REPOS HERE OR IN separate files named file.repo
# in /etc/yum.repos.d
```

对 yum.conf 文件的简要说明如下。

- cachedir：yum 缓存的目录，yum 在此存储下载的 rpm 包和数据库，一般是/var/cache/yum。
- debuglevel：除错级别，0～10，默认是 2。

- logfile：yum 的日志文件，默认是/var/log/yum.log。
- exactarch，有两个选项 1 和 0，代表是否只升级和用户安装软件包 cpu 体系一致的包，设为 1 时，如果安装了一个 i386 的 rpm，则 yum 不会用 686 的包来升级。
- obsoletes：这是一个 update 的参数，具体请参阅 yum(8)，简单地说就是相当于 upgrade，允许更新陈旧的 RPM 包。
- gpgchkeck=有 1 和 0 两个选择，分别代表是否进行 gpg 校验。
- Plugins：是否启用插件，默认 1 为允许，0 表示不允许。
- installonly_limit：网络连接错误重试的次数。
- bugtracker_url：设置上传 bug 的地址。
- distroverpkg：指定一个软件包，yum 会根据这个包判断用户的发行版本，默认是 redhat-release，也可以是安装的任何针对自己发行版的 rpm 包。

3. yum 源文件

yum 源文件指定 yum 仓库的位置。创建 yum 源文件/etc/yum.repos.d/dvd.repo，/etc/yum.repos.d/目录下最好只有 dvd.repo 一个文件，否则如果网络有问题，就会报告找不到 yum 源的错误。

假如 Linux 的安装光盘已挂载到本地的/iso，现在为了方便安装，可以制作用于安装的 yum 源文件。内容如下。

```
# /etc/yum.repos.d/dvd.repo
# or for ONLY the media repo, do this:
# yum --disablerepo=\* --enablerepo=c6-media [command]
[dvd]
name=dvd
baseurl=file:///iso                    //特别注意本地源文件的表示
gpgcheck=0
enabled=1
```

对 yum 源文件的简要说明如下。

- []：用于区别各个不同的 repository，必须有一个独一无二的名称。
- name：是对 repository 的描述，支持像$releasever $basearch 这样的变量。
- baseurl：是服务器设置中最重要的部分，只有设置正确，才能获取软件。它的格式如下。

baseurl=url://server1/path/to/repository/

url://server2/path/to/repository/

url://server3/path/to/repository/

其中 url 支持的协议有 HTTP、FTP、FILE 三种。baseurl 后可以跟多个 URL，可以自己改为速度比较快的镜像站，但 baseurl 只能有一个，如果是本地软件源，则使用形似“baseurl=file:/// mnt/Server”的格式来书写。

- gpgcheck：设置是否进行验证。
- enabled：yum 源是否生效。

提示：本书所有服务的安装都是基于本 yum 源文件的，请读者提前做好 yum 源文件。

---

4. yum 命令的使用

（1）使用 yum 更新软件的命令

在查看系统中的软件是否有升级包时，会用到 yum check-update 命令；在软件出现漏洞时，升级软件或者系统内核都会用到 yum update 命令。

- yum check-update //列出所有可更新的软件清单
- yum update //安装所有更新软件

（2）使用 yum 安装与删除软件

使用 yum 安装和卸载软件，有个前提是 yum 安装的软件包都是 rpm 格式的。安装的命令是 yum install xxx，yum 会查询数据库，如果有，则检查其依赖冲突关系，如果没有依赖冲突，那么下载安装；如果有，则会给出提示，询问是否要同时安装依赖，或删除冲突的包。删除的命令是 yum remove xxx，同安装一样，yum 也会查询数据库，给出解决依赖关系的提示。

- yum install xxx //用 YUM 安装软件包，xxx 为安装软件包的名称，不包括版本 //号和版本号之后的信息
- yum remove xxx //用 YUM 删除软件包，xxx 为安装软件包的名称，不包括版本 //号和版本号之后的信息

（3）使用 yum 查询想安装的软件

常常会碰到这样的情况，想要安装一个软件，只知道它和某方面有关，但不能确切知道它的名字。这时 yum 的查询功能就起作用了。可以用 yum search keyword 命令来搜索，比如要安装一个 Instant Messenger，但又不知到底有哪些，就不妨用 yum search messenger 这样的指令来搜索,yum 会搜索所有可用 rpm 的描述,列出所有描述中和 messeger 有关的 rpm 包，于是可能得到 gaim、kopete 等，并从中选择。

- yum search //使用 yum 查找软件包
- yum list //列出所有可安装的软件包
- yum list updates //列出所有可更新的软件包
- yum list installed //列出所有已安装的软件包
- yum list extras //列出所有已安装但不在 yum Repository 内的软件包
- yum list //列出指定的软件包

（4）使用 yum 获取软件包信息

常常会碰到安装了一个包，但又不知道其用途，这时可以用 yum info packagename 指令来获取信息。

- yum info //列出所有软件包的信息
- yum info updates //列出所有可更新的软件包信息
- yum info installed //列出所有已安装的软件包信息
- yum info extras //列出所有已安装但不在 Yum Repository 内的软件包信息
- yum provides //列出软件包提供哪些文件

（5）清除 yum 缓存

yum 会把下载的软件包和 header 存储在 cache 中，而不会自动删除。如果觉得它们占用了磁盘空间，可以使用 yum clean 指令清除，更精确的用法是用 yum clean headers 清除 header，用 yum clean packages 清除下载的 rpm 包，用 yum clean all 清除所有。

- yum clean packages //清除缓存目录(/var/cache/yum)下的软件包
- yum clean headers //清除缓存目录(/var/cache/yum)下的 headers
- yum clean oldheaders //清除缓存目录(/var/cache/yum)下旧的 headers

- yum clean all　　　//清除缓存目录(/var/cache/yum)下的软件包及旧的 headers

3.2 项目设计及准备

3.2.1 项目设计

网络建立初期，人们只考虑如何实现通信而忽略了网络的安全。而防火墙可以使企业内部局域网与 Internet 之间或者与其他外部网络互相隔离、限制网络互访来保护内部网络。

大量拥有内部地址的机器组成了企业内部网，那么如何连接内部网与 Internet？iptables、firewall、NAT 服务器将是很好的选择，它们能够解决内部网访问 Internet 的问题并提供访问的优化和控制功能。

本项目设计在安装有企业版 Linux 网络操作系统的服务器上安装 iptabels、firewall，配置 NAT。

3.2.2 项目准备

部署 iptables 和 firewall 应满足下列需求。

（1）安装好企业版 Linux 网络操作系统，并且必须保证常用服务正常工作。客户端使用 Linux 或 Windows 网络操作系统。服务器和客户端能够通过网络进行通信。

（2）或者利用虚拟机设置网络环境。

（3）3 台安装好 RHEL 7.4 的计算机。

（4）本项目要完成的任务如下。

① 安装与简单配置 iptables。

② 安装与配置 firewall。

③ 配置服务的访问控制列表。

④ 配置 SNAT 和 DNAT。

特别说明：本项目最后是一个综合任务，该任务把 iptables、firewall、SNAT、DNAT 等主要配置整合到一起，以达到融会贯通的目的，实用而有趣。

3.3 项目实施

任务 3-1 安装、启动 iptables

1. 检查 iptables 是否已经安装，没有安装则使用 yum 命令安装

从 RHEL 7 开始，iptables 已经不是默认的防火墙配置软件了，已经改为 firewall，被安装好了。如果还要配置 iptables，则一定要安装 **iptables-services** 软件，否则无法使用 iptables。

（1）挂载 ISO 安装镜像。

```
[root@RHEL7-1 ~]# mkdir /iso
[root@RHEL7-1 ~]# mount /dev/cdrom /iso
mount: /dev/sr0 is write-protected, mounting read-only
```

（2）制作用于安装的 yum 源文件（后面所有项目的 yum 源不再赘述）。

dvd.repo 文件的内容如下。

```
# /etc/yum.repos.d/dvd.repo
# or for ONLY the media repo, do this:
# yum --disablerepo=\* --enablerepo=c6-media [command]
[dvd]
name=dvd
baseurl=file:///iso                    //特别注意本地源文件的表示，3个"/"
gpgcheck=0
enabled=1
```

（3）使用 yum 命令查看 iptables 和 iptables-services 软件包。

```
[root@RHEL7-1 ~]# yum clean all         //安装前先清除缓存
[root@RHEL7-1 ~]# yum install iptables iptables-services -y
```

2. iptables 服务的启动、停止、重新启动、随系统启动

在默认状态下，firewalld 服务是启动的，需先停止 firewalld 服务后再启动 iptables。

```
[root@RHEL7-1 ~]# systemctl status firewalld
[root@RHEL7-1 ~]# systemctl status iptables
[root@RHEL7-1 ~]# systemctl stop firewalld
[root@RHEL7-1 ~]# systemctl start iptables
[root@RHEL7-1 ~]# systemctl enable  iptables
```

提示：其他命令还有 systemctl restart iptables、systemctl stop iptables、systemctl reload iptables 等。

任务 3-2　认识 iptables 的基本语法

如果想灵活运用 iptables 来加固系统安全的话，就必须熟练掌握 iptables 的语法格式。

iptables 的语法格式如下。

```
iptables  [-t  表名]  -命令   -匹配   -j    动作/目标
```

1. 表选项

iptables 内置了 filter、nat 和 mangle 3 张表，使用-t 参数来设置对哪张表生效。例如，如果对 nat 表设置规则的话，可以在-t 参数后面加上 nat，格式如下。

```
iptables   -t   nat  -命令   -匹配   -j   动作/目标
```

-t 参数可以省略，如果省略了-t 参数，则表示对 filter 表进行操作。例如：

```
iptables    -A   INPUT  -p  icmp   -j  DROP
```

2. 命令选项

命令选项是指定对提交的规则要做什么样的操作，如添加/删除规则、查看规则列表等。下面先介绍最为常用的命令。

（1）-P 或--policy。

作用：定义默认的策略，所有不符合规则的包都被强制使用这个策略。例如：

```
iptables  -t   filter   -P  INPUT    DROP
```

注意：只有内建的链才可以使用规则。

（2）-A 或--append。

作用：在所选择的链的最后添加一条规则。例如：

```
iptables   -A   OUTPUT -p udp  --sport 25  -j  DROP
```

（3）-D 或--delete。

作用：从所选链中删除规则。例如：

```
iptables   -D   INPUT -p icmp -j DROP
```

注意： 删除规则时，可以把规则完整写出来删除，就像创建规则时一样，但是更快的是指定规则在所选链中的序号。

（4）-L 或--list。

作用：显示所选链的所有规则。如果没有指定链，则显示指定表中的所有链。例如：

```
iptables   -t   nat   -L
```

注意： 如果没有指定-t 参数，就显示默认表 filter 中的所有链。

（5）-F 或--flush。

作用：清空所选链中的规则。如果没有指定链，则清空指定表中所有链的规则。例如：

```
iptables   -F   OUTPUT
```

（6）-I 或--insert。

作用：根据给出的规则序号向所选链中插入规则。如果序号为 1，规则会被插入链的头部。如果序号为 2，则表示将规则插入第二行（必须已经至少有一条规则，否则出错），以此类推。例如：

```
iptables   -I   INPUT   1  -p tcp  --dport   80   -j    ACCEPT
```

注意： iptables 对参数的大小写敏感，也就是说，大写的参数-P 和小写的参数-p 的含义不同。

3. 匹配选项

匹配选项用来指定需要过滤的数据包具备的条件。换句话说就是，在过滤数据包时，iptables 根据什么来判断到底是允许数据包通过，还是不允许数据包通过，过滤的角度通常可以是源地址、目的地址、端口号或状态等信息。如果使用协议进行匹配的话，就是告诉 iptables 从所使用的协议来判断是否丢弃这些数据包。在 TCP/IP 的网络环境中，大多数数据包使用的协议不是 TCP 类型的就是 UDP 类型的，还有一种是 ICMP 类型的数据包，例如，ping 命令使用的就是 ICMP。下面先介绍一些较为常用的匹配选项。更多介绍请参考相关文献。

（1）-p 或--protocol。

作用：匹配指定的协议。例如：

```
iptables    -A   INPUT   -p   udp   -j   DROP
```

注意： 设置协议时可以使用它们对应的整数值。例如，ICMP 的值是 1，TCP 是 6，UDP 是 17，默认设置为 ALL，相应数值是 0，仅代表匹配 TCP、UDP 和 ICMP 协议。

（2）--sport 或--source -port。

作用：基于 TCP 包的源端口来匹配包，也就是说，通过检测数据包的源端口是不是指定的来判断数据包的去留。例如：

```
iptables  -A   INPUT   -p tcp --sport   80  -j  ACCEPT
```

注意： 如果不指定此项，则表示针对所有端口。

（3）--dport 或 --destination -port。

作用：基于 TCP 包的目的端口来匹配包，也就是说，通过检测数据包的目的端口是不是指定的来判断数据包的去留。端口的指定形式和--sport 完全一样。例如：

```
iptables -I INPUT -p tcp --dport 80 -j ACCEPT
```

注意：如果不指定此项，则表示针对所有端口。

（4）-s 或--src 或--source。

作用：以 IP 源地址匹配包。例如：

```
iptables -A INPUT -s 1.1.1.1 -j DROP
```

注意：在地址前加英文感叹号表示取反，注意感叹号后加空格，例如，！ -s !192.168.0.0/24 表示除此地址外的所有地址。

（5）-d 或--dst 或--destination。

作用：基于 TCP 包的目的端口来匹配包，也就是说，通过检测数据包的目的端口是不是指定的来判断数据包的去留。端口的指定形式和-sport 一致。例如：

```
iptables -I OUTPUT -d 192.168.1.0/24 -j ACCEPT
```

（6）-i 或--in-interface

作用：以数据包进入本地使用的网络接口来匹配。例如：

```
iptables -A INPUT -i ens33 -j ACCEPT
```

注意：这个匹配操作只能用于 INPUT、FORWARD 和 PREROUTING 这 3 个链，否则会报错。

（7）-o 或--out-interface

作用：以包离开本地使用的网络接口来匹配包。接口的指定形式和-i 一致。例如：

```
iptables -A OUTPUT -o ens33 -j ACCEPT
```

4．动作/目标选项

动作/目标决定符合条件的数据包将如何处理，其中最为基本的有 ACCEPT 和 DROP。常用的动作/目标选项如表 3-4 所示。

表 3-4 目标动作选项

匹配条件	说明
ACCEPT	允许符合条件的数据包通过，也就是接收这个数据包，允许它去往目的地
DROP	拒绝符合条件的数据包通过，也就是丢弃该数据包
REJECT	REJECT 和 DROP 都会将数据包丢弃，区别在于 REJECT 除了丢弃数据包外，还向发送者返回错误信息
REDIRECT	将数据包重定向到本机或另一台主机的某个端口，通常用于实现透明代理或对外开放内网的某些服务
SNAT	用来做源网络地址转换，也就是更换数据包的源 IP 地址
DNAT	与 SNAT 对应，转换目的网络地址，也就是更换数据包的目的 IP 地址
MASQUERADE	和 SNAT 的作用相同，区别在于它不需要指定--to-source。MASQUERADE 是被专门设计用于那些动态获取 IP 地址的连接的，如拨号上网、DHCP 连接等
LOG	用来记录与数据包相关的信息。这些信息可以用来帮助排除错误。LOG 会返回数据包的有关细节，如 IP 头的大部分和其他有趣的信息

注意：① SNAT 只能用在 nat 表的 POSTROUTING 链中。只要连接的第一个符合条件的包被 SNAT 了，那么这个连接的其他所有数据包都会自动被 SNAT。

② DNAT 只能用在 nat 表的 PREROUTING 和 OUTPUT 链中，或者是被这两条链调用的链中。包含 DANT 的链不能被除此之外的其他链调用，如 POSTROUTING。

任务 3-3　设置默认策略

在 iptables 中，所有的内置链都会有一个默认策略。当通过 iptables 的数据包不符合链中的任何一条规则时，按照默认策略来处理数据包。

定义默认策略的命令格式如下。

```
iptables    [-t 表名]    -P    链名    动作
```

【例 3-1】 将 filter 表中 INPUT 链的默认策略定义为 DROP（丢弃数据包）。

```
[root@RHEL7-1 ~]# iptables  -P  INPUT    DROP
```

【例 3-2】 将 nat 表中 OUTPUT 链的默认策略定义为 ACCEPT（接收数据包）。

```
[root@RHEL7-1 ~]# iptables   -t  nat  -P  OUTPUT    ACCEPT
```

任务 3-4　配置 iptables 规则

1. 查看 iptables 规则

查看 iptables 规则的命令格式如下。

```
iptables    [-t 表名]    -L    链名
```

【例 3-3】 查看 nat 表中所有链的规则。

```
[root@RHEL7-1 ~]# iptables   -t   nat   -L
Chain PREROUTING(policy ACCEPT)
target       prot     opt         source                      destination

Chain POSTROUTING(pclicy ACCEPT)
target       prot     opt        source                       destination

Chain OUTPUT(Policy ACCEPT)
target       prot     opt         source                      destination
```

【例 3-4】 查看 filter 表中 FORWARD 链的规则。

```
[root@ server ~]# iptables   -L   FORWARD
Chain FORWARD (policy ACCEPT)
target     prot opt source               destination
REJECT     all  --  anywhere             anywhere            reject-with icmp-host-pr
ohibited
```

2. 添加、删除、修改规则

【例 3-5】 为 filter 表的 INPUT 链添加一条规则，规则为拒绝所有使用 ICMP 的数据包。

```
[root@RHEL7-1 ~]# iptables -F INPUT       //先清除 INPUT 链
[root@RHEL7-1 ~]# iptables  -A   INPUT  -p   icmp  -j   DROP
#查看规则列表
[root@ server ~]# iptables  -L   INPUT
Chain  INPUT(policy ACCEPT)
target       prot    opt   source                   destination
DROP         icmp    --    anywhere                 anywhere
```

【例 3-6】 为 filter 表的 INPUT 链添加一条规则，规则为允许访问 TCP 的 80 端口的数据包通过。

```
[root@RHEL7-1 ~]# iptables -A INPUT -p tcp --dport 80 -j ACCEPT
#查看规则列表
[root@ server ~]# iptables -L INPUT
Chain INPUT (policy ACCEPT)
target     prot     opt    source              destination
DROP       icmp     --     anywhere            anywhere
ACCEPT     tcp      --     anywhere            anywhere             tcp  dpt:http
```

【例 3-7】　在 filter 表中 INPUT 链的第 2 条规则前插入一条新规则，规则为不允许访问 TCP 的 53 端口的数据包通过。

```
[root@RHEL7-1 ~]# iptables -I INPUT 2 -p tcp --dport 53 -j DROP
#查看规则列表
[root@RHEL7-1 ~]# iptables -L INPUT
Chain INPUT (policy ACCEPT)
target     prot     opt    source              destination
DROP       icmp     --     anvwhere            anywhere
DROP       tcp      --     anywhere            anywhere            tcp    dpt:domain
ACCEPT     tcp      --     anvwhere            anywhere            tcp    dpt:http
```

【例 3-8】　在 filter 表中 INPUT 链的第一条规则前插入一条新规则，规则为允许源 IP 地址属于 172.16.0.0/16 网段的数据包通过。

```
[root@RHEL7-1 ~]# iptables -I INPUT -s 172.16.0.0/16 -j ACCEPT
#查看规则列表
[root@RHEL7-1 ~]# iptables -L INPUT
Chain INPUT (policy ACCEPT)
target   prot    opt  source           destination
ACCEPT   all     --   172.16.0.0/16    anywhere
DROP     icmp    --anvwhere            anywhere
DROP     tcp     --   anywhere         anywhere          tcp    dpt:domain
ACCEPT   tcp     -- anvwhere           anywhere          tcp    dpt:http
```

【例 3-9】　删除 filter 表中 INPUT 链的第 2 条规则。

```
[root@RHEL7-1 ~]# iptables -D INPUT -p icmp -j DROP
#查看规则列表
[root@RHEL7-1 ~]# iptables -L INPUT
Chain INPUT (policy DROP)
target      prot opt source            destination
ACCEPT      all  --  172.16.0.0/16     anywhere
DROP        icmp --  anywhere          anywhere
DROP        tcp  --  anywhere          anywhere          tcp dpt:domain
ACCEPT      tcp  --  anywhere          anywhere          tcp dpt:http
```

当某条规则过长时，可以使用数字代码来简化操作，如下所示。

使用-1ine-n 参数来查看规则代码。

```
[root@RHEL7-1 ~]# iptables -L INPUT --line -n
Chain INPUT (policy DROP)
num  target     prot opt source            destination
1    ACCEPT     all  --  172.16.0.0/16     0.0.0.0/0
2    DROP       tcp  --  0.0.0.0/0         0.0.0.0/0          tcp dpt:53
3    ACCEPT     tcp  --  0.0.0.0/0         0.0.0.0/0          tcp dpt:80
```

#直接使用命令删除 iptables 规则

```
[root@RHEL7-1 ~]# iptables -D INPUT 2
#查看规则列表
```

```
[root@RHEL7-1 ~]# iptables  -L  INPUT  --line  -n
Chain INPUT (policy DROP)
num  target     prot opt source               destination
1    ACCEPT     all  --  172.16.0.0/16        0.0.0.0/0
2    ACCEPT     tcp  --  0.0.0.0/0            0.0.0.0/0           tcp dpt:80
```

【例 3-10】 清除 filter 表中 INPUT 链的所有规则。

```
[root@RHEL7-1 ~]# iptables  -F  INPUT
#查看规则列表
[root@ server ~]# iptables  -L  INPUT
Chain INPUT (policy DROP)
target     prot opt source               destination
```

3. 保存规则与恢复

iptables 提供了两个很有用的工具来保存和恢复规则，这在规则集较为庞大时非常实用。它们分别是 iptables-save 和 iptables-restore。

iptables-save 用来保存规则，它的用法比较简单，命令格式如下。

```
iptables-save  [-c]  [-t 表名]
```

-c：保存包和字节计数器的值。这可以使在重启防火墙后不丢失对包和字节的统计。

-t：用来选择保存哪张表的规则，如果不跟-t 参数，则保存所有的表。

使用 iptables-save 命令后，可以在屏幕上看到输出结果，其中*表示表的名字，它下面跟的是该表中的规则集。

```
[root@RHEL7-1 ~]# iptables-save
# Generated by iptables-save v1.4.7 on Sun Dec 15 16:36:38 2013
*nat
:PREROUTING ACCEPT [78:6156]
:POSTROUTING ACCEPT [21:1359]
:OUTPUT ACCEPT [21:1359]
COMMIT
# Completed on Sun Dec 15 16:36:38 2013
# Generated by iptables-save v1.4.7 on Sun Dec 15 16:36:38 2013
*filter
:INPUT DROP [2:66]
:FORWARD ACCEPT [0:0]
:OUTPUT ACCEPT [0:0]
COMMIT
# Completed on Sun Dec 15 16:36:38 2013
```

可以使用重定向命令来保存这些规则集，如下所示。

```
[root@RHEL7-1 ~]# iptables-save > /etc/iptables-save
```

iptables-restore 用来装载由 iptables-save 保存的规则集。其命令格式如下。

```
iptables-restore  [c]  [-n]
```

-c：如果加上-c 参数，则表示要求装入包和字节计数器。

-n：表示不要覆盖已有的表或表内的规则。默认情况是清除所有已存在的规则。

使用重定向来恢复由 iptables-save 保存的规则集，如下所示。

```
[root@RHEL7-1 ~]# iptables-restore< /etc/iptables-save
```

任务 3-5　使用 firewalld 服务

RHEL 7 系统集成了多款防火墙管理工具，其中 firewalld 提供了支持网络/防火墙区域（zone）定义网络链接以及接口安全等级的动态防火墙管理工具——Linux 系统的动态防火墙管理器

（Dynamic Firewall Manager of Linux systems）。Linux 系统的动态防火墙管理器拥有基于 CLI（命令行界面）和基于 GUI（图形用户界面）的两种管理方式。

相较于传统的防火墙管理配置工具，firewalld 支持动态更新技术并加入了区域（zone）的概念。简单来说，区域就是 firewalld 预先准备了几套防火墙策略集合（策略模板），用户可以根据生产场景的不同选择合适的策略集合，从而实现防火墙策略之间的快速切换。例如，我们有一台笔记本电脑，每天都要在办公室、咖啡厅和家里使用。按常理来讲，这三者的安全性按照由高到低的顺序排列，应该是家庭、公司办公室、咖啡厅。当前，我们希望为这台笔记本电脑指定如下防火墙策略规则：在家中允许访问所有服务；在办公室内仅允许访问文件共享服务；在咖啡厅仅允许上网浏览。在以往，我们需要频繁地手动设置防火墙策略规则，而现在只需要预设好区域集合，然后轻点鼠标就可以自动切换了，从而极大地提升了防火墙策略的应用效率。firewalld 中常见的区域名称（默认为 public）以及相应的策略规则如表 3-5 所示。

表 3-5　firewalld 中常用的区域名称及策略规则

区　域	默认策略规则
trusted	允许所有的数据包
home	拒绝流入的流量，除非与流出的流量相关；而如果流量与 SSH、mdns、ipp-client、amba-client 与 dhcpv6-client 服务相关，则允许流量
internal	等同于 home 区域
work	拒绝流入的流量，除非与流出的流量数相关；而如果流量与 SSH、ipp-client 与 dhcpv6-client 服务相关，则允许流量
public	拒绝流入的流量，除非与流出的流量相关；而如果流量与 SSH、dhcpv6-client 服务相关，则允许流量
external	拒绝流入的流量，除非与流出的流量相关；而如果流量与 SSH 服务相关，则允许流量
dmz	拒绝流入的流量，除非与流出的流量相关；而如果流量与 SSH 服务相关，则允许流量
block	拒绝流入的流量，除非与流出的流量相关
drop	拒绝流入的流量，除非与流出的流量相关

1. 使用终端管理工具

命令行终端是一种极富效率的工作方式，firewall-cmd 是 firewalld 防火墙配置管理工具的 CLI（命令行界面）版本。它的参数一般都是以“长格式”来提供的，但幸运的是，RHEL 7 系统支持部分命令的参数补齐。现在除了能用 Tab 键自动补齐命令或文件名等内容之外，还可以用 Tab 键来补齐表 3-6 中的长格式参数。

表 3-6　firewall-cmd 命令中使用的参数以及作用

参　数	作　用
--get-default-zone	查询默认的区域名称
--set-default-zone=<区域名称>	设置默认的区域，使其永久生效
--get-zones	显示可用的区域
--get-services	显示预先定义的服务
--get-active-zones	显示当前正在使用的区域与网卡名称
--add-source=	将源自此 IP 或子网的流量导向指定的区域
--remove-source=	不再将源自此 IP 或子网的流量导向某个指定区域
--add-interface=<网卡名称>	将源自该网卡的所有流量都导向某个指定区域

续表

参　数	作　用
--change-interface=<网卡名称>	将某个网卡与区域关联
--list-all	显示当前区域的网卡配置参数、资源、端口以及服务等信息
--list-all-zones	显示所有区域的网卡配置参数、资源、端口以及服务等信息
--add-service=<服务名>	设置默认区域允许该服务的流量
--add-port=<端口号/协议>	设置默认区域允许该端口的流量
--remove-service=<服务名>	设置默认区域不再允许该服务的流量
--remove-port=<端口号/协议>	设置默认区域不再允许该端口的流量
--reload	让“永久生效”的配置规则立即生效，并覆盖当前的配置规则
--panic-on	开启应急状况模式
--panic-off	关闭应急状况模式

与 Linux 系统中其他的防火墙策略配置工具一样，使用 firewalld 配置的防火墙策略默认为运行时（Runtime）模式，又称为当前生效模式，而且系统重启后会失效。如果想让配置策略一直存在，就需要使用永久（Permanent）模式，方法就是在用 firewall-cmd 命令正常设置防火墙策略时添加--permanent 参数，这样配置的防火墙策略就可以永久生效了。但是，永久生效模式有一个“不近人情”的特点，就是使用它设置的策略只有在系统重启之后才能自动生效。如果想让配置的策略立即生效，需要手动执行 firewall-cmd --reload 命令。

接下来的实验都很简单，但是提醒大家一定要仔细查看这里使用的是 Runtime 模式还是 Permanent 模式。如果不关注这个细节，即使正确配置了防火墙策略，也可能无法达到预期的效果。

（1）查看 firewalld 服务当前使用的区域。

```
[root@RHEL7-1 ~]# systemctl stop iptables
[root@RHEL7-1 ~]# systemctl start firewalld
[root@RHEL7-1 ~]# firewall-cmd --get-default-zone
public
```

（2）查询 ens33 网卡在 firewalld 服务中的区域。

```
[root@RHEL7-1 ~]# firewall-cmd --get-zone-of-interface=ens33
public
```

（3）把 firewalld 服务中 ens33 网卡的默认区域修改为 external，并在系统重启后生效。分别查看当前与永久模式下的区域名称。

```
[root@RHEL7-1 ~]# firewall-cmd --permanent --zone=external --change-interface=ens33
success
[root@RHEL7-1 ~]# firewall-cmd --get-zone-of-interface=ens33
external
[root@RHEL7-1 ~]# firewall-cmd --permanent --get-zone-of-interface=ens33
no zone
```

（4）把 firewalld 服务的当前默认区域设置为 public。

```
[root@RHEL7-1 ~]# firewall-cmd --set-default-zone=public
success
[root@RHEL7-1 ~]# firewall-cmd --get-default-zone
public
```

（5）启动/关闭 firewalld 防火墙服务的应急状况模式，阻断一切网络连接（当远程控制服务器时请慎用）。

```
[root@RHEL7-1 ~]# firewall-cmd --panic-on
success
[root@RHEL7-1 ~]# firewall-cmd --panic-off
success
```

（6）查询 public 区域是否允许请求 SSH 和 HTTPS 协议的流量。

```
[root@RHEL7-1 ~]# firewall-cmd --zone=public --query-service=ssh
yes
[root@RHEL7-1 ~]# firewall-cmd --zone=public --query-service=https
no
```

（7）把 firewalld 服务中请求 HTTPS 协议的流量设置为永久允许，并立即生效。

```
[root@RHEL7-1 ~]# firewall-cmd --zone=public --add-service=https
success
[root@RHEL7-1 ~]# firewall-cmd --permanent --zone=public --add-service=https
success
[root@RHEL7-1 ~]# firewall-cmd --reload
success
```

（8）把 firewalld 服务中请求 HTTP 的流量设置为永久拒绝，并立即生效。

```
[root@RHEL7-1 ~]# firewall-cmd --permanent --zone=public --remove-service=http
success
[root@RHEL7-1 ~]# firewall-cmd --reload
success
```

（9）把在 firewalld 服务中访问 8088 和 8089 端口的流量策略设置为允许，但仅限当前生效。

```
[root@RHEL7-1 ~]# firewall-cmd --zone=public --add-port=8088-8089/tcp
success
[root@RHEL7-1 ~]# firewall-cmd --zone=public --list-ports
8088-8089/tcp
```

firewalld 中的富规则表示更细致、更详细的防火墙策略配置，它可以针对系统服务、端口号、源地址和目标地址等诸多信息进行更有针对性的策略配置。它的优先级在所有的防火墙策略中也是最高的。

2．使用图形管理工具

firewall-config 是 firewalld 防火墙配置管理工具的 GUI（图形用户界面）版本，几乎可以实现所有以命令行来执行的操作。毫不夸张地说，即使读者没有扎实的 Linux 命令基础，也完全可以通过它来妥善配置 RHEL 7 中的防火墙策略。

在终端中输入命令：firewall-config 或者单击“Applications”→“Sundry”→“Firewall”命令，打开图 3-4 所示的界面，其功能具体如下。

① 选择运行时（Runtime）模式或永久（Permanent）模式的配置。

② 可选的策略集合区域列表。

③ 常用的系统服务列表。

④ 当前正在使用的区域。

⑤ 管理当前被选中区域中的服务。

⑥ 管理当前被选中区域中的端口。

⑦ 开启或关闭 SNAT（源地址转换协议）技术。

⑧ 设置端口转发策略。

⑨ 控制请求 ICMP 服务的流量。

⑩ 管理防火墙的富规则。

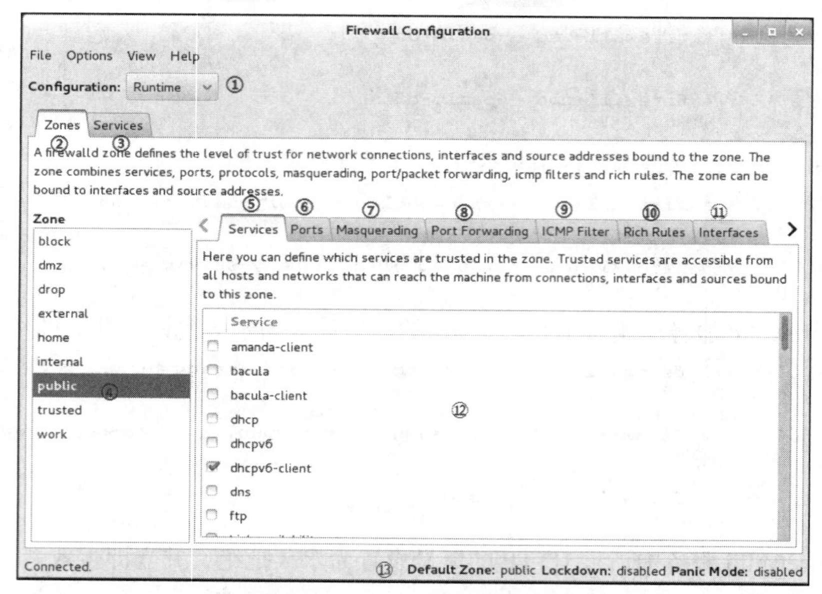

图 3-4　firewall-config 的界面

⑪ 管理网卡设备。

⑫ 被选中区域的服务，若勾选了相应服务前面的复选框，则表示允许与之相关的流量。

⑬ firewall-config 工具的运行状态。

特别注意： 在使用 firewall-config 工具配置完防火墙策略之后，无需进行二次确认，因为只要有修改内容，它就自动保存。下面进入动手实践环节。

（1）将当前区域中请求 http 服务的流量设置为允许，但仅限当前生效。具体配置如图 3-5 所示。

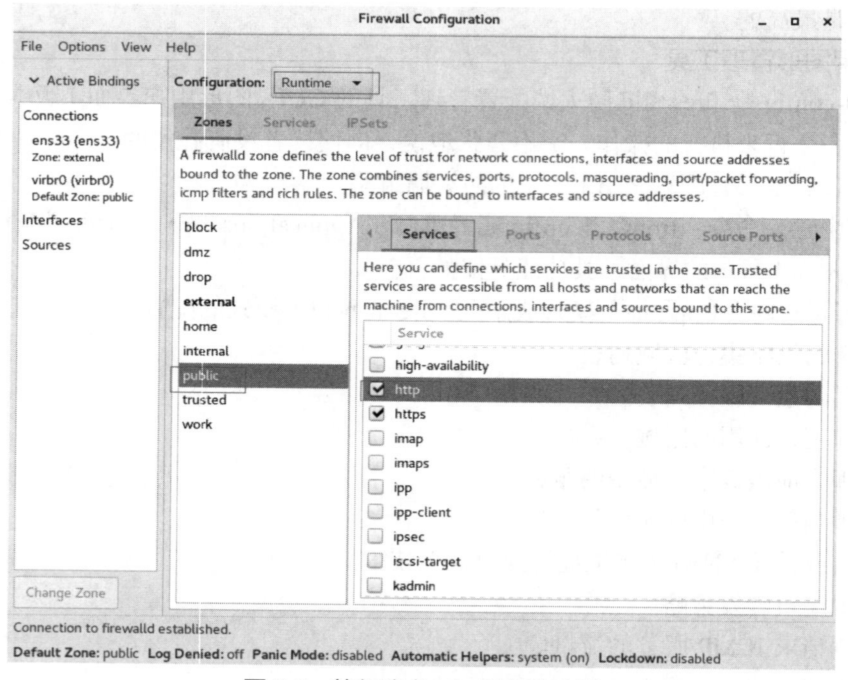

图 3-5　放行请求 http 服务的流量

（2）尝试添加一条防火墙策略规则，使其放行访问 8088～8089 端口（TCP）的流量，并将其设置为永久生效，以达到系统重启后防火墙策略依然生效的目的。按照图 3-6 所示配置完毕，还需要在 Options 菜单中单击 Reload Firewalld 命令，让配置的防火墙策略立即生效，如图 3-7 所示。这与在命令行中执行--reload 参数的效果一样。

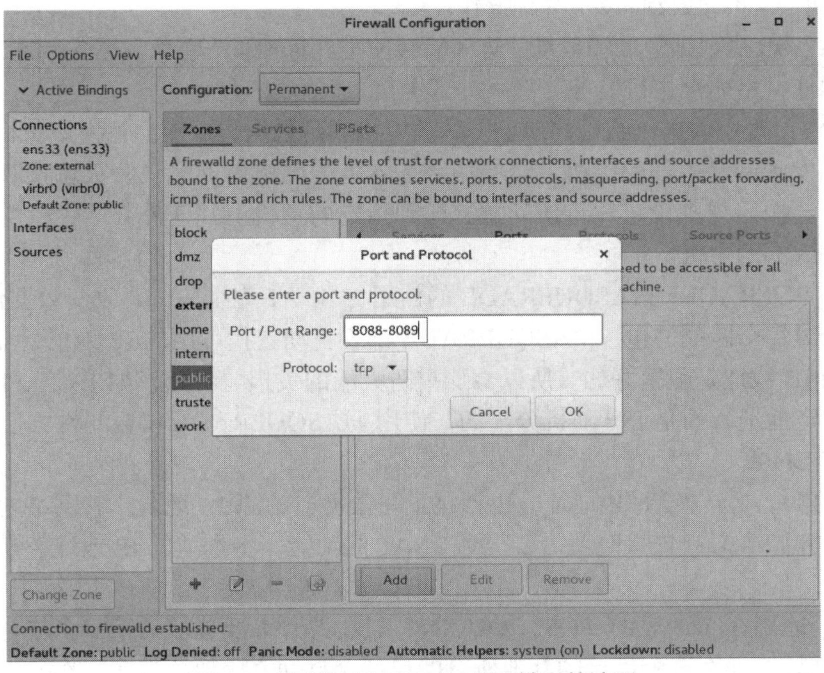

图 3-6　放行访问 8080～8088 端口的流量

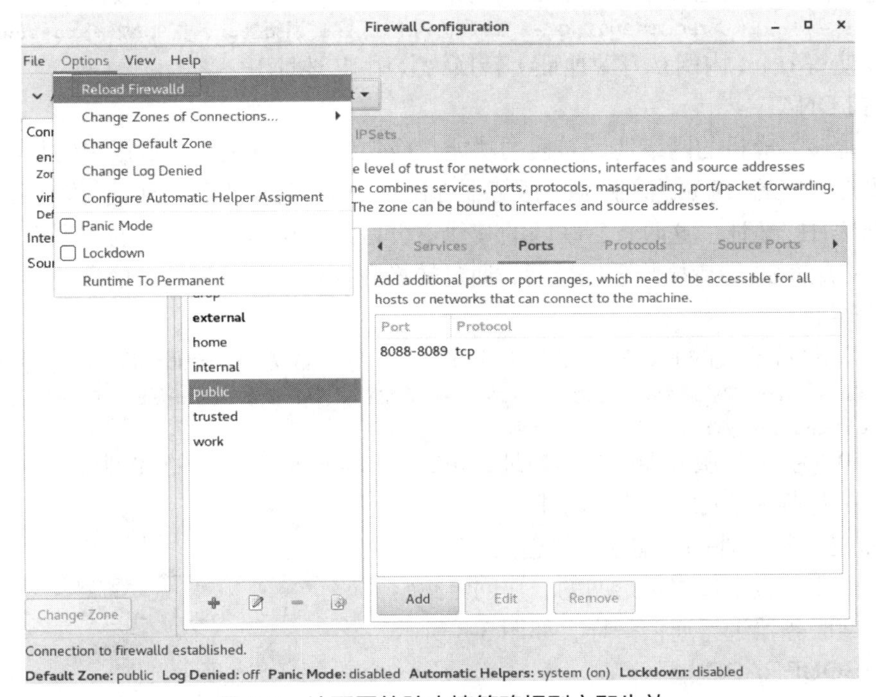

图 3-7　让配置的防火墙策略规则立即生效

任务 3-6 实现 NAT（网络地址转换）

1. iptables 实现 NAT

iptables 防火墙利用 nat 表能够实现 NAT 功能，将内网地址与外网地址进行转换，完成内、外网的通信。nat 表支持以下 3 种操作。

- SNAT：改变数据包的源地址。防火墙会使用外部地址，替换数据包的本地网络地址。这样使网络内部主机能够与网络外部通信。
- DNAT：改变数据包的目的地址。防火墙接收到数据包后，会替换该包目的地址，重新转发到网络内部的主机。当应用服务器处于网络内部时，防火墙接收到外部的请求，会按照规则设定，将访问重定向到指定的主机上，使外部的主机能够正常访问网络内部的主机。
- MASQUERADE：MASQUERADE 的作用与 SNAT 完全一样，改变数据包的源地址。因为对每个匹配的包，MASQUERADE 都要自动查找可用的 IP 地址，而不像 SNAT 用的 IP 地址是配置好的。所以会加重防火墙的负担。当然，如果接入外网的地址不是固定地址，而是 ISP 随机分配的，使用 MASQUERADE 将会非常方便。

2. 配置 SNAT

SNAT 的功能是转换源 IP 地址，也就是重写数据包的源 IP 地址。若网络内部主机采用共享方式，访问 Internet 连接时就需要用到 SNAT 的功能，将本地的 IP 地址替换为公网的合法 IP 地址。

SNAT 只能用在 nat 表的 POSTROUTING 链，并且只要连接的第一个符合条件的包被 SNAT 转换地址，那么这个连接的其他所有的包都会自动完成地址替换工作，而且这个规则会应用于这个连接的其他数据包。SNAT 使用选项--to-source，命令语法如下。

```
iptables -t nat -A POSTROUTING -s IP1(内网地址) -o 网络接口 -j SNAT --to-source IP2
```

本命令使得 IP1（内网私有源地址）转换为公用 IP 地址 IP2。

3. 配置 DNAT

DNAT 能够完成目的网络地址转换的功能，换句话说，就是重写数据包的目的 IP 地址。DNAT 是非常实用的。例如，企业 Web 服务器在网络内部，其使用私网地址，没有可在 Internet 上使用的合法 IP 地址。这时，互联网的其他主机是无法与其直接通信的，那么，可以使用 DNAT，防火墙的 80 端口接收数据包后，通过转换数据包的目的地址，信息会转发给内部网络的 Web 服务器。

DNAT 需要在 nat 表的 PREROUTING 链设置，配置参数为--to-destination，命令格式如下。

```
iptables -t nat -A PREROUTING  -d IP1 -i 网络接口 -p 协议 --dport 端口 -j  DNAT
--to-destination  IP2
```

其中，IP1 为 NAT 服务器的公网地址，IP2 为访问的内网 Web 的 IP 地址。

DNAT 主要能够完成以下几个功能。

iptables 能够接收外部的请求数据包，并转发至内部的应用服务器，整个过程是透明的，访问者感觉像直接在与内网服务器进行通信一样，如图 3-8 所示。

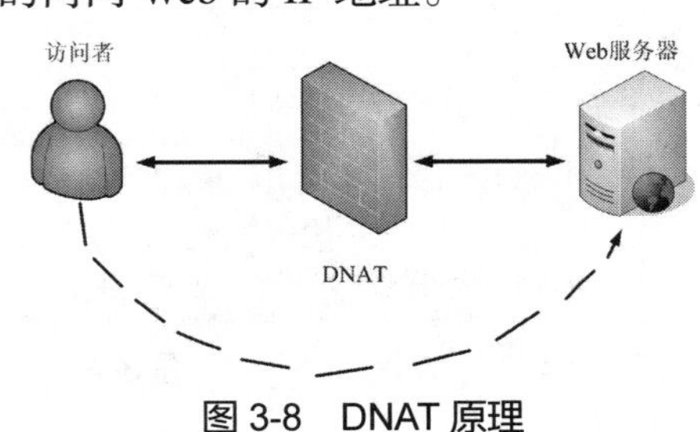

图 3-8　DNAT 原理

4. MASQUERADE

MASQUERADE 和 SNAT 作用相同，也是提供源地址转换的操作，但它是针对外部接口为动态IP地址而设计的，不需要使用--to-source指定转换的IP地址。如果网络采用的是拨号方式接入Internet，而没有对外的静态IP地址，那么，建议使用MASQUERADE。

【例3-11】 公司内部网络有230台计算机，网段为192.168.10.0/24，并配有一台拨号主机，使用接口ppp0接入Internet，所有客户端通过该主机访问互联网。这时，需要在拨号主机设置，将192.168.0.0/24的内部地址转换为ppp0的公网地址，如下所示。

```
[root@RHEL7-1 ~]# iptables -t nat -A POSTROUTING -o ppp0
        -s 192.168.0.0/24 -j MASQUERADE
```

注意：MASQUERADE是特殊的过滤规则，它只可以伪装从一个接口到另一个接口的数据。

5. 连接跟踪

（1）什么是连接跟踪。

通常，在iptables防火墙的配置都是单向的，例如，防火墙仅在INPUT链允许主机访问Google站点，这时，请求数据包能够正常发送至Google服务器，但是，当服务器的回应数据包抵达时，因为没有配置允许的策略，该数据包将会被丢弃，无法完成整个通信过程。所以，配置iptables时需要配置出站、入站规则，这无疑增大了配置的复杂度。实际上，连接跟踪能够简化该操作。

连接跟踪依靠数据包中的特殊标记，对连接状态“state”进行检测，Netfilter能够根据状态决定数据包的关联，或者分析每个进程对应数据包的关系，决定数据包的具体操作。连接跟踪支持TCP和UDP通信，更加适用于数据包的交换。

连接跟踪通常会提高通信的效率，因为对于一个已经建立好的连接，剩余的通信数据包将不再需要接受链中规则的检查，这将有效缩短iptables的处理时间，当然，连接跟踪需要占用更多的内存。

（2）iptbles连接状态配置。

配置iptables的连接状态，使用选项-m，并指定state参数，选项--state后跟状态，如下所示。

```
-m state --state<状态>
```

假如，允许已经建立连接的数据包，以及已发送数据包相关的数据包通过，可以使用-m选项，并设置接受ESTABLISHED和RELATED状态的数据包，如下所示。

```
[root@RHEL7-1 ~]# iptables -I INPUT -m state --state
            ESTABLISHED, RELATED -j ACCEPT
```

任务3-7 NAT综合案例

1. 企业环境

公司网络拓扑图如图3-9所示。内部主机使用192.168.10.0/24网段的IP地址，并且使用Linux主机作为服务器连接互联网，外网地址为固定地址202.112.113.112。现需要满足如下要求。

（1）配置SNAT保证内网用户能够正常访问Internet。

（2）配置DNAT保证外网用户能够正常访问内网的Web服务器。

Linux服务器和客户端的信息如表3-7所示（可以使用VM的克隆技术快速安装需要的Linux客户端）。

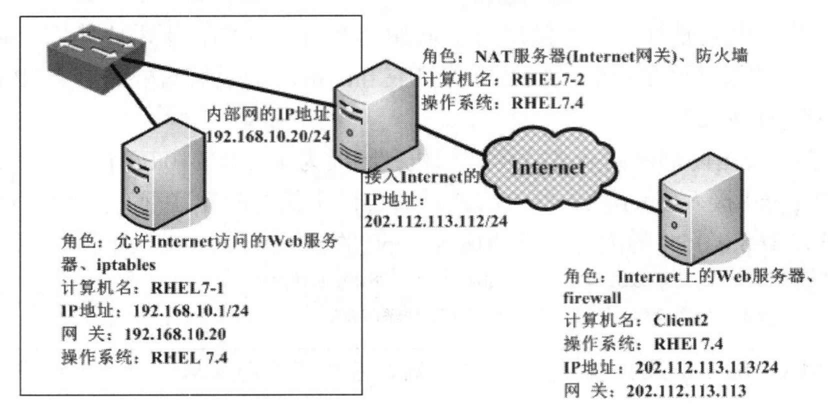

图 3-9　企业网络拓扑图

表 3-7　Linux 服务器和客户端的信息

主 机 名 称	操作系统	IP 地址	角　　色
内网服务器：RHEL7-1	RHEL 7	192.168.10.1（VMnet1）	Web 服务器、iptables 防火墙
防火墙：RHEL7-2	RHEL 7	IP1:192.168.10.20（VMnet1） IP2:202.112.113.112（VMnet8）	iptables、SNAT、DNAT
外网 Linux 客户端：Client2	RHEL 7	202.112.113.113（VMnet8）	Web、firewalld 防火墙

2. 解决方案

第一部分　配置 SNAT 并测试

（1）搭建并测试环境

① 根据图 3-9 和表 3-7 配置 RHEL7-1、RHEL7-2 和 Client2 的 IP 地址、子网掩码、网关等信息。RHEL7-2 要安装双网卡，同时一定要注意计算机的网络连接方式！

② 在 RHEL7-1 上，测试与 RHEL7-2 和 Client2 的连通性。

```
[root@RHEL7-1 ~]# ping 192.168.10.20            //通
[root@RHEL7-1 ~]# ping 202.112.113.112          //通
[root@RHEL7-1 ~]# ping 202.112.113.113          //不通
```

③ 在 RHEL7-2 上，测试与 RHEL7-1 和 Client2 的连通性。都是畅通的。

④ 在 Client2 上，测试与 RHEL7-1 和 RHEL7-2 的连通性。

与 RHEL7-1 是不通的。

（2）在 RHEL7-2 上配置防火墙 SNAT

```
[root@client1 ~]# cat /proc/sys/net/ipv4/ip_forward
1                                           //确认开启路由存储转发，其值为 1。
[root@RHEL7-2 ~]# mount  /dev/cdrom  /iso
[root@RHEL7-2 ~]# yum clean all
[root@RHEL7-2 ~]# yum install iptables iptables-services  -y
[root@RHEL7-2 ~]# systemctl stop firewalld
[root@RHEL7-2 ~]# systemctl start iptables
[root@RHEL7-2 ~]# iptables -F
[root@RHEL7-2 ~]# iptables -L
[root@RHEL7-2 ~]# iptables -t nat -L
[root@RHEL7-2 ~]# iptables -t nat -A POSTROUTING -s 192.168.10.0/24 -j SNAT --to-so
urce  202.112.113.112
[root@RHEL7-2 ~]# iptables -t nat -L
```

```
......
target     prot opt source               destination
SNAT       all  --  192.168.10.0/24      anywhere             to:202.112.113.112
```

（3）在外网 Client2 上配置供测试的 Web

```
[root@client2 ~]# mount /dev/cdrom  /iso
[root@client2 ~]# yum clean all
[root@client2 ~]# yum install httpd -y
[root@client2 ~]# firewall-cmd --permanent --add-service=http
[root@client2 ~]# firewall-cmd --reload
[root@client2 ~]# firewall-cmd -list-all
[root@client2 ~]# systemctl restart httpd
[root@client2 ~]# netstat -an |grep :80           //查看 80 端口是否开放
[root@client2 ~]# firefox 127.0.0.1
```

（4）在内网 RHEL7-1 上测试 SNAT 配置是否成功

```
[root@RHEL7-1 ~]# ping 202.112.113.113
[root@RHEL7-1 ~]# firefox  202.112.113.113
```

网络应该是畅通的，且能访问到外网的默认网站。

请读者在 Client2 上查看/var/log/httpd/access_log 中是否包含源地址 192.168.10.1，为什么？包含 202.112.113.112 吗？

第二部分　配置 DNAT 并测试

（1）在 RHEL7-1 上配置内网 Web 及防火墙

```
[root@RHEL7-1 ~]# mount /dev/cdrom /iso
[root@RHEL7-1 ~]# yum clean all
[root@RHEL7-1 ~]# yum install httpd -y
[root@RHEL7-1 ~]# systemctl restart httpd
[root@RHEL7-1 ~]# systemctl enable httpd
[root@RHEL7-1 ~]# systemctl stop firewalld
[root@RHEL7-1 ~]# systemctl start iptables
[root@RHEL7-1 ~]# systemctl enable iptables
[root@RHEL7-1 ~]# systemctl status  iptables
[root@RHEL7-1 ~]# iptables -F
[root@RHEL7-1 ~]# iptables -L
[root@RHEL7-1 ~]# systemctl enable  iptables
[root@RHEL7-1 ~]# systemctl enable  iptables
[root@RHEL7-1 ~]# iptables -A INPUT -p tcp --dport 80 -j ACCEPT
[root@RHEL7-1 ~]# iptables -A INPUT -i lo -j ACCEPT //允许访问回环地址
[root@RHEL7-1 ~]# iptables -A INPUT  -m  state --state  ESTABLISHED,RELATED  -j ACCEPT
[root@RHEL7-1 ~]# iptables -A INPUT -j REJECT        //其他访问皆拒绝
[root@RHEL7-1 ~]# vim /var/wwww/html/index.html      //修改默认网站内容供测试
[root@RHEL7-1 ~]# iptables -I INPUT -p icmp -j ACCEPT     //插入允许 ping 命令的条目
[root@RHEL7-1 ~]# iptables -L
Chain INPUT (policy ACCEPT)
target     prot opt source               destination
ACCEPT     icmp --  anywhere             anywhere
ACCEPT     tcp  --  anywhere             anywhere             tcp dpt:http
ACCEPT     all  --  anywhere             anywhere
           all  --  anywhere         anywhere             state RELATED,ESTABLISHED
ACCEPT     all  --  anywhere       anywhere             state RELATED,ESTABLISHED
REJECT     all  --  anywhere       anywhere             reject-with icmp-port-unreachable
......
```

```
[root@RHEL7-1 ~]# service iptables save
[root@RHEL7-1 ~]# cat /etc/sysconfig/iptables -n
     1	# Generated by iptables-save v1.4.21 on Sun Jul 29 09:03:05 2018
     2	*filter
     3	:INPUT ACCEPT [0:0]
     4	:FORWARD ACCEPT [0:0]
     5	:OUTPUT ACCEPT [1:146]
     6	-A INPUT -p icmp -j ACCEPT
     7	-A INPUT -p tcp -m tcp --dport 80 -j ACCEPT
     8	-A INPUT -i lo -j ACCEPT
     9	-A INPUT -m state --state RELATED,ESTABLISHED
    10	-A INPUT -m state --state RELATED,ESTABLISHED -j ACCEPT
    11	-A INPUT -j REJECT --reject-with icmp-port-unreachable
    12	COMMIT
    13	# Completed on Sun Jul 29 09:03:05 2018
```

（2）在防火墙 RHEL7-2 上配置 DNAT

```
[root@client1 ~]# iptables -t nat -A PREROUTING -d 202.112.113.112 -p tcp --dport 8
0 -j DNAT --to-destination 192.168.10.1:80
```

（3）在外网 Client2 上测试

```
[root@client2 ~]# ping 192.168.10.1
[root@client2 ~]# firefox 202.112.113.112
```

任务 3-8　配置服务的访问控制列表

TCP Wrappers 是 RHEL 7 系统默认启用的一款流量监控程序，它能够根据来访主机的地址与本机的目标服务程序做出允许或拒绝的操作。换句话说，Linux 系统中其实有两个层面的防火墙，第一种是前面讲到的基于 TCP/IP 的流量过滤工具，而 TCP Wrappers 服务则是能允许或禁止 Linux 系统提供服务的防火墙，从而在更高层面保护了 Linux 系统的安全运行。

TCP Wrappers 服务的防火墙策略由两个控制列表文件控制，用户可以编辑允许控制列表文件来放行对服务的请求流量，也可以编辑拒绝控制列表文件来阻止对服务的请求流量。控制列表文件修改后会立即生效，系统将会先检查允许控制列表文件（/etc/hosts.allow），如果匹配到相应的允许策略，则放行流量；如果没有匹配，则进一步匹配拒绝控制列表文件（/etc/hosts.deny），若找到匹配项，则拒绝该流量。如果这两个文件全都没有匹配到，则默认放行流量。

TCP Wrappers 服务的控制列表文件配置起来并不复杂，常用的参数如表 3-8 所示。

表 3-8　TCP Wrappers 服务的控制列表文件中常用的参数

客户端类型	示　　例	满足示例的客户端列表
单一主机	192.168.10.10	IP 地址为 192.168.10.10 的主机
指定网段	192.168.10.	IP 段为 192.168.10.0/24 的主机
指定网段	192.168.10.0/255.255.255.0	IP 段为 192.168.10.0/24 的主机
指定 DNS 后缀	.linuxprobe.com	所有 DNS 后缀为.linuxprobe.com 的主机
指定主机名称	www.linuxprobe.com	主机名称为 www.linuxprobe.com 的主机
指定所有客户端	ALL	所有主机全部包括在内

在配置 TCP Wrappers 服务时需要遵循以下两个原则。

- 编写拒绝策略规则时，填写的是服务名称，而非协议名称。
- 建议先编写拒绝策略规则，再编写允许策略规则，以便直观地看到相应的效果。

下面编写拒绝策略规则文件，禁止访问本机 sshd 服务的所有流量（无须在/etc/hosts.deny 文件中修改原有的注释信息）。

```
[root@RHEL7-1 ~]# vim /etc/hosts.deny
#
# hosts.deny    This file contains access rules which are used to
#               deny connections to network services that either use
#               the tcp_wrappers library or that have been
#               started through a tcp_wrappers-enabled xinetd.
#
#               The rules in this file can also be set up in
#               /etc/hosts.allow with a 'deny' option instead.
#
#               See 'man 5 hosts_options' and 'man 5 hosts_access'
#               for information on rule syntax.
#               See 'man tcpd' for information on tcp_wrappers
sshd:*

[root@RHEL7-1 ~]# ssh 192.168.10.1
ssh_exchange_identification: read: Connection reset by peer
```

接下来，在允许策略规则文件中添加一条规则，使其放行源自 192.168.10.0/24 网段，访问本机 sshd 服务的所有流量。可以看到，服务器立刻就放行了访问 sshd 服务的流量，效果非常直观。

```
[root@RHEL7-1 ~]# vim /etc/hosts.allow
#
# hosts.allow   This file contains access rules which are used to
#               allow or deny connections to network services that
#               either use the tcp_wrappers library or that have been
#               started through a tcp_wrappers-enabled xinetd.
#
#               See 'man 5 hosts_options' and 'man 5 hosts_access'
#               for information on rule syntax.
#               See 'man tcpd' for information on tcp_wrappers
sshd:192.168.10.0/24

[root@RHEL7-1 ~]# ssh 192.168.10.1
root@192.168.10.1's password:
Last login: Fri Jul 27 20:03:30 2018 from 192.168.10.20
ABRT has detected 1 problem(s). For more info run: abrt-cli list --since 1532700609
```

3.4 企业 iptables 服务器实战与应用

3.4.1 企业环境及需求

1. 企业环境

200 台客户机，IP 地址范围为 192.168.1.1～192.168.1.1.254，子网掩码为 255.255.255.0。

Mail 服务器：IP 地址为 192.168.1.254，子网掩码为 255.255.255.0。

FTP 服务器：IP 地址为 192.168.1.253，子网掩码为 255.255.255.0。

Web 服务器：IP 地址为 192.168.1.252，子网掩码为 255.255.255.0。

企业网络拓扑图如图 3-10 所示。

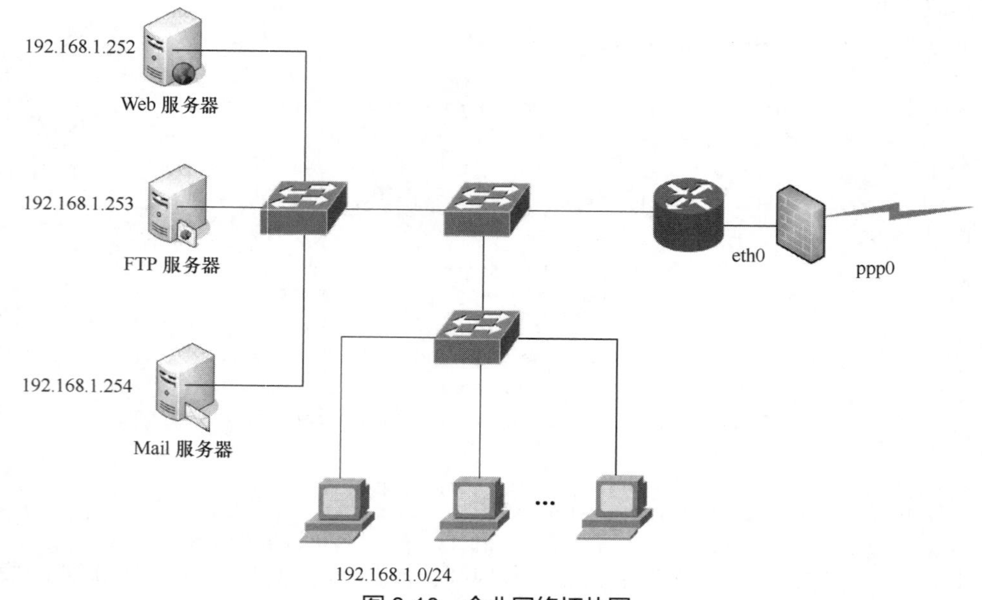

图 3-10　企业网络拓扑图

2．配置要求

所有内网计算机需要经常访问互联网，并且职员会使用即时通信工具与客户进行沟通，企业网络 DMZ 隔离区搭建有 Mail、FTP 和 Web 服务器，其中 Mail 和 FTP 服务器对内部员工开放，仅需要发布 Web 站点，并且管理员会通过外网进行远程管理，为了保证整个网络的安全性，现在需要添加 iptables 防火墙，配置相应的策略。

3.4.2　需求分析

企业的内部网络为了保证安全性，需要首先删除所有规则设置，并将默认规则设置为 DROP，然后开启防火墙对于客户机的访问限制，打开 Web、MSN、QQ 以及 Mail 的相应端口，并允许外部客户端登录 Web 服务器的 80、22 端口。

3.4.3　解决方案

1．配置默认策略

step1：删除策略。

```
[root@RHEL7-1  ~]# iptables     -F
[root@RHEL7-1  ~]# iptables      -X
[root@RHEL7-1  ~]# iptables      -Z
[root@RHEL7-1  ~]# iptables     -F    -t   nat
[root@RHEL7-1  ~]# iptables     -X    -t   nat
[root@RHEL7-1  ~]# iptables      -Z    -t   nat
```

step2：设置默认策略。

```
[root@RHEL7-1  ~] # iptables   -P  INPUT      DROP
[root@RHEL7-1  ~] # iptables   -P  FORWARD    DROP
```

```
[root@RHEL7-1 ~] # iptables -P OUTPUT ACCEPT
[root@RHEL7-1 ~] # iptables -t nat -P PREROUTING ACCEPT
[root@RHEL7-1 ~] # iptables -t nat -P OUTPUT ACCEPT
[root@RHEL7-1 ~] # iptables -t nat -P POSTROUTING ACCEPT
```

2. 回环地址

有些服务的测试需要使用回环地址，为了保证各服务正常工作，需要允许回环地址的通信，如下所示。

```
[root@RHEL7-1 ~] # iptables -A INPUT -i lo -j ACCEPT
```

3. 连接状态设置

为了简化防火墙的配置操作，并提高检查的效率，需要添加连接状态设置，如下所示。

```
[root@RHEL7-1 ~] # iptables -A INPUT -m state --state ESTABLISHED,RELATED
          -j ACCEPT
```

连接跟踪存在4种数据包状态。

- NEW：想要新建连接的数据包。
- INVALID：无效的数据包，如损坏或者不完整的数据包。
- ESTABLISHED：已经建立连接的数据包。
- RELATED：与已经发送的数据包有关的数据包。

4. 设置80端口转发

```
[root@RHEL7-1 ~] # iptables -A FORWARD -p tcp --dport 80 -j ACCEPT
```

5. DNS相关设置

为了客户机能够正常使用域名访问Internet，还需要允许内网计算机与外部DNS服务器的数据转发。开启DNS使用UDP、TCP的53端口，如下所示。

```
[root@RHEL7-1 ~] # iptables -A FORWARD -p udp --dport 53 -j ACCEPT
[root@RHEL7-1 ~] # iptables -A FORWARD -p tcp --dport 53 -j ACCEPT
```

6. 允许访问服务器的SSH

SSH使用TCP端口22，如下所示。

```
[root@RHEL7-1 ~] # iptables -A INPUT -p tcp --dport 22 -j ACCEPT
```

7. 允许内网主机登录MSN和QQ

QQ能够使用TCP 80、8000、443及UDP 8000、4000登录，而MSN通过TCP 1863、443验证。因此，只需要允许这些端口的FORWARD转发（拒绝则相反），就可以正常登录，如下所示。

```
[root@RHEL7-1 ~] #iptables -A FORWARD -p tcp --dport 80 -j ACCEPT
[root@RHEL7-1 ~] #iptables -A FORWARD -p tcp --dport 1863 -j ACCEPT
[root@RHEL7-1 ~] #iptables -A FORWARD -p tcp --dport 443 -j ACCEPT
[root@RHEL7-1 ~] #iptables -A FORWARD -p tcp --dport 8000 -j ACCEPT
[root@RHEL7-1 ~] #iptables -A FORWARD -p udp --dport 8000 -j ACCEPT
[root@RHEL7-1 ~] #iptables -A FORWARD -p udp --dport 4000 -j ACCEPT
```

8. 允许内网主机收发邮件

客户端发送邮件时访问邮件服务器的TCP 25端口，接收邮件时，可能使用的端口较多，包括UDP以及TCP的端口：110、143、993和995，如下所示。

```
[root@RHEL7-1 ~] # iptables -A FORWARD -p tcp --dport 25 -j ACCEPT
[root@RHEL7-1 ~] # iptables -A FORWARD -p tcp --dport 110 -j ACCEPT
[root@RHEL7-1 ~] # iptables -A FORWARD -p udp --dport 110 -j ACCEPT
[root@RHEL7-1 ~] # iptables -A FORWARD -p tcp --dport 143 -j ACCEPT
[root@RHEL7-1 ~] # iptables -A FORWARD -p udp --dport 143 -j ACCEPT
```

```
[root@RHEL7-1 ~] # iptables -A FORWARD -p tcp --dport 993 -j ACCEPT
[root@RHEL7-1 ~] # iptables -A FORWARD -p udp --dport 993 -j ACCEPT
[root@RHEL7-1 ~] # iptables -A FORWARD -p tcp --dport 995 -j ACCEPT
[root@RHEL7-1 ~] # iptables -A FORWARD -p udp --dport 995 -j ACCEPT
```

9. NAT 设置

由于局域网的地址为私网地址，在公网上是不合法的，所以必须将私网地址转为服务器的外部地址进行伪装，连接外部接口为 ppp0，具体配置如下所示。

```
[root@RHEL7-1 ~] # iptables -t nat -A POSTROUTING -o ppp0 -s 192.168.1.0/24 -j M
ASQUERADE
```

MASQUERADE 和 SNAT 的作用一样，同样是提供源地址转换的操作，但是 MASQUERADE 是针对外部接口为动态 IP 地址来设置的，不需要使用--to-source 指定转换的 IP 地址。如果网络采用的是拨号方式接入互联网，而没有对外的静态 IP 地址（主要用在动态获取 IP 地址的连接，比如 ADSL 拨号、DHCP 连接等），那么建议使用 MASQUERADE。

注意：MASQUERADE 是特殊的过滤规则，其只可以映射从一个接口到另一个接口的数据。

---

10. 内部机器对外发布 Web

内网 Web 服务器的 IP 地址为 192.168.1.252，通过设置，当公网客户端访问服务器时，防火墙将请求映射到内网的 192.168.1.252 的 80 端口，如下所示。

```
[root@RHEL7-1 ~] # iptables -t nat -A PREROUTING -i ppp0 -p tcp
                 --dport 80 -j DNAT --to-destination 192.168.1.252:80
```

3.5 项目实录：配置与管理 iptables 防火墙

1. 视频位置

实训前请扫二维码观看。

视频 3-2 实训项目 配置与管理 iptables 防火墙

2. 项目背景

假如某公司需要接入 Internet，由 ISP 分配 IP 地址 202.112.113.112。采用 iptables 作为 NAT 服务器接入网络，内部采用 192.168.1.0/24 地址，外部采用 202.112.113.112 地址。为确保安全需要配置防火墙功能，要求内部仅能够访问 Web、DNS 及 Mail 3 台服务器；内部 Web 服务器 192.168.1.2 通过端口映象方式对外提供服务。网络拓扑如图 3-11 所示。

3. 深度思考

在观看视频时思考以下几个问题。

（1）为何要设置两块网卡的 IP 地址？如何设置网卡的默认网关？
（2）为何要清除默认规则？
（3）如何接受或拒绝 TCP、UDP 的某些端口？
（4）如何屏蔽 ping 命令？如何屏蔽扫描信息？
（5）如何使用 SNAT 来实现内网访问互联网？如何实现透明代理？
（6）在客户端如何设置 DNS 服务器地址？
（7）谈谈 firewall 与 iptables 的不同使用方法。
（8）iptables 中的-A 和-I 两个参数有何区别？举个例子。

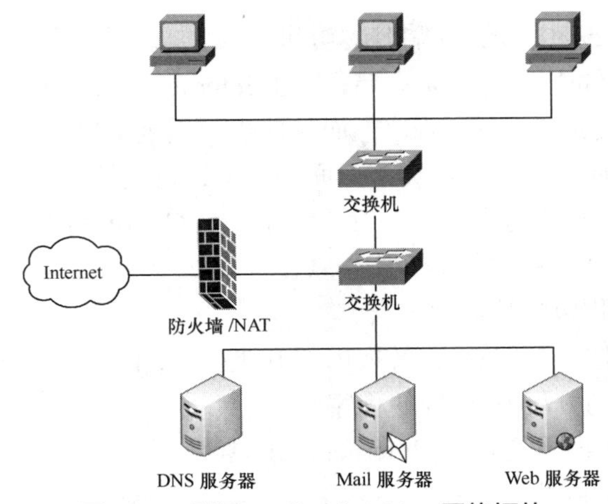

图 3-11 配置 netfilter/iptables 网络拓扑

4．做一做

根据项目要求及视频内容，将项目完整无缺地完成。

3.6 练习题

一、填空题

1. ________可以使企业内部局域网与 Internet 之间或者与其他外部网络间互相隔离、限制网络互访，以此来保护________。

2. 防火墙大致可以分为三大类，分别是________、________和________。

3. ________是 Linux 核心中的一个通用架构，它提供了一系列的“表”（tables），每个表由若干________组成，而每条链可以由一条或数条________组成。实际上，netfilter 是________的容器，表是链的容器，而链又是________的容器。

4. 接收数据包时，Netfilter 提供 3 种数据包处理的功能：________、________和________。

5. Netfilter 设计了 3 个表（table）：________、________以及________。

6. ________表仅用于网络地址转换，其具体的动作有________、________以及________。

7. ________是 netfilter 默认的表，通常使用该表设置过滤规则，它包含以下内置链：________、________和________。

8. 网络地址转换器（Network Address Translator，NAT）位于使用专用地址的________和使用公用地址的________之间。

二、选择题

1. 在 Linux 2.6 以后的内核中，提供 TCP/IP 包过滤功能的软件叫什么？（　　）

A. rarp　　B. route　　C. iptables　　D. filter

2. 在 Linux 操作系统中，可以通过 iptables 命令来配置内核中集成的防火墙，若在配置脚本中添加 iptables 命令：**#iptables -t nat -A PREROUTING -p tcp -s 0/0 -d 61.129.3.88 --dport 80 -j DNAT –to-destination 192.168.0.18**，那么该命令的作用是：（　　）

A. 将对 192.168.0.18 的 80 端口的访问转发到内网的 61.129.3.88 主机上

B. 将对 61.129.3.88 的 80 端口的访问转发到内网的 192.168.0.18 主机上

C. 将对 192.168.0.18 的 80 端口映射到内网的 61.129.3.88 的 80 端口

D. 禁止对 61.129.3.88 的 80 端口的访问

3. John 计划在他的局域网建立防火墙，防止 Internet 直接进入局域网，反之亦然。在防火墙上，他不能用包过滤或 SOCKS 程序. 而且他想要提供给局域网用户仅有的几个 Internet 服务和协议。John 应该使用的防火墙类型下面哪个描述是最好的？（ ）

A. 使用 squid 代理服务器　B. NAT　C. IP 转发　D. IP 伪装

4. 从下面选择关于 IP 伪装的适当描述。（ ）

A. 它是一个转化包的数据的工具

B. 它的功能就像 NAT 系统：转换内部 IP 地址到外部 IP 地址

C. 它是一个自动分配 IP 地址的程序

D. 它是一个将内部网连接到 Internet 的工具

5. 下列不属于 iptables 操作的是（ ）。

A. ACCEPT　B. DROP 或 REJECT

C. LOG　D. KILL

6. 要控制来自 IP 地址 199.88.77.66 的 ping 命令，使用的 iptables 命令是（ ）。

A. iptables –a INPUT –s 199.88.77.66 –p icmp –j DROP

B. iptables –A INPUT –s 199.88.77.66 –p icmp –j DROP

C. iptables –A input –s 199.88.77.66 –p icmp –j drop

D. iptables –A input –S 199.88.77.66 –P icmp –J DROP

7. 想要防止 199.88.77.0/24 网络用 TCP 分组连接端口 21，使用的 iptables 命令是（ ）。

A. iptables –A FORWARD –s 199.88.77.0/24 –p tcp –-dport 21 –j REJECT

B. iptables –A FORWARD –s 199.88.77.0/24 –p tcp -dport 21 –j REJECT

C. iptables –a forward –s 199.88.77.0/24 –p tcp –-dport 21 –j reject

D. iptables –A FORWARD –s 199.88.77.0/24 –p tcp –dport 21 –j DROP

三、简述题

1. 简述防火墙的概念、分类及作用。

2. 简述 iptables 的工作过程。

3. 简述 NAT 的工作过程。

4. 在 RHEL 7 系统中，iptables 是否已经被 firewalld 服务彻底取代？

5. 简述防火墙策略规则中 DROP 和 REJECT 的不同之处。

6. 如何把 iptables 服务的 INPUT 规则链默认策略设置为 DROP？

7. 怎样编写一条防火墙策略规则，使得 iptables 服务可以禁止源自 192.168.10.0/24 网段的流量访问本机的 sshd 服务（22 端口）？

8. 简述 firewalld 中区域的作用。

9. 如何在 firewalld 中把默认的区域设置为 dmz？

10. 如何让 firewalld 中以永久（Permanent）模式配置的防火墙策略规则立即生效？

11. 使用 SNAT 技术的目的是什么？

12. TCP Wrappers 服务分别有允许策略配置文件和拒绝策略配置文件，请问匹配顺序是怎么样的？

第4章 配置与管理代理服务器

项目导入

某高校组建了校园网，并且已经架设了 Web、FTP、DNS、DHCP、Mail 等功能的服务器来为校园网用户提供服务，现有如下问题需要解决。

（1）需要架设防火墙以实现校园网的安全。

（2）由于校园网使用的是私有地址，需要转换网络地址，使校园网中的用户能够访问互联网。

该项目实际上是由 Linux 的防火墙与代理服务器：iptables 和 squid 来完成的，通过该角色部署 iptables、NAT、squid，能够实现上述功能。上个项目已经完成了 iptables、NAT 的学习，现在来学习关于代理服务器的知识和技能。

项目目标

- 了解代理服务器的基本知识
- 掌握 squid 代理服务器的配置
- 为了后续课程，补充文件权限设置内容

4.1 相关知识

代理服务器（Proxy Server）等同于内网与 Internet 的桥梁。普通的 Internet 访问是一个典型的客户机与服务器结构：用户利用计算机上的客户端程序（如浏览器）发出请求，远端 www 服务器程序响应请求并提供相应的数据。而 Proxy 处于客户机与服务器之间，对于服务器来说，Proxy 是客户机，Proxy 提出请求，服务器响应；对于客户机来说，Proxy 是服务器，它接收客户机的请求，并将服务器上传来的数据转给客户机。它的作用如同现实生活中的代理服务商。

4.1.1 代理服务器的工作原理

当客户端在浏览器中设置好 Proxy 服务器后，所有使用浏览器访问 Internet 站点的请求都不会直接发给目的主机，而是首先发送至代理服务器，代理服务器接收到客户端的请求以后，由代理服务器向目的主机发出请求，并接收目的主机返回的数据，存放在代理服务器的硬盘，然后再由代理服务器将客户端请求的数据转发给客户端。代理服务器的工作原理如图 4-1 所示。

① 当客户端 A 对 Web 服务器端提出请求时，此请求会首先发送到代理服务器。

② 代理服务器接收到客户端请求后，会检查缓存中是否存有客户端需要的数据。

③ 如果代理服务器没有客户端 A 请求的数据，它将会向 Web 服务器提交请求。

④ Web 服务器响应请求的数据。

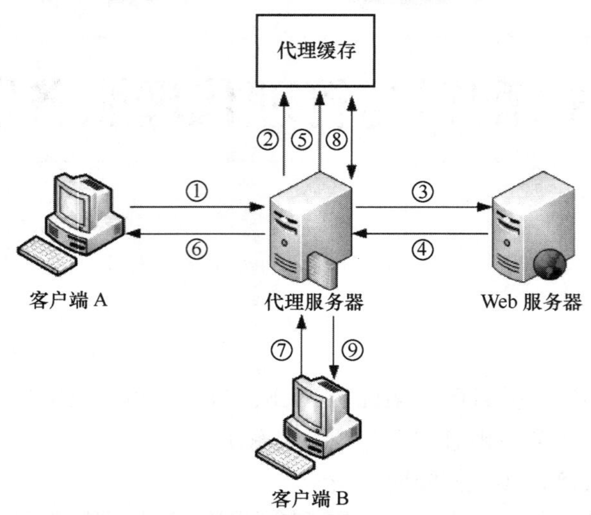

图 4-1　代理服务器的工作原理

⑤ 代理服务器从服务器获取数据后，会保存至本地的缓存，以备以后查询使用。

⑥ 代理服务器向客户端 A 转发 Web 服务器的数据。

⑦ 客户端 B 访问 Web 服务器，向代理服务器发出请求。

⑧ 代理服务器查找缓存记录，确认已经存在 Web 服务器的相关数据。

⑨ 代理服务器直接回应查询的信息，而不需要再去服务器查询，从而节约网络流量和提高访问速度。

4.1.2　代理服务器的作用

（1）提高访问速度。因为客户要求的数据存于代理服务器的硬盘中，因此下次这个客户或其他客户再要求相同目的站点的数据时，就会直接从代理服务器的硬盘中读取，代理服务器起到了缓存的作用，热门站点有很多客户访问时，代理服务器的优势更为明显。

（2）用户访问限制。因为所有使用代理服务器的用户都必须通过代理服务器访问远程站点，因此在代理服务器上就可以设置相应的限制，以过滤或屏蔽掉某些信息。这是局域网网管限制局域网用户访问范围最常用的办法，也是局域网用户为什么不能浏览某些网站的原因。拨号用户如果使用代理服务器，同样必须服从代理服务器的访问限制。

（3）安全性得到提高。无论是上聊天室还是浏览网站，目的网站只能知道使用的代理服务器的相关信息，而无法测知客户端的真实 IP 地址，这就使得使用者的安全性得以提高。

4.2　项目设计及准备

4.2.1　项目设计

网络建立初期，人们只考虑如何实现通信而忽略了网络的安全。而防火墙可以通过使企业内部局域网与 Internet 之间或者与其他外部网络互相隔离、限制网络互访来保护内部网络。

大量拥有内部地址的机器组成了企业内部网，那么如何连接内部网与 Internet？代理服务器将是很好的选择，它能够解决内部网访问 Internet 的问题并提供访问的优化和控制功能。

本项目设计在安装有企业版 Linux 网络操作系统的服务器上安装 squid 代理服务器。

4.2.2 项目准备

部署 squid 代理服务器应满足下列需求。

（1）安装好的企业版 Linux 网络操作系统，并且必须保证常用服务正常工作。客户端使用 Linux 或 Windows 网络操作系统。服务器和客户端能够通过网络进行通信。

（2）或者利用虚拟机设置网络环境。如果模拟互联网的真实情况，则需要 3 台虚拟机，如表 4-1 所示。

表 4-1 Linux 服务器和客户端的地址及角色信息

主 机 名 称	操作系统	IP 地址	角 色
内网服务器：RHEL7-1	RHEL 7	192.168.10.1（VMnet1）	Web 服务器、iptables 防火墙
squid 代理服务器：RHEL7-2	RHEL 7	IP1:192.168.10.20（VMnet1） IP2:202.112.113.112（VMnet8）	iptables、squid
外网 Linux 客户端：Client2	RHEL 7	202.112.113.113（VMnet8）	Web、firewall

4.3 项目实施

任务 4-1 安装、启动、停止与随系统启动 squid 服务

对于 Web 用户来说，squid 是一个高性能的代理缓存服务器，可以加快内部网浏览 Internet 的速度，提高客户机的访问命中率。squid 不仅支持 HTTP，还支持 FTP、gopher、SSL 和 WAIS 等协议。和一般的代理缓存软件不同，squid 用一个单独的、非模块化的 I/O 驱动的进程来处理所有的客户端请求。

1. squid 软件包与常用配置项

（1）squid 软件包

- 软件包名：squid
- 服务名：squid
- 主程序：/usr/sbin/squid
- 配置目录：/etc/squid/
- 主配置文件：/etc/squid/squid.conf
- 默认监听端口：TCP 3128
- 默认访问日志文件：/var/log/squid/access.log

（2）常用配置项

- http_port 3128
- access_log /var/log/squid/access.log
- visible_hostname proxy.example.com

2. 安装、启动、停止 squid 服务 squid 服务（在 RHEL 7-2 上安装）

```
[root@RHEL7-2 ~]# rpm -qa |grep squid
[root@RHEL7-2 ~]# mount /dev/cdrom /iso
[root@RHEL7-2 ~]# yum clean all                         //安装前先清除缓存
```

```
[root@RHEL7-2 ~]# yum install squid -y
[root@RHEL7-2 ~]# systemctl start squid          //启动 squid 服务
[root@RHEL7-2 ~]# systemctl enable squid         //开机自动启动
```

任务 4-2　配置 squid 服务器

squid 服务的主配置文件是/etc/squid/squid.conf，用户可以根据自己的实际情况修改相应的选项。

1．几个常用的选项

与之前配置过的服务程序大致类似，squid 服务程序的配置文件也是存放在/etc 目录下一个以服务名称命名的目录中。表 4-2 是一些常用的 squid 服务程序配置参数。

表 4-2　常用的 squid 服务程序配置参数以及作用

参　数	作　用
http_port 3128	监听的端口号
cache_mem 64M	内存缓冲区的大小
cache_dir ufs /var/spool/squid 2000 16 256	硬盘缓冲区的大小
cache_effective_user squid	设置缓存的有效用户
cache_effective_group squid	设置缓存的有效用户组
dns_nameservers [IP 地址]	一般不设置，而是用服务器默认的 DNS 地址
cache_access_log /var/log/squid/access.log	访问日志文件的保存路径
cache_log /var/log/squid/cache.log	缓存日志文件的保存路径
visible_hostname www.smile.com	设置 squid 服务器的名称

2．设置访问控制列表

squid 代理服务器是 Web 客户机与 Web 服务器之间的中介，它实现访问控制，决定哪一台客户机可以访问 Web 服务器以及如何访问。squid 服务器通过检查具有控制信息的主机和域的访问控制列表（ACL）来决定是否允许某客户机访问。ACL 是要控制客户的主机和域的列表。使用 acl 命令可以定义 ACL，该命令在控制项中创建标签。用户可以使用 http_access 等命令定义这些控制功能，可以基于多种 acl 选项，如源 IP 地址、域名，甚至时间和日期等来使用 acl 命令定义系统或者系统组。

（1）acl

acl 命令的格式如下。

```
acl  列表名称  列表类型  [-i]  列表值
```

其中，列表名称用于区分 squid 的各个访问控制列表，任何两个访问控制列表不能用相同的列表名。一般来说，为了便于区分列表的含义应尽量使用意义明确的列表名称。

列表类型用于定义可被 squid 识别的类别。例如，可以通过 IP 地址、主机名、域名、日期和时间等。常见的列表类型如表 4-3 所示。

表 4-3　ACL 列表类型选项

ACL 列表类型	说　明
src　ip-address/netmask	客户端源 IP 地址和子网掩码
src　addr1-addr4/netmask	客户端源 IP 地址范围

续表

ACL 列表类型	说 明
dst ip-address/netmask	客户端目标 IP 地址和子网掩码
myip ip-address/netmask	本地套接字 IP 地址
srcdomain domain	源域名（客户机所属的域）
dstdomain domain	目的域名（Internet 中的服务器所属的域）
srcdom_regex expression	对来源的 URL 做正则匹配表达式
dstdom_regex expression	对目的 URL 做正则匹配表达式
time	指定时间。用法：acl aclname time [day-abbrevs] [h1:m1-h2:m2] 其中 day-abbrevs 可以为 S（Sunday）、M（Monday）、T（Tuesday）、W（Wednesday）、H（Thursday）、F（Friday）、A（Saturday） 注意：h1:m1 一定要比 h2:m2 小
port	指定连接端口，如 acl SSL_ports port 443
Proto	指定使用的通信协议，如 acl allowprotolist proto HTTP
url_regex	设置 URL 规则匹配表达式
urlpath_regex:URL-path	设置略去协议和主机名的 URL 规则匹配表达式

更多的 ACL 类型表达式可以查看 squid.conf 文件。

（2）http_access

设置允许或拒绝某个访问控制列表的访问请求。格式如下。

```
http_access  [allow|deny]  访问控制列表的名称
```

squid 服务器在定义访问控制列表后，会根据 http_access 选项的规则允许或禁止满足一定条件的客户端的访问请求。

【例 4-1】 拒绝所有客户端的请求。

```
acl  all  src  0.0.0.0/0.0.0.0
http_access deny  all
```

【例 4-2】 禁止 192.168.1.0/24 网段的客户机上网。

```
acl  client1  src  192.168.1.0/255.255.255.0
http_access  deny  client1
```

【例 4-3】 禁止用户访问域名为 www.playboy.com 的网站。

```
acl  baddomain  dstdomain  www.playboy.com
http_access  deny  baddomain
```

【例 4-4】 禁止 192.168.1.0/24 网络的用户在周一到周五的 9:00—18:00。

```
acl  client1  src  192.168.1.0/255.255.255.0
acl  badtime  time  MTWHF  9:00-18:00
http_access deny  client1  badtime
```

【例 4-5】 禁止用户下载*.mp3、*.exe、*.zip 和*.rar 类型的文件。

```
acl  badfile  urlpath_regex  -i  \.mp3$  \.exe$  \.zip$  \.rar$
http_access  deny  badfile
```

【例 4-6】 屏蔽 www.whitehouse.gov 站点。

```
acl  badsite  dstdomain  -i  www.whitehouse.gov
http_access  deny  badsite
```

-i 表示忽略大小写字母，默认情况下 squid 是区分大小写的。

【例 4-7】 屏蔽所有包含“sex”的 URL 路径。

```
acl  sex  url_regex  -i  sex
http_access  deny  sex
```

【例4-8】 禁止访问22、23、25、53、110、119这些危险端口。

```
acl  dangerous_port  port  22  23  25  53  110  119
http_access  deny  dangerous_port
```

如果不确定哪些端口具有危险性，也可以采取更为保守的方法，就是只允许访问安全的端口。默认的squid.conf包含下面的安全端口ACL。

```
acl  safe_port1   port  80           #http
acl  safe_port2   port  21           #ftp
acl  safe_port3   port  443 563      #https,snews
acl  safe_port4   port  70           #gopher
acl  safe_port5   port  210          #wais
acl  safe_port6   port  1025-65535   #unregistered  ports
acl  safe_port7   port  280          #http-mgmt
acl  safe_port8   port  488          #gss-http
acl  safe_port9   port  591          #filemaker
acl  safe_port10  port  777          #multiling  http
acl  safe_port11  port  210          #waisp
http_access  deny  !safe_port1
http_access  deny  !safe_port2
        （略）
http_access  deny  !safe_port11
```

http_access deny !safe_port1表示拒绝所有非safe_ports列表中的端口。这样设置系统的安全性得到了进一步保障。其中“!”叹号表示取反。

注意：由于squid是按照顺序读取访问控制列表的，所以合理安排各个访问控制列表的顺序至关重要。

4.4 企业实战与应用

利用squid和NAT功能可以实现透明代理。透明代理的意思是客户端根本不需要知道有代理服务器存在，客户端不需要在浏览器或其他的客户端工作中做任何设置，只需要将默认网关设置为Linux服务器的IP地址即可（内网IP地址）。透明代理服务的典型应用环境如图4-2所示。

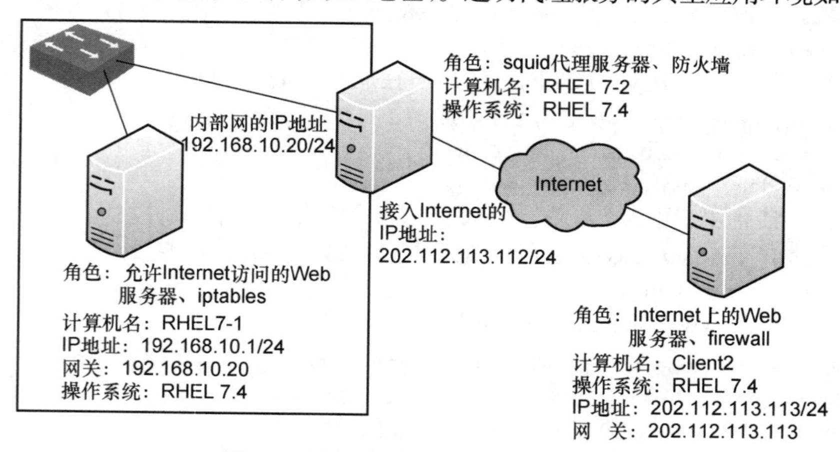

图4-2　透明代理服务的典型应用环境

1. 实例要求

如图 4-2 所示，要求如下。

（1）客户端在设置代理服务器地址和端口的情况下能够访问互联网上的 Web 服务器。

（2）客户端不需要设置代理服务器地址和端口就能够访问互联网上的 Web 服务器，即透明代理。

（3）代理服务器仅配置代理服务，内存为 2GB，硬盘为 SCSI 硬盘，容量为 200GB，设置 10GB 空间为硬盘缓存，要求所有客户端都可以上网。

2. 客户端需要配置代理服务器的解决方案

（1）部署网络环境配置

本实训由 3 台 Linux 虚拟机组成，一台是 squid 代理服务器（RHEL7-2），双网卡（IP1：192.168.10.20/24，连接 VMnet1，IP2：202.112.113.112/24，连接 VMnet8）；1 台是安装 Linux 操作系统的 squid 客户端（RHEL7-1，IP：192.168.10.1/24，连接 VMnet1）；还有 1 台是互联网上的 Web 服务器，也安装了 Linux（IP：202.112.113.113，连接 VMnet8）。

请读者注意各网卡的网络连接方式是 VMnet1 还是 VMnet8。各网卡的 IP 地址信息可以使用项目 2 中介绍的方法永久设置，后面的实训也会沿用。

① 在 RHEL7-1 上设置 IP 地址等信息（使用 ifconfig 设置 IP 地址等信息，重启后会失效，也可以使用其他方法）。

```
[root@RHEL7-1 ~]# ifconfig ens33 192.168.10.1 netmask 255.255.255.0
[root@RHEL7-1 ~]# route add default gw 192.168.10.20      //网关一定设置
```

② 在 client2 上进行如下操作（不要设置网关，或者把网关设置成自己）。

```
[root@client2 ~]# ifconfig ens33 202.112.113.113 netmask 255.255.255.0
[root@client2 ~]# mount /dev/cdrom  /iso     //挂载安装光盘
[root@client2 ~]# yum clean all
[root@client2 ~]# yum install httpd -y       //安装 Web
[root@client2 ~]# systemctl start httpd
[root@client2 ~]# systemctl enable httpd
[root@client2 ~]# systemctl start firewalld
[root@client2 ~]# firewall-cmd --permanent --add-service=http //让防火墙放行 httpd 服务
[root@client2 ~]# firewall-cmd --reload
```

③ 在 RHEL7-2 代理服务器上，停止 firewalld 启用 iptables。

```
[root@client1 ~]# hostnamectl set-hostname  RHEL7-2          //改名字为 RHEL7-2
[root@RHEL7-2 ~]# ifconfig ens33 192.168.10.20 netmask 255.255.255.0
[root@RHEL7-2 ~]# ifconfig ens38 202.112.113.112 netmask 255.255.255.0
[root@RHEL7-2 ~]# ping 192.168.10.1
[root@RHEL7-2 ~]# ping 202.112.113.113
[root@RHEL7-2 ~]# systemctl stop firewalld
[root@RHEL7-2 ~]# systemctl start iptables
[root@RHEL7-2 ~]# iptables -F                           //清除防火墙的影响
[root@RHEL7-2 ~]# iptables -L
```

（2）在 RHEL7-2 上安装、配置 squid 服务（前面已安装）

```
[root@RHEL7-2 ~]# vim /etc/squid/squid.conf
acl localnet src 192.0.0.0/8
http_access allow localnet
http_access deny all
#上面 3 行的意思是，定义 192.0.0.0 的网络为 localnet，允许访问 localnet，其他都被拒绝
cache_dir ufs /var/spool/squid 10240 16 256
```

```
#设置硬盘缓存大小为 10GB，目录为/var/spool/squid,一级子目录 16 个，二级子目录 256 个
http_port 3128
visible_hostname RHEL7-2
[root@RHEL7-2 ~]# systemctl start squid
[root@RHEL7-2 ~]# systemctl enable squid
```

（3）在 Linux 客户端 RHEL7-1 上测试代理设置是否成功

① 打开 Firefox 浏览器，配置代理服务器。在浏览器中，按下 Alt 键调出菜单，单击“Edit（编辑）”→“Perferences（首选项）”→“Advanced（高级）”→“Network（网络）”→“Settings（设置）”命令，打开“连接设置”对话框，单击“Manual Proxy（手动配置代理）”，将代理服务器地址设为“192.168.10.20”，端口设为“3128”，如图 4-3 所示。设置完成后单击“OK（确定）”退出。

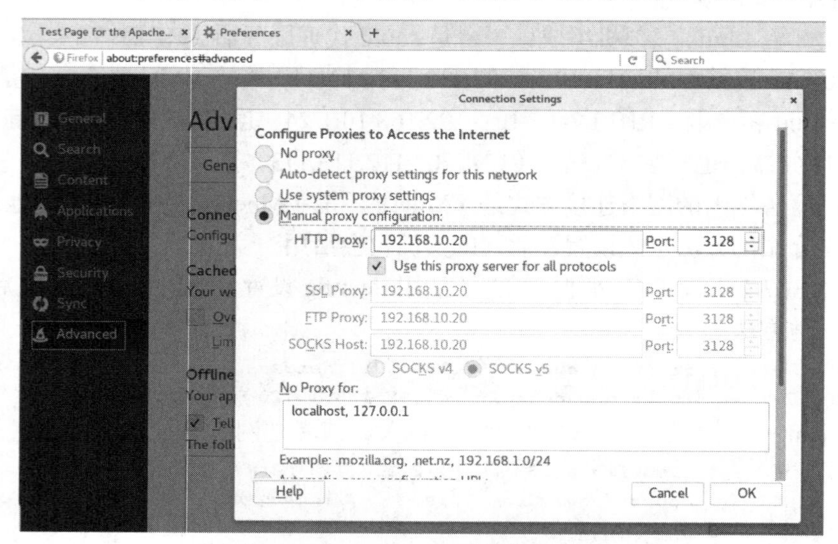

图 4-3 在 Firefox 中配置代理服务器

② 在浏览器地址栏输入 http://202.112.113.113，按回车键，出现图 4-4 所示的界面。

特别提示：一定使用“iptables –F”先清除防火墙的影响，再进行测试，否则会出现图 4-5 所示的错误界面。

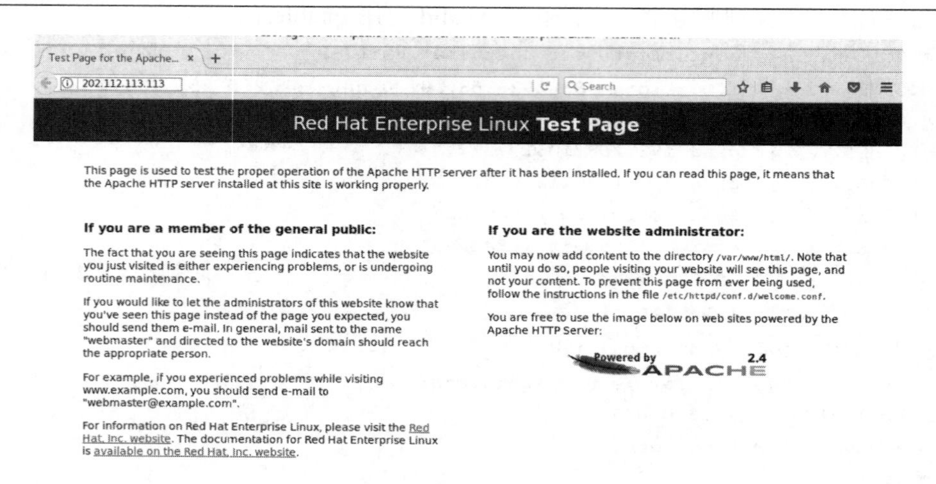

图 4-4 成功浏览

（4）在 Linux 服务器端 RHEL7-2 上查看日志文件

```
[root@RHEL7-2 ~]# vim /var/log/squid/access.log
532869125.169      5 192.168.10.1 TCP_MISS/403 4379 GET http://202.112.113.113/ - H
IER_DIRECT/202.112.113.113 text/html
```

思考：在 Web 服务器 Client2 上的日志文件有何记录？读者不妨查阅一下该日志文件。

3. 客户端不需要配置代理服务器的解决方案

（1）在 RHEL7-2 上配置 squid 服务

① 修改 squid.conf 配置文件，将“http_port 3128”改为如下内容并重新加载该配置。

```
[root@RHEL7-2 ~]# vim  /etc/squid/squid.conf
 http_port 192.168.10.20:3128 transparent
[root@RHEL7-2 ~]# systemctl restart squid
```

② 清除 iptables 影响，并添加 iptables 规则。将源网络地址为 192.168.10.0、TCP 端口为 80 的访问直接转向 3128 端口。

```
[root@RHEL7-2 ~]# systemctl stop  firewalld
[root@RHEL7-2 ~]# systemctl restart iptables
[root@RHEL7-2 ~]# iptables -F
[root@RHEL7-2 ~]# iptables -t nat -I PREROUTING  -s 192.168.10.0/24 -p tcp --dport
80 -j REDIRECT --to-ports 3128
```

（2）在 Linux 客户端 RHEL7-1 上测试代理设置是否成功

① 打开 Firefox 浏览器，配置代理服务器。在浏览器中，按下 Alt 键调出菜单，依次单击“Edit（编辑）”→“Perferences（首选项）”→“Advanced（高级）”→“Network（网络）”→“Settings（设置）”命令，打开“连接设置”对话框，单击“No proxy（无代理）”，将代理服务器设置清空。

② 设置 RHEL7-1 的网关为 192.168.10.20。（删除网关命令是将 add 改为 del）

```
[root@RHEL7-1 ~]# route add default gw 192.168.10.20      //网关一定设置
```

③ 在 RHEL7-1 浏览器地址栏输入 http://202.112.113.113，按回车键，显示测试成功。

（3）在 Web 服务器端 Client2 上查看日志文件

```
[root@Client2 ~]# vim /var/log/httpd/access_log
202.112.113.112 - - [28/Jul/2018:23:17:15 +0800] "GET /favicon.ico HTTP/1.1" 404 20
9 "-" "Mozilla/5.0 (X11; Linux x86_64; rv:52.0) Gecko/20100101 Firefox/52.0"
```

注意：RHEL 7 的 Web 服务器日志文件是/var/log/httpd/access_log，RHEL 6 中的 Web 服务器的日志文件是/var/log/httpd/access.log。

4. 反向代理的解决方案

外网 Client 要访问内网 RHEL7-1 的 Web 服务器，可以使用反向代理。

（1）在 RHEL7-1 上安装、启动 http 服务，并设置防火墙让该服务通过。

```
[root@RHEL7-1 ~]# yum install httpd -y
[root@RHEL7-1 ~]# systemctl start firewalld
[root@RHEL7-1 ~]# firewall-cmd --permanent --add-service=http
[root@RHEL7-1 ~]# firewall-cmd --reload
[root@RHEL7-1 ~]# systemctl start httpd
[root@RHEL7-1 ~]# systemctl enable httpd
```

（2）在 RHEL7-2 上配置反向代理（特别注意 acl 等前 3 句，意思是先定义一个 localnet 网络，其网络 ID 是 202.0.0.0，后面再允许该网段访问，其他网段拒绝访问）。

```
[root@RHEL7-2 ~]# systemctl stop iptables
```

```
[root@RHEL7-2 ~]# systemctl start firewalld
[root@RHEL7-2 ~]# firewall-cmd --permanent --add-service=squid
[root@RHEL7-2 ~]# firewall-cmd --permanent --add-port=80/tcp
[root@RHEL7-2 ~]# firewall-cmd --reload

[root@RHEL7-2 ~]# vim  /etc/squid/squid.conf
acl localnet src 202.0.0.0/8
http_access allow localnet
http_access deny all
http_port  202.112.113.112:80  vhost
cache_peer 192.168.10.1 parent 80 0 originserver weight=5 max_conn=30
[root@RHEL7-2 ~]# systemctl restart squid
```

（3）在外网 Client2 上进行测试（浏览器的代理服务器设为“No proxy（无代理）”）。

```
[root@client2 ~]# firefox 202.112.113.112
```

5. 几种错误的解决方案（以反向代理为例）

（1）如果防火墙设置不好，就会出现图 4-5 所示的错误界面。

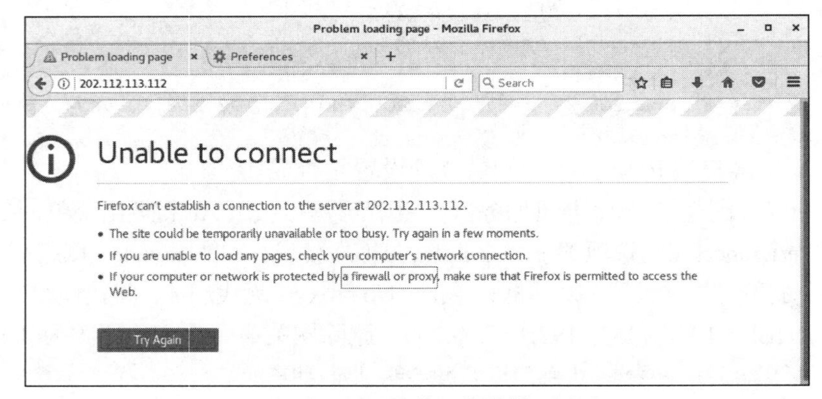

图 4-5　不能正常连接

解决方案：在 RHEL7-2 上设置防火墙，当然也可以使用 stop 停止全部防火墙。

```
[root@RHEL7-2 ~]# systemctl stop iptables
[root@RHEL7-2 ~]# systemctl start firewalld
[root@RHEL7-2 ~]# firewall-cmd --permanent --add-service=squid
[root@RHEL7-2 ~]# firewall-cmd --permanent --add-port=80/tcp
[root@RHEL7-2 ~]# firewall-cmd --reload
```

（2）ACL 列表设置不对可能会出现图 4-6 所示的错误界面。

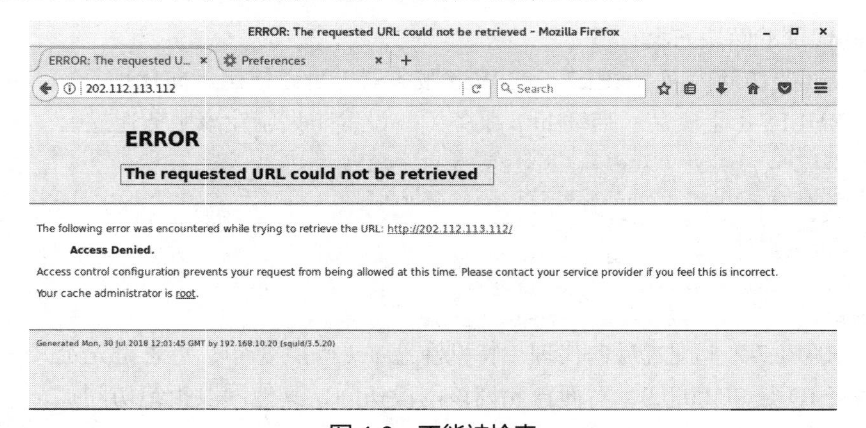

图 4-6　不能被检索

解决方案：在 RHEL7-2 上的配置文件中增加或修改如下语句。

```
[root@RHEL7-2 ~]# vim  /etc/squid/squid.conf
acl localnet src 202.0.0.0/8
http_access allow localnet
http_access deny all
```

特别说明： 防火墙是非常重要的保护工具，许多网络故障都是由于防火墙配置不当引起的，需要读者认识清楚。为了后续实训不受此影响，可以在完成本次实训后，重新恢复原来的初始安装备份。

4.5　补充：管理 Linux 文件权限

为了后续实训正常进行，将《Linux 网络操作系统项目教程（RHEL 7.4/CentOS 7.4）（第 3 版）》（人民邮电出版社）教材中的相关权限内容分享给读者，可以扫描二维码下载 PDF 文档，也可以观看 Linux 权限设置的实训视频。

文本 4-1　管理 Linux 的文件权限

视频 4-1　实训项目　管理文件权限

4.6　项目实录

1. 视频位置

实训前请扫二维码观看。

视频 4-2　实训项目　配置与管理 squid 代理服务器

2. 项目背景

如图 4-7 所示，公司用 squid 作代理服务器（内网 IP 地址为 192.168.1.1），公司所用 IP 地址段为 192.168.1.0/24，并且想用 8080 作为代理端口。项目需求如下。

（1）客户端在设置代理服务器地址和端口的情况下能够访问互联网上的 Web 服务器。

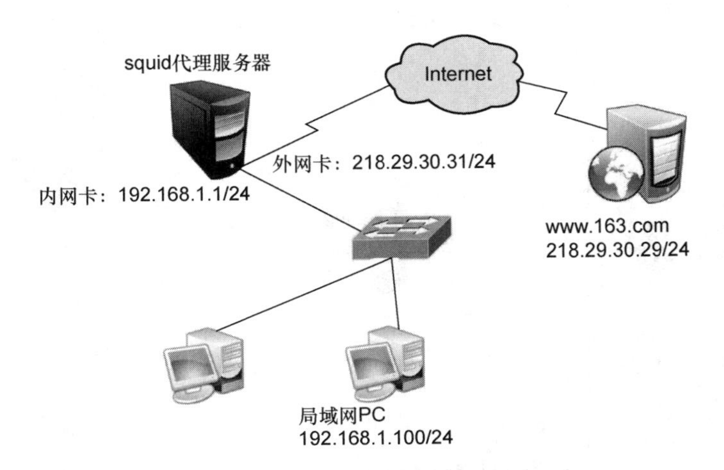

图 4-7　代理服务的典型应用环境

（2）客户端不需要设置代理服务器地址和端口就能够访问互联网上的 Web 服务器，即透明代理。

（3）配置反向代理，并测试。

3. 做一做

根据项目要求及视频内容，完成整个项目。

4.7 练习题

一、填空题

1. 代理服务器（Proxy Server）等同于内网与________的桥梁。

2. 普通的 Internet 访问是一个典型的________结构：用户利用计算机上的客户端程序（如浏览器）发出请求，远端 www 服务器程序响应请求并提供相应的数据。

3. Proxy 处于客户机与服务器之间，对于服务器来说，Proxy 是________，Proxy 提出请求，服务器响应；对于客户机来说，Proxy 是________，它接收客户机的请求，并将服务器上传来的数据转给________。

4. 当客户端在浏览器中设置好 Proxy 服务器后，所有使用浏览器访问 Internet 站点的请求都不会直接发给________，而是首先发送至________。

二、简述题

1. 简述代理服务器的工作原理和作用。

2. 配置透明代理的目的是什么？如何配置透明代理？

4.8 综合案例分析

1. 某职业学院搭建一台代理服务器，需要提高内网访问互联网的速度并能够限制内部教职工的上网行为，请采用 squid 代理服务器软件，对内部网络进行优化。

请写出需求分析，以及详细的解决方案。

2. 由公司内部搭建了 Web 服务器和 FTP 服务器，为了满足公司需求，要求使用 Linux 构建安全、可靠的防火墙。网络拓扑如图 4-8 所示，具体要求如下。

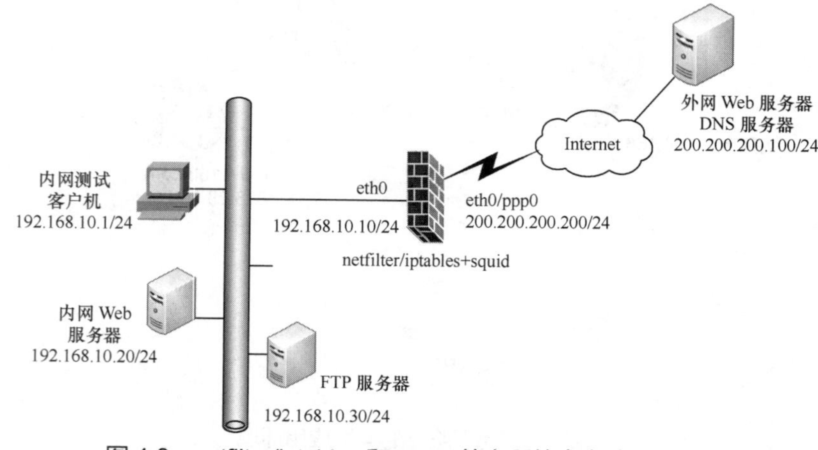

图 4-8 netfilter/iptables 和 squid 综上所综合实验网络拓扑

（1）防火墙自身要求安全、可靠，不允许网络中的任何人访问；防火墙出问题，只允许在防火墙主机上进行操作。

（2）公司内部的Web服务器要求通过地址映射发布出去，只允许外部网络用户访问Web服务器的80端口，而且通过有效的DNS注册。

（3）公司内部的员工必须通过防火墙才能访问内部的Web服务器，不允许直接访问。

（4）FTP服务器只对公司内部用户起作用，且只允许内部用户访问FTP服务器的21和20端口，不允许外部网络用户访问。

（5）公司内部的员工要求通过透明代理上网（不需要在客户机浏览器上做任何设置，就可以上网）。

（6）内部用户所有的IP地址必须通过NAT转换之后才能够访问外网。

使用netfilter/iptables和squid，解决以上问题，写出详细的解决方案。

第5章 配置与管理Samba服务器

项目导入

是谁最先搭起Windows和Linux沟通的桥梁，并且提供不同系统间的共享服务，还能拥有强大的打印服务功能？答案就是Samba。这些使得它的应用环境非常广泛，当然Samba的魅力还远远不止这些。

项目目标

- 了解Samba环境及协议。
- 掌握Samba的工作原理。
- 掌握主配置文件Samba.conf的主要配置。
- 掌握Samba服务密码文件。
- 掌握Samba文件和打印共享的设置。
- 掌握Linux和Windows客户端共享Samba服务器资源的方法。

5.1 相关知识

对于接触Linux的用户来说，听得最多的就是Samba服务，为什么是Samba呢？原因是Samba最先在Linux和Windows两个平台之间架起了一座桥梁，正是由于Samba的出现，我们才可以在Linux系统和Windows系统之间互相通信，如复制文件、实现不同操作系统之间的资源共享等，可以将其架设成一个功能非常强大的文件服务器，也可以将其架设成打印服务器提供本地和远程联机打印，甚至可以使用Samba Server完全取代NT/2K/2K3中的域控制器，对域进行管理也非常方便。

视频5-1 管理与维护Samba服务器

5.1.1 Samba应用环境

- 文件和打印机共享：文件和打印机共享是Samba的主要功能，服务器消息块（Server Message Block，SMB）进程实现资源共享，将文件和打印机发布到网络中，以供用户访问。
- 身份验证和权限设置：smbd服务支持user mode和domain mode等身份验证和权限设置模式，通过加密方式可以保护共享的文件和打印机。
- 名称解析：Samba通过nmbd服务可以搭建NBNS（NetBIOS Name Service）服务器，提供名称解析，将计算机的NetBIOS名解析为IP地址。
- 浏览服务：在局域网中，Samba服务器可以成为本地主浏览服务器（LMB），保存可用资源列表，当使用客户端访问Windows网上邻居时，会提供浏览列表，显示共享目录、打印机等资源。

5.1.2　SMB 协议

SMB 通信协议可以看作是局域网上共享文件和打印机的一种协议。它是 Microsoft 和 Intel 在 1987 年制定的协议，主要是作为 Microsoft 网络的通信协议，而 Samba 则是将 SMB 协议搬到 UNIX 系统上来使用。通过“NetBIOS over TCP/IP”使用 Samba 不但能与局域网主机共享资源，还能与全世界的计算机共享资源。因为互联网上千千万万的主机使用的通信协议就是 TCP/IP。SMB 是在会话层（session layer）和表示层（presentation layer）以及小部分应用层（application layer）的协议，SMB 使用了 NetBIOS 的应用程序接口 API。另外，它是一个开放性的协议，允许协议扩展，这使得它变得庞大而复杂，大约有 65 个最上层的作业，而每个作业都超过 120 个函数。

5.1.3　Samba 工作原理

Samba 服务功能强大，这与其通信基于 SMB 协议有关。SMB 不仅提供目录和打印机共享，还支持认证、权限设置。在早期，SMB 运行于 NBT 协议（NetBIOS over TCP/IP）上，使用 UDP 的 137、138 及 TCP 的 139 端口，后期 SMB 经过开发，可以直接运行于 TCP/IP 上，没有额外的 NBT 层，使用 TCP 的 445 端口。

（1）Samba 的工作流程

当客户端访问服务器时，信息通过 SMB 协议进行传输，其工作过程可以分成 4 个步骤。

① 协议协商。客户端在访问 Samba 服务器时，发送 negprot 指令数据包，告知目标计算机其支持的 SMB 类型，Samba 服务器根据客户端的情况，选择最优的 SMB 类型并做出回应，如图 5-1 所示。

② 建立连接。当 SMB 类型确认后，客户端会发送 session setup 指令数据包，提交账号和密码，请求与 Samba 服务器建立连接，如果客户端通过身份验证，Samba 服务器会对 session setup 报文做出回应，并为用户分配唯一的 UID，在客户端与其通信时使用，如图 5-2 所示。

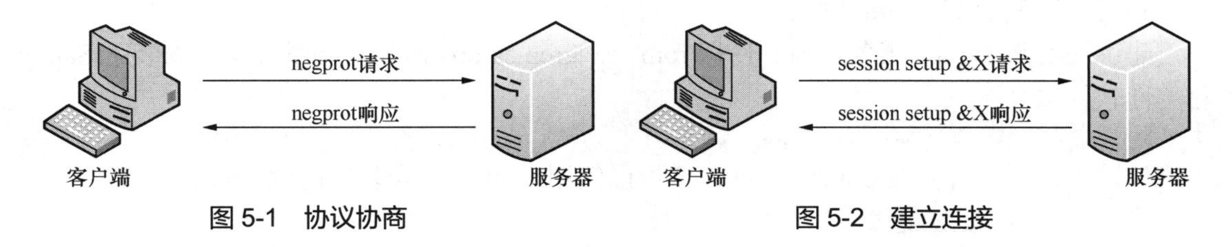

图 5-1　协议协商　　　　图 5-2　建立连接

③ 访问共享资源。客户端访问 Samba 共享资源时，发送 tree connect 指令数据包，通知服务器需要访问的共享资源名，如果设置允许，Samba 服务器会为每个客户端与共享资源连接分配 TID，客户端即可访问需要的共享资源，如图 5-3 所示。

④ 断开连接。共享使用完毕，客户端向服务器发送 tree disconnect 报文关闭共享，与服务器断开连接，如图 5-4 所示。

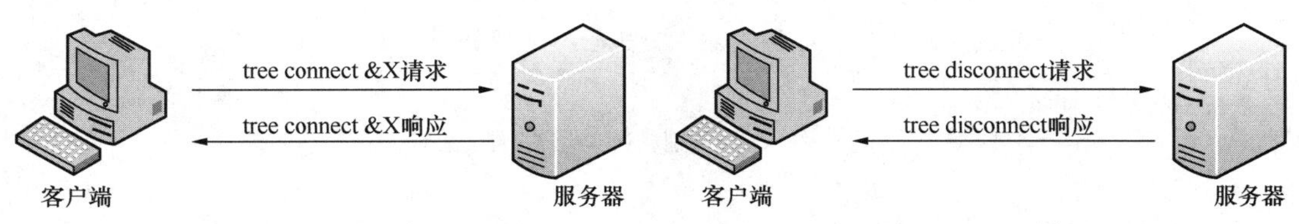

图 5-3　访问共享资源　　　　图 5-4　断开连接

（2）Samba 相关进程

Samba 服务由两个进程组成，分别是 nmbd 和 smbd。

- nmbd：其功能是解析 NetBIOS 名，并提供浏览服务显示网络上的共享资源列表。
- smbd：其主要功能是管理 Samba 服务器上的共享目录、打印机等，主要是对网络上的共享资源进行管理。当要访问服务器时，要查找共享文件，这时就要依靠 smbd 这个进程来管理数据传输。

5.2 项目设计与准备

利用 Samba 服务可以实现 Linux 系统之间，以及和 Microsoft 公司的 Windows 系统之间的资源共享。

在进行本单元的教学与实验前，需要做好如下准备。

（1）已经安装好的 Red Hat Enterprise 7.4。

（2）Red Hat Enterprise 7.4 安装光盘或 ISO 镜像文件。

（3）Linux 客户端。

（4）Windows 客户端。

（5）VMware 10 以上虚拟机软件。

以上环境可以用虚拟机实现。

5.3 项目实施

任务 5-1 配置 Samba 服务

1. 安装并启动 Samba 服务

建议在安装 Samba 服务之前，使用 rpm -qa |grep samba 命令检测系统是否安装了 Samba 相关性软件包。

```
[root@RHEL7-1 ~]#rpm -qa |grep samba
```

如果系统还没有安装 Samba 软件包，可以使用 yum 命令安装所需软件包。

① 挂载 ISO 安装镜像。

```
[root@RHEL7-1 ~]# mkdir /iso
[root@RHEL7-1 ~]# mount /dev/cdrom /iso
mount: /dev/sr0 is write-protected, mounting read-only
```

② 制作用于安装的 yum 源文件（**请查看项目 3 相关内容**）。

dvd.repo 文件的内容如下：

```
# /etc/yum.repos.d/dvd.repo
# or for ONLY the media repo, do this:
# yum --disablerepo=\* --enablerepo=c6-media [command]
[dvd]
name=dvd
baseurl=file:///iso                //特别注意本地源文件的表示，3个“/”。
gpgcheck=0
enabled=1
```

③ 使用 yum 命令查看 Samba 软件包的信息。

```
[root@RHEL7-1 ~]# yum info samba
```

④ 使用 yum 命令安装 Samba 服务。

```
[root@RHEL7-1 ~]# yum clean all                              //安装前先清除缓存
[root@RHEL7-1 ~]# yum install samba -y
```

⑤ 所有软件包安装完毕之后，可以使用 rpm 命令再一次查询：rpm -qa | grep samba。

```
[root@RHEL7-1 ~]# rpm -qa | grep samba
```

⑥ 启动与停止 Samba 服务，设置开机启动。

```
[root@RHEL7-1 ~]# systemctl start smb
[root@RHEL7-1 ~]# systemctl enable smb
Created symlink from /etc/systemd/system/multi-user.target.wants/smb.service
 to /usr/lib/systemd/system/smb.service.
[root@RHEL7-1 ~]# systemctl restart smb
[root@RHEL7-1 ~]# systemctl stop smb
[root@RHEL7-1 ~]# systemctl start smb
```

注意：在 Linux 服务中更改配置文件后，一定要记得重启服务，让服务重新加载配置文件，这样新的配置才可以生效。其他命令还有 Systemctl restart smb、Systemctl reload smb 等。

2. 了解 Samba 服务器配置的工作流程

在 Samba 服务安装完毕，并不能直接使用 Windows 或 Linux 的客户端访问 Samba 服务器，还必须设置服务器：告诉 Samba 服务器将哪些目录共享出来给客户端访问，并根据需要设置其他选项，如添加对共享目录内容的简单描述信息和访问权限等具体设置。

搭建 Samba 服务器的基本流程主要分为 5 个步骤。

（1）编辑主配置文件 smb.conf，指定需要共享的目录，并为共享目录设置共享权限。

（2）在 smb.conf 文件中指定日志文件名称和存放路径。

（3）设置共享目录的本地系统权限。

（4）重新加载配置文件或重新启动 SMB 服务，使配置生效。

（5）配置防火墙，同时设置 SELinux 为允许。

Samba 的工作流程如图 5-5 所示。

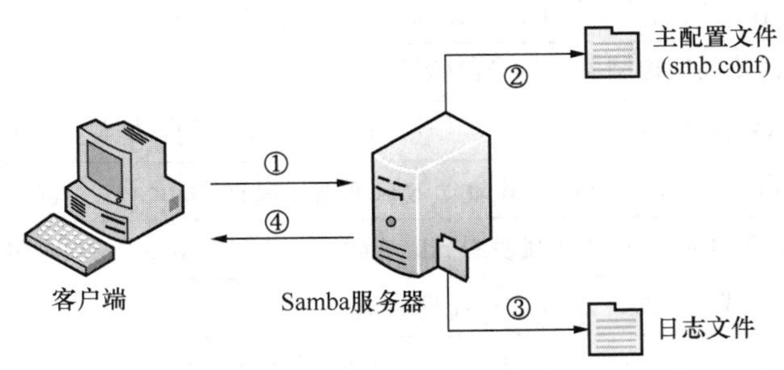

图 5-5　Samba 的工作流程

① 客户端请求访问 Samba 服务器上的 Share 共享目录。

② Samba 服务器接收到请求后，查询主配置文件 smb.conf，看是否共享了 Share 目录，如果共享了这个目录，则查看客户端是否有权限访问。

③ Samba 服务器会将本次访问信息记录在日志文件之中，日志文件的名称和路径都需要设置。

④ 如果客户端满足访问权限设置，则允许客户端访问。

3. 主要配置文件 smb.conf

Samba 的配置文件一般就放在/etc/samba 目录中，主配置文件名为 smb.conf。

使用 ll 命令查看 smb.conf 文件属性，并使用命令 vim /etc/samba/smb.conf 查看文件的详细内容，如图 5-6 所示。

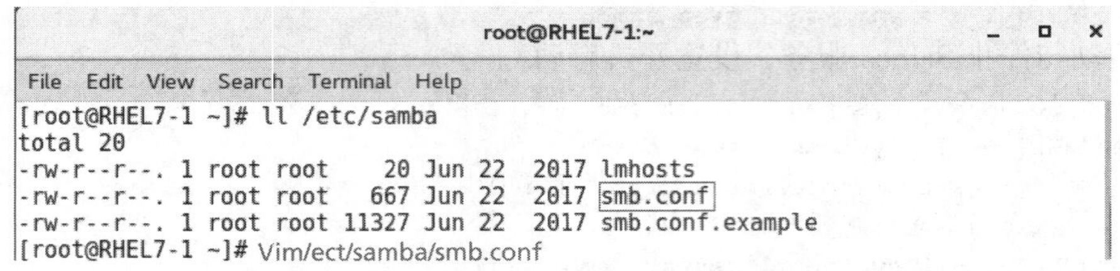

图 5-6　查看 smb.conf 配置文件

RHEL 7 的 smb.conf 配置文件已经很简缩，只有 36 行左右。为了更清楚地了解配置文件，建议研读 smb.conf.example，Samba 开发组按照功能不同，对 smb.conf 文件进行了分段划分，条理非常清楚。表 5-1 罗列了主配置文件的参数以及相应的注释说明。

表 5-1　Samba 服务程序中的参数以及作用

选　　项	参　　数	作　　用
[global]	workgroup = MYGROUP	#工作组名称，比如：workgroup=SmileGroup
	server string = Samba Server Version %v	#服务器描述，参数%v 为显示 SMB 版本号
	log file = /var/log/samba/log.%m	#定义日志文件的存放位置与名称，参数%m 为来访的主机名
	max log size = 50	#定义日志文件的最大容量为 50KB
	security = user	#安全验证的方式，总共有 4 种，如 security=user
	#share：来访主机无需验证口令；比较方便，但安全性很差	
	#user：需验证来访主机提供的口令后才可以访问；提升了安全性，为系统默认方式	
	#server：使用独立的远程主机验证来访主机提供的口令（集中管理账户）	
	#domain：使用域控制器进行身份验证	
	passdb backend = tdbsam	#定义用户后台的类型，共有 3 种
	#smbpasswd：使用 smbpasswd 命令为系统用户设置 Samba 服务程序的密码	
	#tdbsam：创建数据库文件并使用 pdbedit 命令建立 Samba 服务程序的用户	
	#ldapsam：基于 LDAP 服务进行账户验证	
	load printers = yes	#设置在 Samba 服务启动时是否共享打印机设备
	cups options = raw	#打印机的选项
[homes]		#共享参数

技巧：为了方便配置，建议先备份 smb.conf，一旦发现错误可以随时从备份文件中恢复主配置文件。另外，强烈建议，每开始下个新实训时，使用备份的主配置文件制作干净的主配置文件，重新配置，避免上一个实训的配置影响下一个实训的结果。

备份操作如下。

```
[root@RHEL7-1 ~]# cd /etc/samba
[root@RHEL7-1 samba]# ls
[root@RHEL7-1 samba]# cp -p smb.conf  smb.conf.bak
```

4. Share Definitions 共享服务的定义

Share Definitions 设置对象为共享目录和打印机，如果想发布共享资源，需要配置 Share Definitions 部分。Share Definitions 字段非常丰富，设置灵活。

先介绍以下几个最常用的字段。

（1）设置共享名。

共享资源发布后，必须为每个共享目录或打印机设置不同的共享名，供网络用户访问时使用，并且共享名可以与原目录名不同。

共享名设置非常简单，格式为：

```
[共享名]
```

（2）共享资源描述。

网络中存在各种共享资源，为了方便用户识别，可以为其添加备注信息，以方便用户查看时知道共享资源的内容是什么。

格式为：

```
comment = 备注信息
```

（3）共享路径。

共享资源的原始完整路径，可以使用 path 字段进行发布，务必正确指定。

格式为：

```
path = 绝对地址路径
```

（4）设置匿名访问。

设置是否允许对共享资源进行匿名访问，可以更改 public 字段。

格式为：

```
public = yes        #允许匿名访问
public = no         #禁止匿名访问
```

【例 5-1】 Samba 服务器中有个目录为/share，需要发布该目录成为共享目录，定义共享名为 public，要求：允许浏览、允许只读、允许匿名访问。设置如下。

```
[public]
        comment = public
        path = /share
        browseable = yes
        read only = yes
        public = yes
```

（5）设置访问用户。

如果共享资源存在重要数据的话，需要审核访问用户，可以使用 valid users 字段设置。

格式为：

```
valid users = 用户名
valid users = @组名
```

【例 5-2】 Samba 服务器/share/tech 目录存放了公司技术部数据，只允许技术部员工和经理访问，技术部组为 tech，经理账号为 manager。

```
[tech]
        comment=tech
```

```
        path=/share/tech
        valid users=@tech,manager
```

（6）设置目录只读。

如果限制用户读写共享目录，可以通过 read only 实现。

格式为：

```
read only = yes      #只读
read only = no       #读写
```

（7）设置过滤主机。

注意网络地址的写法。

格式为：

```
hosts allow = 192.168.10.   server.abc.com
#表示允许来自 192.168.10.0 或 server.abc.com 的主机访问 samba 服务器资源
hosts deny = 192.168.2.
#表示不允许来自 192.168.2.0 网络的主机访问当前 samba 服务器资源
```

【例 5-3】 Samba 服务器公共目录/public 存放大量共享数据，为保证目录安全，仅允许 192.168.10.0 网络的主机访问，并且只允许读取，禁止写入。

```
[public]
        comment=public
        path=/public
        public=yes
        read only=yes
   hosts allow = 192.168.10.
```

（8）设置目录可写。

如果共享目录允许用户写操作，可以使用 writable 或 write list 两个字段设置。

writable 格式如下。

```
writable = yes        #读写
writable = no         #只读
```

write list 格式如下。

```
write list = 用户名
write list = @组名
```

5．Samba 服务日志文件

日志文件对于 Samba 非常重要，它存储客户端访问 Samba 服务器的信息，以及 Samba 服务的错误提示信息等，可以通过分析日志，帮助解决客户端访问和服务器维护等问题。

在/etc/samba/smb.conf 文件中，log file 为设置 Samba 日志的字段，如下所示。

```
log file = /var/log/samba/log.%m
```

Samba 服务的日志文件默认存放在/var/log/samba/中，其中 Samba 会为每个连接到 Samba 服务器的计算机分别建立日志文件。使用 **ls -a /var/log/samba** 命令查看日志的所有文件。

当客户端通过网络访问 Samba 服务器后，会自动添加客户端的相关日志。所以，Linux 管理员可以根据这些文件来查看用户的访问情况和服务器的运行情况。另外当 samba 服务器工作异常时，也可以通过/var/log/samba/下的日志进行分析。

6．Samba 服务密码文件

Samba 服务器发布共享资源后，客户端访问 Samba 服务器，需要提交用户名和密码进行身份验证，验证合格后才可以登录。Samba 服务为了实现客户身份验证功能，将用户名和密码信息存放在/etc/samba/smbpasswd 中，在客户端访问时，将用户提交的资料与 smbpasswd 存放的信息进行比对，只有相同，并且 Samba 服务器其他安全设置允许，客户端与 Samba 服务器连接才能建立成功。

那么如何建立 Samba 账号呢？首先，Samba 账号并不能直接建立，需要先建立 Linux 同名的系统账号。例如，要建立一个名为 yy 的 Samba 账号， Linux 系统中必须提前存在一个同名的 yy 系统账号。

Samba 中添加账号的命令为 smbpasswd，命令格式如下。

```
smbpasswd  -a  用户名
```

【例 5-4】在 Samba 服务器中添加 Samba 账号 reading。

① 建立 Linux 系统账号 reading。

```
[root@RHEL7-1 ~]# useradd  reading
[root@RHEL7-1 ~]# passwd  reading
```

② 添加 reading 用户的 Samba 账户。

```
[root@RHEL7-1 ~]# smbpasswd  -a  reading
```

Samba 账号添加完毕。如果在添加 Samba 账号时输入完两次密码后出现错误信息：Failed to modify password entry for user reading，则是因为 Linux 本地用户中没有 reading 这个用户，在 Linux 系统中添加即可。

提示：务必要注意在建立 Samba 账号之前，一定要先建立一个与 Samba 账号同名的系统账号。

经过上面的设置，再次访问 Samba 共享文件时就可以使用 reading 账号访问了。

任务 5-2　user 服务器实例解析

在 RHEL 7 系统中，Samba 服务程序默认使用的是用户口令认证模式（user）。这种认证模式可以确保仅让有密码且受信任的用户访问共享资源，而且验证过程也十分简单。

【例 5-5】　公司有多个部门，因工作需要，必须分门别类地建立相应部门的目录。要求将销售部的资料存放在 Samba 服务器的/companydata/sales/目录下集中管理，以便销售人员浏览，并且该目录只允许销售部员工访问。Samba 共享服务器和客户端的 IP 地址可以根据表 5-2 来设置。

表 5-2　Samba 服务器和 Windows 客户端使用的操作系统以及 IP 地址

主 机 名 称	操 作 系 统	IP 地址	网络连接方式
Samba 共享服务器：**RHEL7-1**	RHEL 7	192.168.10.1	VMnet1
Linux 客户端：**RHEL7-2**	RHEL 7	192.168.10.20	VMnet1
Windows 客户端：**Win7-1**	Windows 7	192.168.10.30	VMnet1

需求分析：在/companydata/sales/目录中存放有销售部的重要数据，为了保证其他部门无法查看其内容，需要将全局配置中的 security 设置为 user 安全级别，这样就启用了 Samba 服务器的身份验证机制，然后在共享目录/companydata/sales 下设置 valid users 字段，配置只允许销售部员工访问这个共享目录。

1. 在 RHEL7-1 上配置 Samba 共享服务器

前面已安装 Samba 服务器并启动。

step1：建立共享目录，并在其下建立测试文件。

```
[root@RHEL7-1 ~]# mkdir  /companydata
[root@RHEL7-1 ~]# mkdir  /companydata/sales
[root@RHEL7-1 ~]# touch  /companydata/sales/test_share.tar
```

step2：添加销售部用户和组并添加相应 Samba 账号。

（1）使用 groupadd 命令添加 sales 组，然后执行 useradd 命令和 passwd 命令添加销售部员工的账号及密码。此处单独增加一个 test_user1 账号，不属于 sales 组，供测试用。

```
[root@RHEL7-1 ~]# groupadd  sales                  #建立销售组 sales
[root@RHEL7-1 ~]# useradd  -g  sales  sale1        #建立用户 sale1，添加到 sales 组
[root@RHEL7-1 ~]# useradd  -g  sales  sale2        #建立用户 sale2，添加到 sales 组
[root@RHEL7-1 ~]# useradd  test_user1              #供测试用
[root@RHEL7-1 ~]# passwd  sale1                    #设置用户 sale1 密码
[root@RHEL7-1 ~]# passwd  sale2                    #设置用户 sale2 密码
[root@RHEL7-1 ~]# passwd  test_user1               #设置用户 test_user1 密码
```

（2）为销售部成员添加相应的 Samba 账号。

```
[root@RHEL7-1 ~]# smbpasswd  -a  sale1
[root@RHEL7-1 ~]# smbpasswd  -a  sale2
```

step1：修改 Samba 主配置文件 smb.conf。

```
[root@RHEL7-1 ~]# vim /etc/samba/smb.conf
[global]
        workgroup = Workgroup
        server string = File Server
        security = user                            #设置 user 安全级别模式，默认值
       passdb backend = tdbsam
        printing = cups
        printcap name = cups
        load printers = yes
        cups options = raw
[sales]                                            #设置共享目录的共享名为 sales
        comment=sales
        path=/companydata/sales                    #设置共享目录的绝对路径
        writable = yes
         browseable = yes
         valid users = @sales                      #设置可以访问的用户为 sales 组
```

step2：设置共享目录的本地系统权限。将属主、属组分别改为 sale1 和 sales、sale2 和 sales。

```
[root@RHEL7-1 ~]# chmod  777  /companydata/sales -R
[root@RHEL7-1 ~]# chown  sale1:sales  /companydata/sales  -R
[root@RHEL7-1 ~]# chown  sale2:sales  /companydata/sales  -R
```

-R 参数是递归用的，一定要加上。请读者再次复习前面学习的权限相关内容，特别是 chown、chmod 等命令。

step3：更改共享目录的 context 值，或者禁用 SELinux。

```
[root@RHEL7-1 ~]# chcon -t samba_share_t /companydata/sales  -R
```

或者

```
[root@RHEL7-1 ~]# getenforce
Enforcing
[root@RHEL7-1 ~]# setenforce Permissive
```

step4：让防火墙放行，这一步很重要。

```
[root@RHEL7-1 ~]# systemctl restart firewalld
[root@RHEL7-1 ~]# systemctl enable firewalld
[root@RHEL7-1 ~]# firewall-cmd --permanent --add-service=samba
[root@RHEL7-1 ~]# firewall-cmd --reload           //重新加载防火墙
[root@RHEL7-1 ~]# firewall-cmd --list-all
public (active)
  target: default
  icmp-block-inversion: no
  interfaces: ens33
  sources:
  services: ssh dhcpv6-client http squid samba     //已经加入到防火墙的允许服务
  ports:
  protocols:
  masquerade: no
  forward-ports:
  source-ports:
  icmp-blocks:
  rich rules:
```

step5：重新加载 Samba 服务。

```
[root@RHEL7-1 ~]# systemctl restart smb
//或者
[root@RHEL7-1 ~]# systemctl reload smb
```

step6：测试。

一是在 Windows 7 中利用资源管理器进行测试，二是利用 Linux 客户端。

特别提示：① Samba 服务器在将本地文件系统共享给 Samba 客户端时，涉及本地文件系统权限和 Samba 共享权限。当客户端访问共享资源时，最终的权限取这两种权限中最严格的。② 在后面的实例中，不再单独设置本地权限。如果对权限不是很熟悉，请参考相关内容。

2. 在 Windows 客户端访问 Samba 共享

无论 Samba 共享服务是部署在 Windows 系统上，还是部署在 Linux 系统上，通过 Windows 系统访问时，其步骤和方法都是一样的。下面假设 Samba 共享服务部署在 Linux 系统上，并通过 Windows 系统来访问 Samba 服务。

（1）选择“开始”→“运行”命令，使用 UNC 路径直接访问，如\\192.168.10.1。打开 Windows 安全对话框，如图 5-7 所示。输入 sale1 或 sale2 及其密码，登录后可以正常访问。

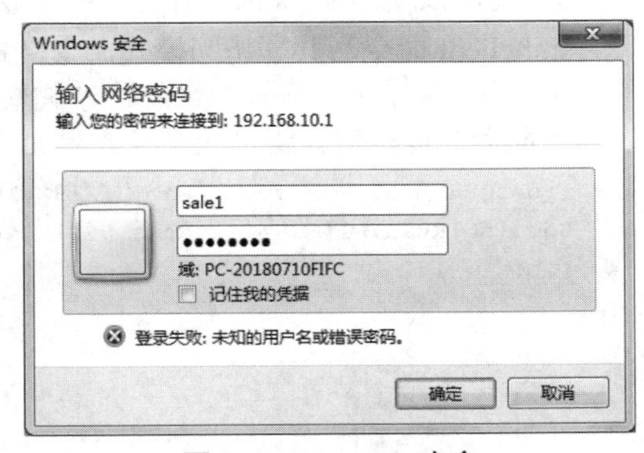

图 5-7　Windows 安全

试一试：注销 Windows 7 客户端，使用 test_user1 用户和密码登录会出现什么情况？

（2）映射网络驱动器访问 Samba 服务器共享目录。双击打开“我的电脑”，再选择“工具”→“映射网络驱动器”命令，在“映射网络驱动器”对话框中选择 Z 驱动器，并输入 tech 共享目录的地址，如\\192.168.10.1\sales。单击“完成”按钮，在接下来的对话框中输入可以访问 sales 共享目录的 samba 账号和密码。

（3）再次打开“我的电脑”，驱动器 Z 就是共享目录 sales，可以很方便地访问了。

3. Linux客户端访问Samba共享

Samba服务程序当然还可以实现Linux系统之间的文件共享。按照表5-2来设置Samba服务程序所在主机（即Samba共享服务器）和Linux客户端使用的IP地址，然后在客户端安装Samba服务和支持文件共享服务的软件包（cifs-utils）。

（1）在RHEL7-2上安装samba-client和cifs-utils。

```
[root@RHEL7-2 ~]# mount /dev/cdrom /iso
mount: /dev/sr0 is write-protected, mounting read-only
[root@RHEL7-2 ~]# vim  /etc/yum.repos.d/dvd.repo
[root@RHEL7-2 ~]# yum install samba-client -y
[root@RHEL7-2 ~]# yum install cifs-utils -y
```

（2）Linux客户端使用smbclient命令访问服务器

① 使用smbclient命令可以列出目标主机共享目录列表。smbclient命令格式如下。

```
[root@RHEL7-2 ~]# smbclient -L 目标IP地址或主机名 -U 登录用户名%密码
```

当查看RHEL7-1（192.168.10.1）主机的共享目录列表时，提示输入密码，这时可以不输入密码，而直接按Enter键，这样表示匿名登录，然后就会显示匿名用户可以看到的共享目录列表。

```
[root@RHEL7-2 ~]# smbclient  -L  192.168.10.1
```

若想使用Samba账号查看Samba服务器端共享的目录，可以加上-U参数，后面跟上用户名%密码。下面的命令显示只有sale2账号（其密码为12345678）才有权限浏览和访问的sales共享目录：

```
[root@RHEL7-2 ~]# smbclient  -L  192.168.10.1  -U  sale2%12345678
```

注意：不同用户使用smbclient浏览的结果可能是不一样，这要根据服务器设置的访问控制权限而定。

② 还可以使用smbclient命令行共享访问模式浏览共享的资料。

smbclient命令行共享访问模式命令格式如下。

```
smbclient  //目标IP地址或主机名/共享目录  -U  用户名%密码
```

下面命令运行后，将进入交互式界面（键入"？"可以查看具体命令）。

```
[root@RHEL7-2 ~]# smbclient  //192.168.10.1/sales  -U  sale2%12345678
Domain=[RHEL7-1] OS=[Windows 6.1] Server=[Samba 4.6.2]
smb: \> ls
  .                                   D        0  Mon Jul 16 21:14:52 2018
  ..                                  D        0  Mon Jul 16 18:38:40 2018
  test_share.tar                      A        0  Mon Jul 16 18:39:03 2018

        9754624 blocks of size 1024. 9647416 blocks available
smb: \> mkdir testdir                    //新建一个目录进行测试
smb: \> ls
  .                                   D        0  Mon Jul 16 21:15:13 2018
  ..                                  D        0  Mon Jul 16 18:38:40 2018
  test_share.tar                      A        0  Mon Jul 16 18:39:03 2018
  testdir                             D        0  Mon Jul 16 21:15:13 2018

        9754624 blocks of size 1024. 9647416 blocks available
smb: \> exit
[root@RHEL7-2 ~]#
```

使用 test_user1 登录会是什么结果？请试一试。另外，smbclient 登录 Samba 服务器后，可以使用 help 查询支持的命令。

（3）Linux 客户端使用 mount 命令挂载共享目录

mount 命令挂载共享目录格式如下。

```
mount -t cifs //目标 IP 地址或主机名/共享目录名称 挂载点 -o username=用户名
```

下面的命令结果为挂载 192.168.10.1 主机上的共享目录 sales 到/mnt/sambadata 目录下，cifs 是 Samba 所使用的文件系统。

```
[root@RHEL7-2 ~]# mkdir -p /mnt/sambadata
[root@RHEL7-2 ~]# mount -t cifs //192.168.10.1/sales /mnt/sambadata/ -o username=sale1
Password for sale1@//192.168.10.1/sales:  ********
//输入 sale1 的 Samba 用户密码，不是系统用户密码
[root@RHEL7-2 ~]# cd /mnt/sambadata
[root@RHEL7-2 sambadata]# touch testf1;ls
testdir  testf1  test_share.tar
```

特别提示：如果配置匿名访问，则需要配置 Samba 的全局参数，添加 map to guest = bad user 一行，RHEL 7 中的 smb 版本包不再支持“security = share”语句。

任务 5-3 share 服务器实例解析

上面已经简单介绍 Samba 的相关配置文件，现在通过一个实例来掌握如何搭建 Samba 服务器。

【例 5-6】某公司需要添加 Samba 服务器作为文件服务器，工作组名为 Workgroup，发布共享目录/share，共享名为 public，这个共享目录允许公司所有员工访问。

分析：这个案例属于 Samba 的基本配置，可以使用 share 安全级别模式，既然允许所有员工访问，就需要为每个用户建立一个 Samba 账号，那么如果公司拥有大量用户呢？1 000 个用户，甚至 100 000 个用户，每个都设置会非常麻烦，可以通过配置 security=share 来让所有用户登录时采用匿名账户 nobody 访问，这样实现起来非常简单。

step1：在 RHEL7-1 上建立 share 目录，并在其下建立测试文件。

```
[root@RHEL7-1 ~]# mkdir  /share
[root@RHEL7-1 ~]# touch  /share/test_share.tar
```

step2：修改 Samba 主配置文件 smb.conf。

```
[root@RHEL7-1 ~]# vim  /etc/Samba/smb.conf
```

修改配置文件，并保存结果。

```
[global]
        workgroup = Workgroup               #设置 Samba 服务器工作组名为 Workgroup
        server string = File Server         #添加 Samba 服务器注释信息为“File Server”
        security = user
map to guest = bad user                     #允许用户匿名访问
      passdb backend = tdbsam
 [public]                                   #设置共享目录的共享名为 public
        comment=public
        path=/share                         #设置共享目录的绝对路径为/share
        guest ok=yes                        #允许匿名用户访问
        browseable=yes                      #在客户端显示共享的目录
```

```
        public=yes                          #最后设置允许匿名访问
    read only = YES
```

step3：让防火墙放行 Samba 服务。在任务 5-2 中已详细设置，这里不再赘述。

注意：以下的实例，不再考虑防火墙和 SELinux 的设置，但不意味着防火墙和 SELinux 不用设置。

step4：更改共享目录的 context 值。

```
[root@RHEL7-1 ~]# chcon -t samba_share_t /share
```

提示：可以使用“getenforce”命令查看“SELinux”防火墙是否被强制实施（默认是这样），如果不被强制实施，step3 和 step4 可以省略。使用命令“setenforce 1”可以设置强制实施防火墙，使用命令“setenforce 0”可以取消强制实施防火墙（注意是数字“1”和数字“0”）。

step5：重新加载配置。

Linux 为了使新配置生效，需要重新加载配置，可以使用 restart 重新启动服务或者使用 reload 重新加载配置。

```
[root@RHEL7-1 ~]# systemctl restart smb
//或者
[root@RHEL7-1 ~]# systemctl reload smb
```

注意：重启 Samba 服务，虽然可以让配置生效，但是 restart 是先关闭 Samba 服务再开启服务，这样在公司网络运营过程中肯定会对客户端员工的访问造成影响，建议使用 reload 命令重新加载配置文件使其生效，这样不需要中断服务就可以重新加载配置。

Samba 服务器通过以上设置，用户就可以不需要输入账号和密码直接登录 Samba 服务器并访问 public 共享目录了。在 Windows 客户端可以用 UNC 路径测试，方法是在 Win7-1 资源管理器地址栏输入\\192.168.10.1。

注意：完成实训后记得恢复到正常默认，即删除或注释掉 **map to guest = bad user**。

任务 5-4 Samba 高级服务器配置

Samba 高级服务器配置使我们搭建的 Samba 服务器功能更强大，管理更灵活，数据也更安全。

1. 用户账号映射

Samba 的用户账号信息保存在 smbpasswd 文件中，而且可以访问 Samba 服务器的账号也必须对应一个同名的系统账号。基于这一点，对于一些黑客来说，只要知道 Samba 服务器的 Samba 账号，就等于是知道了 Linux 系统账号，只要暴力破解其 Samba 账号密码加以利用，就可以攻击 Samba 服务器。为了保障 Samba 服务器的安全，使用用户账号映射。那么什么是账号映射呢？

用户账号映射这个功能需要建立一个账号映射关系表，里面记录了 Samba 账号和虚拟账号的对应关系，客户端访问 Samba 服务器时就使用虚拟账号来登录。

【例 5-7】 将【例 5-5】的 sale1 账号分别映射为 suser1 和 myuser1，将 sale2 账号映射为

suser2。（仅对与上面例子中不同的地方进行设置，相同的设置不再赘述，如权限、防火墙等。）

step1：编辑主配置文件/etc/samba/smb.conf。

在[global]下添加一行字段 username map = /etc/samba/smbusers，开启用户账号映射功能。

step2：编辑/etc/samba/smbusers。

smbusers 文件保存账号映射关系，其有固定格式如下。

```
Samba 账号 = 虚拟账号（映射账号）
```

就本例，应加入下面的行。

```
sale1=suser1  myuser1
sale2=suser2
```

账号 sale1 就是上面建立的 Samba 账号（同时也是 Linux 系统账号），suser1 及 myuser1 就是映射账号名（虚拟账号），访问共享目录时，只要输入 suser1 或 myuser1，就可以成功访问了，但是实际上访问 Samba 服务器的还是 sale1 账号，这样就解决了安全问题。同样，suser2 是 sale2 的虚拟账号。

step3：重启 Samba 服务。

```
[root@RHEL7-1 ~]# systemctl restart  smb
```

step4：验证效果。

先注销 Windows 7，然后在 Windows 7 客户端的资源管理器地址栏输入\\192.168.10.1（Samba 服务器的地址是 192.168.10.1），在弹出的对话框中输入定义的映射账号 myuser1，如图 5-8 所示，注意不是输入账号 sale1。按“确定”按钮，打开图 5-9 所示的“服务器上的共享资源”窗口。映射账号 myuser1 的密码和 sale1 账号一样，并且可以通过映射账号浏览共享目录。

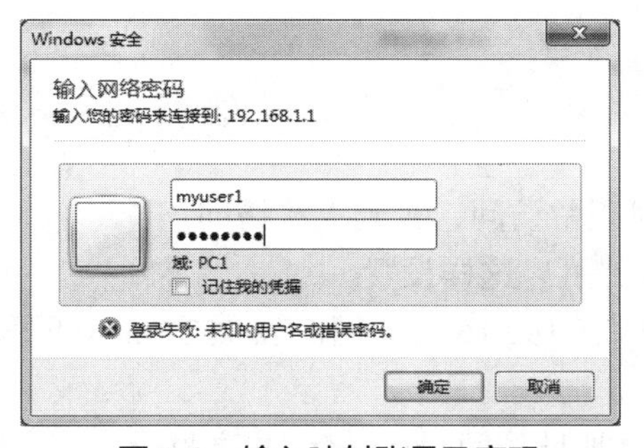

图 5-8　输入映射账号及密码

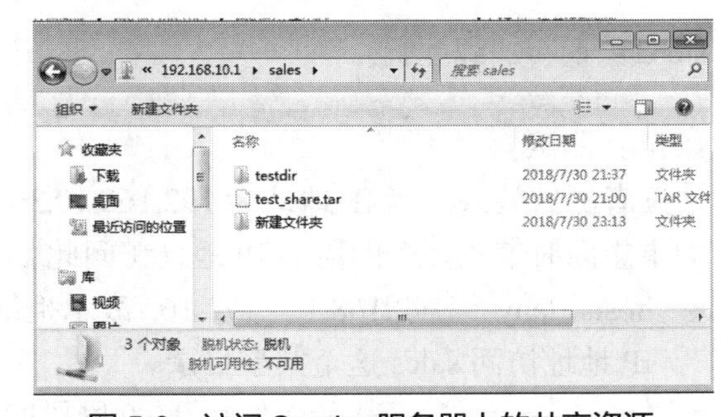

图 5-9　访问 Samba 服务器上的共享资源

注意：强烈建议不要将 Samba 用户的密码与本地系统用户的密码设置成一样，这样可以避免非法用户使用 Samba 账号登录 Linux 系统。

注意：完成实训后记得恢复到正常默认，即删除或注释掉 username map = /etc/samba/smbusers。

---

2. 客户端访问控制

对于 Samba 服务器的安全性，可以使用 valid users 字段实现用户访问控制，但是如果企业庞大且存在大量用户的话，这种方法操作起来就显得比较麻烦。比如 Samba 服务器共享出一个目录来访问，但是要禁止某个 IP 子网或某个域的客户端访问此资源，这时使用 valid users 字段就无法实现客户端访问控制。而使用 hosts allow 和 hosts deny 两个字段可以实现该功能。

（1）hosts allow 和 hosts deny 字段的使用。

```
hosts allow  字段定义允许访问的客户端
hosts deny   字段定义禁止访问的客户端
```

（2）使用 IP 地址进行限制。

【例 5-8】仍以【例 5-5】为例，公司内部 Samba 服务器上的共享目录/companydata/sales 用于存放销售部的资料，公司规定 192.168.10.0/24 这个网段的 IP 地址禁止访问此 sales 共享目录，但是其中 192.168.10.20 这个 IP 地址可以访问。

step1：修改配置文件 smb.conf。

在配置文件 smb.conf 中添加 hosts deny 和 hosts allow 字段。

```
[sales]                                  #设置共享目录的共享名为 sales
        comment=sales
        path=/companydata/sales          #设置共享目录的绝对路径
        hosts deny = 192.168.10.         #禁止所有来自 192.168.10.0/24 网段的 IP 地址访问
        hosts allow = 192.168.10.30      #允许 192.168.10.30 这个 IP 地址访问
```

注意：当 hosts deny 和 hosts allow 字段同时出现并定义的内容相互冲突时，hosts allow 优先。现在设置的意思就是禁止 C 类地址 192.168.10.0/24 网段主机访问，但是允许 192.168.10.30 主机访问。

提示：在表示 24 位子网掩码的子网时可以使用 192.168.10.0/24、192.168.10.和 192.168.10.0/255.255.255.0。

---

step2：重新加载配置。

```
[root@RHEL7-1~]# systemctl restart smb
```

step3：测试。

请读者测试效果。当 IP 地址为 192.168.10.30 时正常访问，否则无法访问。

如果想同时禁止多个网段的 IP 地址访问此服务器可以这样设置。

- hosts deny = 192.168.1. 172.16. 表示拒绝所有 192.168.1.0 网段和 172.16.0.0 网段的 IP 地址访问 sales 这个共享目录。
- hosts allow = 10. 表示允许 10.0.0.0 网段的 IP 地址访问 sales 这个共享目录。

注意：完成实训后记得恢复到正常默认状态，即删除或注释掉“hosts deny = 192.168.10. hosts allow = 192.168.10.30”！另外，当需要输入多个网段 IP 地址时，需要使用“空格”符号隔开。

（3）使用域名进行限制。

【例 5-9】 公司 Samba 服务器上共享了一个目录 public，公司规定.sale.com 域和.net 域的客户端不能访问，并且主机名为 client1 的客户端也不能访问。

修改配置文件 smb.conf 的相关内容即可。

```
[public]
        comment=public's share
        path=/public
        hosts deny =  .sale.com  .net  client1
```

hosts deny = .sale.com .net client1 表示禁止.sale.com 域和.net 域及主机名为 client1 的客户端访问 public 这个共享目录。

注意：域名和域名之间或域名和主机名之间需要使用“空格”符号隔开。

（4）使用通配符进行访问控制。

【例 5-10】 Samba 服务器共享了一个目录 security，规定除主机 boss 外的其他人不允许访问。

修改 smb.conf 配置文件，使用通配符“ALL”来简化配置。（常用的通配符还有“*”“？”“LOCAL”等。）

```
[security]
        comment=security
        path=/security
        writable=yes
        hosts deny = ALL
        hosts allow = boss
```

【例 5-11】 Samba 服务器共享了一个目录 security，只允许 192.168.0.0 网段的 IP 地址访问，192.168.0.100 及 192.168.0.200 的主机禁止访问 security。

分析：可以使用 hosts deny 禁止所有用户访问，再设置 hosts allow 允许 192.168.0.0 网段主机访问，但当 hosts deny 和 hosts allow 同时出现而且冲突时，hosts allow 生效，从而允许 192.168.0.0 网段的 IP 地址访问，但是 192.168.0.100 及 192.168.0.200 的主机禁止访问就无法生效了。此时有一种方法，就是使用 EXCEPT 进行设置。

hosts allow = 192.168.0. EXCEPT 192.168.0.100 192.168.0.200 表示允许 192.168.0.0 网段 IP 地址访问，但是 192.168.0.100 和 192.168.0.200 除外。修改的配置文件如下。

```
[security]
        comment=security
        path=/security
        writable=yes
        hosts deny = ALL
        hosts allow =  192.168.0. EXCEPT 192.168.0.100 192.168.0.200
```

（5）**hosts allow** 和 **hosts deny** 的作用范围。

hosts allow 和 hosts deny 设置在不同的位置上，它们的作用范围就不一样。设置在[global]中，表示对 Samba 服务器全局生效，设置在目录下面，则表示只对这个目录生效。

```
[global]
        hosts deny = ALL
        hosts allow = 192.168.0.66          #只有 192.168.0.66 才可以访问 Samba 服务器
```

这样设置表示只有 192.168.0.66 才可以访问 Samba 服务器，全局生效。

```
[security]
        hosts deny = ALL
        hosts allow = 192.168.0.66          #只有 192.168.0.66 才可以访问 security 目录
```

这样设置表示只对单一目录 security 生效，只有 192.168.0.66 才可以访问 security 目录中的资料。

3. 设置 Samba 的权限

除了对客户端访问进行有效的控制外，还需要控制客户端访问共享资源的权限，比如 boss 或 manager 这样的账号可以对某个共享目录具有完全控制权限，其他账号只有只读权限，使用 write list 字段可以实现该功能。

【例5-12】 公司Samba服务器上有个共享目录tech，公司规定只有boss账号和tech组的账号可以完全控制，其他人只有只读权限。

分析：如果只用writable字段则无法满足这个实例的要求，因为当writable = yes时，表示所有人都可以写入，而当writable = no时，表示所有人都不可以写入。这时就需要用到write list字段。修改后的配置文件如下。

```
[tech]
        comment=tech's data
        path=/tech
        write list =boss, @tech
```

write list = boss, @tech 表示只有boss账号和tech组成员才有对tech共享目录的写入权限（其中@tech表示tech组）。

writable和write list之间的区别如表5-3所示。

表5-3 writable和write list的区别

字　段	值	描　述
writable	yes	所有账号都允许写入
	no	所有账号都禁止写入
write list	写入权限账号列表	列表中的账号允许写入

4．Samba的隐藏共享

（1）使用browseable字段实现隐藏共享。

【例5-13】 把Samba服务器上的技术部共享目录tech隐藏。

browseable = no 表示隐藏该目录，修改配置文件如下。

```
[tech]
        comment=tech's data
        path=/tech
        write list =boss, @tech
        browseable = no
```

提示：设置完成并重启SMB生效后，如果在Windows客户端使用\\192.168.10.1将无法显示tech共享目录。但如果直接输入\\192.168.10.1\tech仍可以访问共享目录tech。

（2）使用独立配置文件。

【例5-14】 Samba服务器上有个tech目录，此目录只有boss用户可以浏览访问，其他人都不可以浏览访问。

分析：因为Samba的主配置文件只有一个，所有账号访问都要遵守该配置文件的规则，如果隐藏了该目录（browseable=no），那么所有人就都看不到该目录了，也包括boss用户。但如果将browseable改为yes，则所有人都能浏览到共享目录，还是不能满足要求。

之所以无法满足要求就在于Samba服务器的主配置文件只有一个。既然单一配置文件无法实现要求，那么可以考虑为不同需求的用户或组分别建立相应的配置文件并单独配置后实现其隐藏目录的功能，现在为boss账号建立一个配置文件，并且让其访问时能够读取这个单独的配置文件。

step1：建立 Samba 账户 boss 和 test1。

```
[root@RHEL7-1 ~]# mkdir /tech
[root@RHEL7-1 ~]# groupadd  tech
[root@RHEL7-1 ~]# useradd  boss
[root@RHEL7-1 ~]# useradd  test1
[root@RHEL7-1 ~]# passwd  boss
[root@RHEL7-1 ~]# passwd  test1
[root@RHEL7-1 ~]# smbpasswd  -a  boss
[root@RHEL7-1 ~]# smbpasswd  -a  test1
```

step2：建立独立配置文件。

先为 boss 账号创建一个单独的配置文件，直接复制/etc/Samba/smb.conf 这个文件并改名即可，如果为单个用户建立配置文件，命名时一定要包含用户名。

使用 cp 命令复制主配置文件，为 boss 账号建立独立的配置文件。

```
[root@RHEL7-1 ~]# cd  /etc/samba/
[root@RHEL7-1 ~]# cp  smb.conf  smb.conf.boss
```

step3：编辑 smb.conf 主配置文件。

在[global]中加入 config file = /etc/samba/smb.conf.%U，表示 Samba 服务器读取/etc/Samba/smb.conf.%U 文件，其中%U 代表当前登录用户。命名规范与独立配置文件匹配。

```
[global]
        config  file = /etc/samba/smb.conf.%U
[tech]
        comment=tech's data
        path=/tech
        write list =boss, @tech
        browseable = no
```

step4：编辑 smb.conf.boss 独立配置文件。

编辑 boss 账号的独立配置文件 smb.conf.boss，将 tech 目录中的 browseable = no 删除，这样当 boss 账号访问 Samba 时，tech 共享目录访问 boss 账号就是可见的。主配置文件 smb.conf 和 boss 账号的独立配置文件相搭配，实现了其他用户访问 tech 共享目录是隐藏的，而 boss 账号访问时就是可见的。

```
[tech]
        comment=tech's data
        path=/tech
        write list =boss, @tech
```

step5：设置共享目录的本地系统权限。赋予属主和属组 rwx 的权限，同时将 boss 账号改为/tech 的所有者（tech 群组提前建立）。

```
[root@RHEL7-1 ~]# chmod  777  /tech
[root@RHEL7-1 ~]# chown  boss:tech  /tech
```

再次提示，如果设置都正确仍然无法访问 Samba 服务器的共享，可能由以下两种情况引起：① SELinux 防火墙；② 本地系统权限。Samba 服务器在将本地文件系统共享给 Samba 客户端时，涉及本地文件系统权限和 Samba 共享权限。

step6：更改共享目录的 context 值（防火墙问题）。

```
[root@RHEL7-1 ~]# chcon -t samba_share_t /share
```

step7：重新启动 Samba 服务。

```
[root@RHEL7-1 ~]# systemctl  restart  smb
```

step8：测试效果。

提前建好共享目录 tech。先以普通账号 test1 登录 Samba 服务器，发现看不到 tech 共享目录，证明 tech 共享目录对除 boss 账号以外的人是隐藏的。以 boss 账号登录，则发现 tech 共享目录自动显示并能按设置访问。

这样以独立配置文件的方法来实现隐藏共享，能够实现不同账号对共享目录可见性的要求。

注意：目录隐藏了并不是说不共享了，只要知道共享名，并且有相应权限，可以输入\\IP 地址\共享名来访问隐藏共享。

任务 5-5 Samba 的打印共享

在默认情况下，Samba 的打印服务是开放的，只要把打印机安装好，客户端的用户就可以使用打印机了。

1. 设置 global 配置项

修改 smb.conf 全局配置，开启打印共享功能。

```
[global]
        load printers = yes
        cups options = raw
        printcap name = /etc/printcap
        printing = cups
```

2. 设置 printers 配置项

```
[printers]
        comment = All printers
        path = /usr/spool/Samba
        browseable = no
        guest ok = no
        writable = yes
        printable = yes
```

使用默认设置就可以让客户端正常使用打印机了，需要注意的就是 printable 一定要设置成 yes，path 字段定义打印机队列，可以根据需要自己定制，另外共享打印和共享目录不一样，安装完打印机后必须重新启动 Samba 服务，否则客户端可能无法看到共享的打印机。如果设置只允许部分员工使用打印机，可以使用 valid users、hosts allow 或 hosts deny 字段来实现，可以参见前面的讲解。

5.4 企业 Samba 服务器实用案例

5.4.1 企业环境及需求

1. Samba 服务器目录

公共目录/share、销售部/sales、技术部/tech。

2. 企业员工情况

主管：总经理 master；销售部：销售部经理 mike，员工 sky，员工 jane；技术部：技术部经理 tom，员工 sunny，员工 bill。

公司使用 Samba 搭建文件服务器，需要建立公共共享目录，允许所有人访问，权限为只读。为销售部和技术部分别建立单独的目录，只允许总经理和对应部门员工访问，并且公司员工无法在网络邻居查看到非本部门的共享目录。企业网络拓扑如图 5-10 所示。

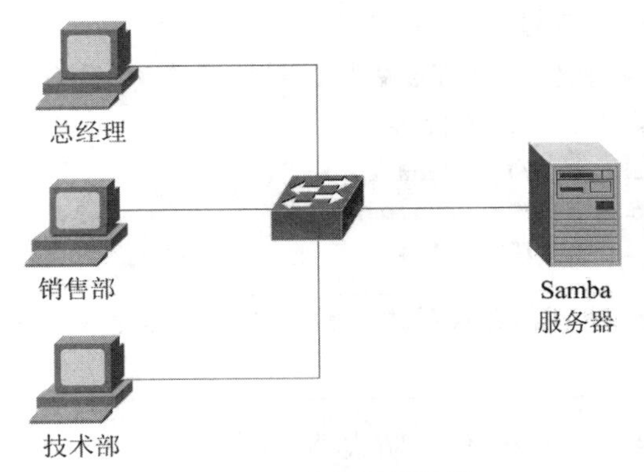

图 5-10 企业网络拓扑

5.4.2 需求分析

对于建立公共的共享目录，使用 public 字段很容易实现匿名访问。但是，注意后面公司的需求，只允许本部门访问自己的目录，其他部门的目录不可见！这就需要设置目录共享字段“browseable=no”，以实现隐藏功能，但是这样设置，所有用户都无法查看该共享。因为对同一共享目录，有多种需求，一个配置文件无法完成这项工作，这时需要考虑建立独立配置文件，以满足不同员工的访问需要。但是为每个用户建立一个配置文件，显然操作太烦琐了。可以为每个部门建立一个组，并为每个组建立配置文件，实现隔离用户的目标。

5.4.3 解决方案

step1：在 RHEL7-1 上建立各部门专用目录。

使用 mkdir 命令，分别建立各部门存储资料的目录。

```
[root@RHEL7-1 ~]# mkdir /share
[root@RHEL7-1 ~]# mkdir /sales
[root@RHEL7-1 ~]# mkdir /tech
```

step2：添加用户和组。

先建立销售组 sales 和技术组 tech，然后使用 useradd 命令添加经理账号 master，并将员工账号加入不同的用户组。

```
[root@RHEL7-1 ~]# groupadd sales
[root@RHEL7-1 ~]# groupadd tech
[root@RHEL7-1 ~]# useradd master
[root@RHEL7-1 ~]# useradd -g sales mike
[root@RHEL7-1 ~]# useradd -g sales sky
[root@RHEL7-1 ~]# useradd -g sales jane
[root@RHEL7-1 ~]# useradd -g tech tom
[root@RHEL7-1 ~]# useradd -g tech sunny
[root@RHEL7-1 ~]# useradd -g tech bill
[root@RHEL7-1 ~]# passwd master
[root@RHEL7-1 ~]# passwd mike
[root@RHEL7-1 ~]# passwd sky
[root@RHEL7-1 ~]# passwd jane
```

```
[root@RHEL7-1 ~]# passwd tom
[root@RHEL7-1 ~]# passwd sunny
[root@RHEL7-1 ~]# passwd bill
```

step3：添加相应 Samba 账号。

使用 smbpasswd –a 命令添加 Samba 用户，具体操作参照前面相关内容。

step4：设置共享目录的本地系统权限。

```
[root@RHEL7-1 ~]# chmod 777 /share
[root@RHEL7-1 ~]# chmod 777 /sales
[root@RHEL7-1 ~]# chmod 777 /tech
```

注意：如果更精确地设置各目录的本地文件系统权限怎么办？请参考第 3 章中的权限管理的详细内容。

---

step5：更改共享目录的 context 值（防火墙问题）。

```
[root@RHEL7-1 ~]# chcon -t samba_share_t /share
[root@RHEL7-1 ~]# chcon -t samba_share_t /sales
[root@RHEL7-1 ~]# chcon -t samba_share_t /tech
```

step6：建立独立配置文件。

```
[root@RHEL7-1 ~]# cd /etc/samba
[root@RHEL7-1 samba]# cp smb.conf master.smb.conf
[root@RHEL7-1 samba]# cp smb.conf sales.smb.conf
[root@RHEL7-1 samba]# cp smb.conf tech.smb.conf
```

step7：设置主配置文件 smb 首先使用 vim 编辑器打开 smb.conf。

```
[root@RHEL7-1 ~]# vim /etc/samba/smb.conf
```

编辑主配置文件，添加相应字段，确保 Samba 服务器会调用独立的用户配置文件以及组配置文件。

```
[global]
   workgroup = WORKGROUP
   server string = file server
   security = user
   include=/etc/samba/%U.smb.conf                    ①
   include=/etc/samba/%G.smb.conf                    ②
[public]
     comment =public
     path = /share
     guest ok=yes
     browseable=yes
     public=yes
     read only = yes
[sales]
     comment=sales
     path=/sales
     browseable = yes
[tech]
    comment=tech's data
    path=/tech
    browseable = yes
```

① 使 Samba 服务器加载/etc/Samba 目录下格式为“用户名.smb.conf”的配置文件。

② 保证 Samba 服务器加载格式为“组名.smb.conf”的配置文件。

step8：设置总经理 master 配置文件。

使用 vim 编辑器修改 master 账号配置文件 master.smb.conf，如下所示。

```
[global]
   workgroup  =  Workgroup
   server  string =  file server
   security = user
[public]
   comment  =public
   path  =  /Share
   public=yes
[sales]                                        ①
   comment  =  sales
   path=  /sales
   writable=yes
   valid  users  =  master
[tech]                                         ②
   comment  =  tech
   palth=  /tech
   writable=yes
   valid  users  = master
```

① 添加共享目录 sales，指定 Samba 服务器存放路径，并添加 valid users 字段，设置访问用户为 master 账号。

② 为了使 master 账号访问技术部的目录 tech，还需要添加 tech 目录共享，并设置 valid users 字段，允许 master 访问。

step9：设置销售组 sales 配置文件。

编辑配置文件 sales.smb.conf，注意 global 全局配置以及共享目录 public 的设置，保持和 master 一样，因为销售组仅允许访问 sales 目录，所以只添加 sales 共享目录设置即可，如下所示。

```
[sales]
   comment  =  sales
   path  =  /sales
   writable=yes
   valid  users  =  @sales, master
```

step10：设置技术组 tech 的配置文件。

编辑 tech.smb.conf 文件，全局配置和 public 配置与 sales 对应字段相同，添加 tech 共享设置，如下所示。

```
[tech]
   comment  =  tech
   path  =  /tech
   writable=yes
   valid  users  =  @tech, master
```

step11：测试。

在 Windows 7 客户端上分别使用 master、bill、sky 等用户登录 Samba 服务器，验证配置是否正确（需要多次注销客户端 Windows）。

注意：最好禁用 RHEL 7 中的 SELinux 功能，否则会出现些莫名其妙的错误。初学者关闭 SELinux 也是一种不错的方法：打开 SELinux 配置文件/etc/selinux/config 设置 SELINUX = disabled 后保存退出并重启系统。默认设置 SELINUX=enforceing。

Samba 排错总结：一般情况下处理好以下几个问题，错误就会解决。

① 解决 SELinux 的问题。

② 解决防火墙的问题。

③ 解决本地权限的问题。

④ 消除前后实训的相互影响。

还要注意下面的两个命令（查看日志文件、检查主配置文件语法）。

```
[root@RHEL7-1 ~]#  tail  -F  /var/log/messages
[root@RHEL7-1 ~]#  testparm  /etc/Samba/smb.conf
```

5.5 项目实录

1. 视频位置

实训前请扫二维码观看：实训项目 配置与管理 Samba 服务器。

视频 5-2 实训项目 配置与管理 Samba 服务器

2. 项目背景

某公司有 system、develop、productdesign 和 test 共 4 个小组，个人计算机操作系统为 Windows 7/8，少数开发人员采用 Linux 操作系统，服务器操作系统为 RHEL 7，需要设计一套建立在 RHEL 7 之上的安全文件共享方案。每个用户都有自己的网络磁盘，develop 组到 test 组有共用的网络硬盘，所有用户（包括匿名用户）有一个只读共享资料库；所有用户（包括匿名用户）要有一个存放临时文件的文件夹。网络拓扑如图 5-11 所示。

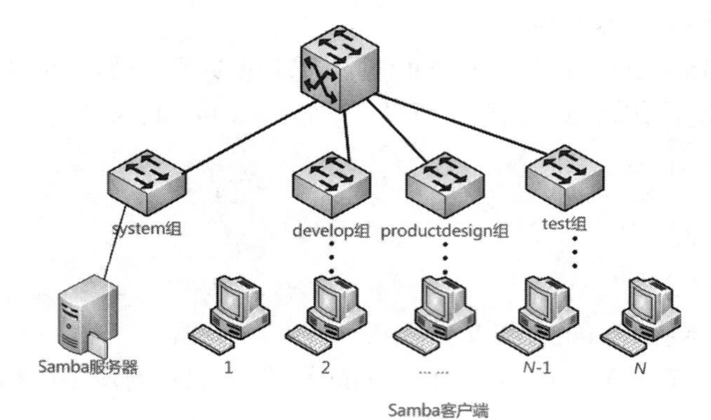

图 5-11 Samba 服务器搭建网络拓扑

3. 项目目标

（1）system 组具有管理所有 Samba 空间的权限。

（2）各部门的私有空间：各小组拥有自己的空间，除了小组成员及 system 组有权限以外，其他用户不可访问（包括列表、读和写）。

（3）资料库：所有用户（包括匿名用户）都具有读权限而不具有写入数据的权限。

（4）develop 组与 test 组的共享空间，develop 组与 test 组之外的用户不能访问。

（5）公共临时空间：所有用户都可以读取、写入、删除。

4. 深度思考

在观看视频时思考以下几个问题。

（1）用mkdir命令建立共享目录，可以同时建立多少个目录？

（2）chown、chmod、setfacl这些命令如何熟练应用？

（3）组账户、用户账户、Samba账户等的建立过程是怎样的？

（4）useradd的各类选项：-g、-G、-d、-s、-M的含义分别是什么？

（5）权限700和755的含义是什么？请查找相关权限表示的资料，也可以参见“文件权限管理”视频。

（6）注意不同用户登录后权限的变化。

5. 做一做

根据项目要求及视频内容，将项目完整无缺地完成。

5.6　练习题

一、填空题

1. Samba服务功能强大，使用________协议，该协议的英文全称是________。
2. SMB经过开发，可以直接运行于TCP/IP上，使用TCP的________端口。
3. Samba服务由两个进程组成，分别是________和________。
4. Samba服务软件包包括________、________、________和________（不要求版本号）。
5. Samba的配置文件一般就放在________目录中，主配置文件名为________。
6. Samba服务器有________、________、________、________和________5种安全模式，默认级别是________。

二、选择题

1. 用Samba共享了目录，但是在Windows网络邻居中却看不到它，应该在/etc/Samba/smb.conf中怎样设置才能正确工作？（　　）

   A. AllowWindowsClients=yes　　B. Hidden=no

   C. Browseable=yes　　D. 以上都不是

2. 请选择一个正确的命令来卸载Samba-3.0.33-3.7.el5.i386.rpm。（　　）

   A. rpm -D Samba-3.0.33-3.7.el5　　B. rpm -i Samba-3.0.33-3.7.el5

   C. rpm -e Samba-3.0.33-3.7.el5　　D. rpm -d Samba-3.0.33-3.7.el5

3. 哪个命令可以允许198.168.0.0/24访问Samba服务器？（　　）

   A. hosts enable = 198.168.0.　　B. hosts allow = 198.168.0.

   C. hosts accept = 198.168.0.　　D. hosts accept = 198.168.0.0/24

4. 启动Samba服务，哪些是必须运行的端口监控程序？（　　）

   A. nmbd　　B. lmbd　　C. mmbd　　D. smbd

5. 下面列出的服务器类型中，哪一种可以使用户在异构网络操作系统之间共享文件系统？（　　）

   A. FTP　　B. Samba　　C. DHCP　　D. Squid

6. Samba服务密码文件是（　　）。

   A. smb.conf　　B. Samba.conf　　C. smbpasswd　　D. smbclient

7. 利用（　　）命令可以对Samba的配置文件进行语法测试。

   A. smbclient　　B. smbpasswd　　C. testparm　　D. smbmount

8. 可以通过设置条目（   ）来控制访问 Samba 共享服务器的合法主机名。

A. allow hosts   B. valid hosts   C. allow   D. publicS

9. Samba 的主配置文件中不包括（   ）。

A. global 参数   B. directory shares 部分

C. printers shares 部分   D. applications shares 部分

三、简答题

1. 简述 Samba 服务器的应用环境。
2. 简述 Samba 的工作流程。
3. 简述基本的 Samba 服务器搭建流程的 4 个主要步骤。
4. 简述 Samba 服务故障排除的方法。

5.7 实践习题

1. 公司需要配置一台 Samba 服务器。工作组名为 smile，共享目录为/share，共享名为 public，该共享目录只允许 192.168.0.0/24 网段员工访问。请给出实现方案并上机调试。

2. 如果公司有多个部门，因工作需要，必须分门别类地建立相应部门的目录。要求将技术部的资料存放在 Samba 服务器的/companydata/tech/目录下集中管理，以便技术人员浏览，并且该目录只允许技术部员工访问。请给出实现方案并上机调试。

3. 配置 Samba 服务器，要求如下：Samba 服务器上有个 tech1 目录，此目录只有 boy 用户可以浏览访问，其他人都不可以浏览访问。请灵活使用独立配置文件，给出实现方案并上机调试。

4. 上机完成企业实战案例的 Samba 服务器配置及调试工作。

第6章　配置与管理NFS服务器

项目导入

在 Windows 主机之间可以通过共享文件夹来存储远程主机上的文件，而在 Linux 系统中通过 NFS 实现类似的功能。

项目目标

- 了解 NFS 服务的基本原理
- 掌握 NFS 服务器的配置与调试方法
- 掌握 NFS 客户端的配置方法
- 掌握 NFS 故障排除的技巧

6.1　NFS 相关知识

6.1.1　NFS 服务概述

Linux 和 Windows 之间可以通过 Samba 共享文件，那么 Linux 之间怎么进行资源共享呢？这就要用到网络文件系统（Network File System，NFS），它最早是 UNIX 操作系统之间共享文件和操作系统的一种方法，后来被 Linux 操作系统完美继承。NFS 与 Windows 下的“网上邻居”十分相似，它允许用户连接到一个共享位置，然后像对待本地硬盘一样操作。

视频 6-1　管理与维护 NFS 服务器

NFS 最早是由 Sun 公司于 1984 年开发出来的，其目的就是让不同计算机、不同操作系统之间可以彼此共享文件。由于 NFS 使用起来非常方便，因此很快得到了大多数 UNIX/Linux 系统的支持，而且被 IETE（国际互联网工程组）制定为 RFC1904、RFC1813 和 RFC3010 标准。

1．使用 NFS 的好处

使用 NFS 的好处是显而易见的。

（1）本地工作站可以使用更少的磁盘空间，因为通常的数据可以存放在一台机器上，而且可以通过网络访问到。

（2）用户不必在网络上的每个机器中都设一个 home 目录，home 目录可以被放在 NFS 服务器上，并且在网络上处处可用。

例如，Linux 系统计算机每次启动时就自动挂载 server 的/exports/nfs 目录上，这个共享目录在本地计算机上被共享到每个用户的 home 目录中，如图 6-1 所示。具体命令如下。

```
[root@client1 ~]# mount  server:/exports/nfs  /home/client1/nfs
[root@client2 ~]# mount  server:/exports/nfs  /home/client2/nfs
```

这样，Linux系统计算机上的这两个用户都可以把/home/用户名/nfs当作本地硬盘，从而不用考虑网络访问问题。

（3）诸如CD-ROM、DVD-ROM之类的存储设备可以在网络上被其他机器使用。这可以减少整个网络上可移动介质设备的数量。

2. NFS和RPC

我们知道，绝大部分的网络服务都有固定的端口，如Web服务器的80端口、FTP服务器的21端口、Windows下NetBIOS服务器的137～139端口、DHCP服务器的67端口……客户端访问服务器上相应的端口，服务器通过该端口提供服务。那么NFS服务是这样吗？它的工作端口是多少？我们只能很遗憾地说：NFS服务的工作端口未确定。

这是因为NFS是一个很复杂的组件，它涉及文件传输、身份验证等方面的需求，每个功能都会占用一个端口。为了防止NFS服务占用过多的固定端口，它采用动态端口的方式来工作，每个功能提供服务时都会随机取用一个小于1 024的端口来提供服务。但这样一来又会对客户端造成困扰，客户端到底访问哪个端口才能获得NFS提供的服务呢？

此时，就需要远程进程调用（Remote Procedure Call，RPC）服务了。RPC最主要的功能就是记录每个NFS功能对应的端口，它工作在固定端口111，当客户端需求NFS服务时，就会访问服务器的111端口（RPC），RPC会将NFS工作端口返回给客户端，如图6-2所示。至于RPC如何知道NFS各个功能的运行端口，那是因为NFS启动时，会自动向RPC服务器注册，告诉它自己各个功能使用的端口。

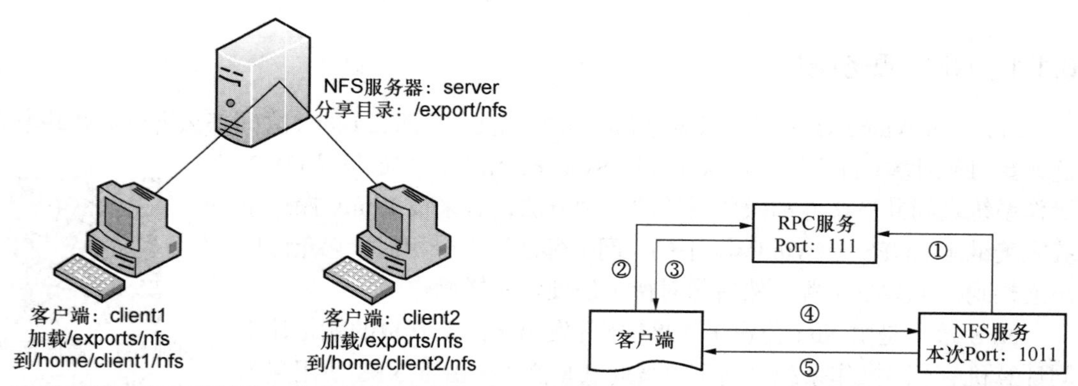

图6-1　客户端可以将服务器上的分享目录直接加载到本地

图6-2　NFS和RPC合作为客户端提供服务

如图6-2所示，常规的NFS服务是按照如下流程进行的。

（1）NFS启动时，自动选择工作端口小于1 024的1 011端口，并向RPC（工作于111端口）汇报，RPC记录在案。

（2）客户端需要NFS提供服务时，首先向111端口的RPC查询NFS工作在哪个端口。

（3）RPC回答客户端，它工作在1 011端口。

（4）于是，客户端直接访问NFS服务器的1 011端口，请求服务。

（5）NFS服务经过权限认证，允许客户端访问自己的数据。

注意：因为NFS需要向RPC服务器注册，所以RPC服务必须优先NFS服务启用，并且RPC服务重新启动后，要重新启动NFS服务，让它重新向RPC服务注册，这样NFS服务才能正常工作。

6.1.2 NFS服务的组件

Linux下的NFS服务主要由以下6个部分组成。其中，只有前面3个是必须的，后面3个是可选的。

1. rpc.nfsd

这个守护进程的主要作用就是判断、检查客户端是否具备登录主机的权限，负责处理NFS请求。

2. rpc.mounted

这个守护进程的主要作用就是管理NFS的文件系统。当客户端顺利通过rpc.nfsd登录主机后，在开始使用NFS主机提供的文件之前，它会检查客户端的权限（根据/etc/exports来对比客户端的权限）。通过这一关之后，客户端才可以顺利访问NFS服务器上的资源。

3. rpcbind

这个守护进程的主要功能是进行端口映射工作。当客户端尝试连接并使用RPC服务器提供的服务（如NFS服务）时，rpcbind会将所管理的与服务对应的端口号提供给客户端，从而使客户端可以通过该端口向服务器请求服务。在RHEL 6.4中，rpcbind默认已安装并且已经正常启动。

注意： 虽然rpcbind只用于RPC，但它对NFS服务来说是必不可少的。如果rpcbind没有运行，NFS客户端就无法查找从NFS服务器中共享的目录。

4. rpc.locked

rpc.stated守护进程使用本进程来处理崩溃系统的锁定恢复。为什么要锁定文件呢？因为既然NFS文件可以让众多的用户同时使用，客户端同时使用一个文件时，就有可能造成一些问题。此时，rpc.locked可以帮助解决这个难题。

5. rpc.stated

这个守护进程负责处理客户与服务器之间的文件锁定问题，确定文件的一致性（与rpc.locked有关）。当因为多个客户端同时使用一个文件造成文件破坏时，rpc.stated可以用来检测该文件并尝试恢复。

6. rpc.quotad

这个守护进程提供了NFS和配额管理程序之间的接口。不管客户端是否通过NFS对它们的数据进行处理，都会受配额限制。

6.2 项目设计及准备

在VMWare虚拟机中启动两台Linux系统，一台作为NFS服务器，主机名为RHEL7-1，规划好IP地址，如192.168.10.1；一台作为NFS客户端，主机名为Client，同样规划好IP地址，如192.168.10.20。配置NFS服务器，使得客户机client可以浏览NFS服务器中特定目录下的内容。NFS服务器和Windows客户端使用的操作系统以及IP地址可以根据表6-1来设置。

表 6-1　NFS 服务器和 Windows 客户端使用的操作系统以及 IP 地址

主机名称	操作系统	IP 地址	网络连接方式
NFS 共享服务器：RHEL7-1	RHEL 7	192.168.10.1	VMnet1
Linux 客户端：Client	RHEL 7	192.168.10.20	VMnet1

6.3　项目实施

任务 6-1　安装、启动和停止 NFS 服务器

要使用 NFS 服务，首先需要安装 NFS 服务组件，在 Red Hat Enterprise Linux 7 中，在默认情况下，NFS 服务会被自动安装到计算机中。

如果不确定是否安装了 NFS 服务，就先检查计算机中是否已经安装了 NFS 支持套件。如果没有安装，再安装相应的组件。

1．所需要的套件

对于 Red Hat Enterprise Linux 7 来说，要启用 NFS 服务器，至少需要两个套件，它们分别如下。

（1）rpcbind

我们知道，NFS 服务要正常运行，就必须借助 RPC 服务的帮助，做好端口映射工作，而这个工作就是由 rpcbind 负责的。

（2）nfs-utils

nfs-utils 是提供 rpc.nfsd 和 rpc.mounted 这两个守护进程与其他相关文档、执行文件的套件。这是 NFS 服务的主要套件。

2．安装 NFS 服务

建议在安装 NFS 服务之前，使用如下命令检测系统是否安装了 NFS 相关性软件包。

```
[root@RHEL7-1 ~]# rpm  -qa|grep  nfs-utils
[root@RHEL7-1 ~]# rpm  -qa|grep  rpcbind
```

如果系统还没有安装 NFS 软件包，可以使用 yum 命令安装所需的软件包。

（1）使用 yum 命令安装 NFS 服务。

```
[root@RHEL7-1 ~]# yum clean all                              //安装前先清除缓存
[root@RHEL7-1 ~]# yum  install  rpcbind -y
[root@RHEL7-1 ~]# yum  install  nfs-utils -y
```

（2）所有软件包安装完毕，可以使用 rpm 命令再一次查询：rpm -qa | grep nfs、rpm -qa | grep rpcbind。

```
[root@RHEL7-1 ~]# rpm -qa|grep nfs
nfs-utils-1.3.0-0.48.el7.x86_64
libnfsidmap-0.25-17.el7.x86_64
[root@RHEL7-1 ~]# rpm -qa|grep rpc
rpcbind-0.2.0-42.el7.x86_64
xmlrpc-c-1.32.5-1905.svn2451.el7.x86_64
xmlrpc-c-client-1.32.5-1905.svn2451.el7.x86_64
libtirpc-0.2.4-0.10.el7.x86_64
```

3．启动 NFS 服务

查询 NFS 的各个程序是否在正常运行，命令如下。

```
[root@RHEL7-1 ~]# rpcinfo  -p
```

如果没有看到nfs和mounted选项，则说明NFS没有运行，需要启动它。使用以下命令可以启动。

```
[root@RHEL7-1 ~]# systemctl start  rpcbind
[root@RHEL7-1 ~]# systemctl start  nfs
[root@RHEL7-1 ~]# systemctl start  nfs-server
[root@RHEL7-1 ~]# systemctl enable  nfs-server
Created symlink from /etc/systemd/system/multi-user.target.wants/nfs-server.service
to /usr/lib/systemd/system/nfs-server.service.
[root@RHEL7-1 ~]# systemctl enable  rpcbind
```

任务6-2 配置NFS服务

NFS服务的配置，主要就是创建并维护/etc/exports文件。这个文件定义了服务器上的哪几个部分与网络上的其他计算机共享，以及共享的规则都有哪些等。

1. exports文件的格式

现在来看看应该如何设定/etc/exports 这个文件。某些 Linux 发行套件并不会主动提供/etc/exports文件（如Red Hat Enterprise Linux 7就没有），此时就需要手动创建。

```
[root@RHEL7-1 ~]# mkdir /tmp1
[root@RHEL7-1 ~]# vim  /etc/exports
/tmp1          192.168.10.20/24(ro)        localhost(rw)         *(ro,sync)
#共享目录      [第一台主机（权限）]        [可用主机名]          [其他主机（可用通配符）]
```

说明：① /tmp分别共享给3个不同的主机或域。② 主机后面以小括号“( )”设置权限参数，若权限参数不止一个，则以逗号“,”分开，且主机名与小括号是连在一起的。③ #开始的一行表示注释。

在设置/etc/exports文件时需要特别注意“空格”的使用，因为在此配置文件中，除了分开共享目录和共享主机以及分隔多台共享主机外，在其余的情形下都不可以使用空格。例如，以下两个范例就分别表示不同的含义。

```
/home  Client(rw)
/home  Client  (rw)
```

在以上的第一行中，客户端Client对/home目录具有读取和写入权限，而第二行中的Client对/home目录只具有读取权限（这是系统对所有客户端的默认值）。而除Client之外的其他客户端对/home目录具有读取和写入权限。

2. 主机名规则

这个文件的设置很简单，每一行最前面是要共享出来的目录，然后这个目录可以依照不同的权限共享给不同的主机。

至于主机名称的设定，主要有以下两种方式。

（1）可以使用完整的IP地址或者网段，例如，192.168.0.3、192.168.0.0/24或192.168.0.0/255.255.255.0都可以接受。

（2）可以使用主机名称，这个主机名称要在/etc/hosts内或者使用DNS，只要能被找到就行（重点是可以找到IP地址）。如果是主机名称，那么它可以支持通配符，例如，*或？均可以接受。

3. 权限规则

至于权限方面（就是小括号内的参数），常见的参数有以下几种。

- rw：read-write，可读/写的权限。
- ro：read-only，只读权限。
- sync：数据同步写入内存与硬盘当中。
- async：数据会先暂存于内存当中，而非直接写入硬盘。
- no_root_squash：登录NFS主机使用共享目录的用户，如果是root，那么对于这个共享的目录来说，它就具有root的权限。这个设置"极不安全"，不建议使用。
- root_squash：如果登录NFS主机使用共享目录的用户是root，那么这个用户的权限将被压缩成匿名用户，通常它的UID与GID都会变成nobody（nfsnobody）这个系统账号的身份。
- all_squash：不论登录NFS的用户身份如何，它的身份都会被压缩成匿名用户，即nobody（nfsnobody）。
- anonuid：anon是指anonymous（匿名者），前面关于术语squash提到的匿名用户的UID设定值，通常为nobody（nfsnobody），但是可以自行设定这个UID值。当然，这个UID必须存在于/etc/passwd当中。
- anongid：同anonuid，但是变成Group ID就可以了。

任务6-3 了解NFS服务的文件存取权限

NFS服务本身并不具备用户身份验证功能，那么当客户端访问时，服务器该如何识别用户呢？主要有以下标准。

1. root账户

如果客户端是以root账户访问NFS服务器资源，由于基于安全方面的考虑，服务器会主动将客户端改成匿名用户。所以，root账户只能访问服务器上的匿名资源。

2. NFS服务器上有客户端账号

客户端是根据用户和组（UID、GID）来访问NFS服务器资源时，如果NFS服务器上有对应的用户名和组，就访问与客户端同名的资源。

3. NFS服务器上没有客户端账号

此时，客户端只能访问匿名资源。

任务6-4 在客户端挂载NFS文件系统

Linux下有多个好用的命令行工具，用于查看、连接、卸载、使用NFS服务器上的共享资源。

1. 配置NFS客户端

配置NFS客户端的一般步骤如下。

（1）安装nfs-utils软件包。

（2）识别要访问的远程共享。

```
showmount  -e  NFS服务器IP
```

（3）确定挂载点。

```
mkdir  /mnt/nfstest
```

（4）使用命令挂载NFS共享。

```
mount  -t  nfs  NFS服务器IP:/gongxiang  /mnt/nfstest
```

（5）修改 fstab 文件实现 NFS 共享永久挂载。

```
vim  /etc/fstab
```

2. 查看 NFS 服务器信息

在 Red Hat Enterprise Linux 7 下查看 NFS 服务器上的共享资源使用的命令为 showmount，它的语法格式如下。

```
[root@RHEL7-1 ~]# showmount  [-adehv]  [ServerName]
```

参数说明：

-a：查看服务器上的输出目录和所有连接客户端信息，显示格式为"host：dir"。

-d：只显示被客户端使用的输出目录信息。

-e：显示服务器上所有的输出目录（共享资源）。

比如，如果服务器的 IP 地址为 192.168.10.1，想查看该服务器上的 NFS 共享资源，则可以执行以下命令。

```
[root@RHEL7-1 ~]# showmount  -e  192.168.10.1
```

思考：如果出现以下错误信息，应该如何处理？

```
[root@RHEL7-1 ~]# showmount 192.168.10.1 -e
clnt_create: RPC: Port mapper failure - Unable to receive: errno 113 (No route to host)
```

注意：出现错误的原因是 NFS 服务器的防火墙阻止了客户端访问 NFS 服务器。由于 NFS 使用许多端口，所以即使开放了 NFS4 服务，仍然可能有问题，读者可以把防火墙禁用。

禁用防火墙的命令如下。

```
[root@RHEL7-1 ~]# systemctl stop firewalld
```

3. 在客户端加载 NFS 服务器共享目录

在 Red Hat Enterprise Linux 7 中加载 NFS 服务器上的共享目录的命令为 mount（就是那个可以加载其他文件系统的 mount）。

```
[root@Client  ~]# mount  -t  nfs  服务器名称或地址:输出目录  挂载目录
```

比如，要加载 192.168.10.1 这台服务器上的/tmp1 目录，则需要依次执行以下操作。

（1）创建本地目录。

首先在客户端创建一个本地目录，用来加载 NFS 服务器上的输出目录。

```
[root@Client ~]# mkdir  /mnt/nfs
```

（2）加载服务器目录。

再使用相应的 mount 命令加载。

```
[root@Client ~]# mount  -t  nfs  192.168.10.1:/tmp1  /mnt/nfs
```

4. 卸载 NFS 服务器共享目录

要卸载刚才加载的 NFS 共享目录，可以执行以下命令。

```
[root@Client ~]# umount   /mnt/nfs
```

5. 在客户端启动时自动挂载 NFS

我们知道，Red Hat Enterprise Linux 7 下的自动加载文件系统都是在/etc/fstab 中定义的，NFS 文件系统也支持自动加载。

（1）编辑 fstab。

用文本编辑器打开/etc/fstab，在其中添加如下一行。

```
192.168.10.1:/tmp1      /mnt/nfs     nfs      default  0  0
```

（2）使设置生效。

执行以下命令重新加载 fstab 文件中定义的文件系统。

```
[root@Client ~]# mount  -a
```

6.4 企业 NFS 服务器实用案例

6.4.1 企业环境及需求

下面将剖析一个企业 NFS 服务器的真实案例，提出解决方案，以便读者能够对前面的知识有更深的理解。

1．企业 NFS 服务器拓扑图

企业 NFS 服务器拓扑如图 6-3 所示，NFS 服务器 RHEL7-1 的地址是 192.168.8.188，一个客户端 Client1 的 IP 地址是 192.168.8.186，另一个客户端 Client2 的 IP 地址是 192.168.8.88。其他客户端 IP 地址不再罗列。在本例中有 3 个域：team1.smile.com、team2.smile.com 和 team3.smile.com。

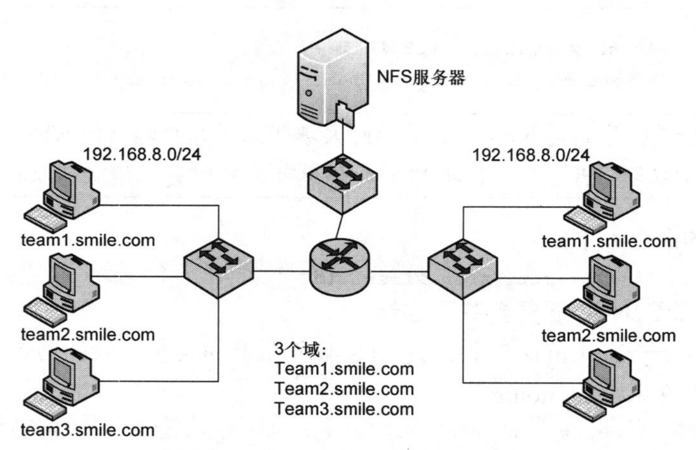

图 6-3 企业 NFS 服务器拓扑图

2．企业需求

（1）共享/media 目录，允许所有客户端访问该目录并只有只读权限。

（2）共享/nfs/public 目录，允许 192.168.8.0/24 和 192.168.9.0/24 网段的客户端访问，并且对此目录只有只读权限。

（3）共享/nfs/team1、/nfs/team2、/nfs/team3 目录，并且/nfs/team1 只有 team1.smile.com 域成员可以访问并有读写权限，/nfs/team2、/nfs/team3 目录同理。

（4）共享/nfs/works 目录，192.168.8.0/24 网段的客户端具有只读权限，并且将 root 用户映射成匿名用户。

（5）共享/nfs/test 目录，所有人都具有读写权限，但是当用户使用该共享目录时，都将账号映射成匿名用户，并且指定匿名用户的 UID 和 GID 都为 65534。

（6）共享/nfs/security 目录，仅允许 192.168.8.88 客户端访问并具有读写权限。

6.4.2 解决方案

首先将 3 台计算机（RHEL7-1、Client1 和 Client2）的 IP 地址等信息利用系统菜单设置，同时注意3台计算机的网络连接方式都是VMnet1。保证3台计算机通信畅通。

step1：在NFS服务器上创建相应目录。

```
[root@RHEL7-1 ~]# mkdir  /media
[root@RHEL7-1 ~]# mkdir  /nfs
[root@RHEL7-1 ~]# mkdir  /nfs/public
[root@RHEL7-1 ~]# mkdir  /nfs/team1
[root@RHEL7-1 ~]# mkdir  /nfs/team2
[root@RHEL7-1 ~]# mkdir  /nfs/team3
[root@RHEL7-1 ~]# mkdir  /nfs/works
[root@RHEL7-1 ~]# mkdir  /nfs/test
[root@RHEL7-1 ~]# mkdir  /nfs/security
```

step2：安装nfs-utils及rpcbind软件包（见前面）。

step3：编辑/etc/exports配置文件。

使用vim编辑/etc/exports主配置文件。主配置文件的主要内容如下。

```
/media          *(ro)
/nfs/public     192.168.8.0/24(ro)          192.168.9.0/24(ro)
/nfs/team1      *.team1.smile.com(rw)
/nfs/team2      *.team2.smile.com(rw)
/nfs/team3      *.team3.smile.com(rw)
/nfs/works      192.168.8.0/24(ro,root_squash)
/nfs/test       *(rw,all_squash,anonuid=65534,anongid=65534)
/nfs/security   192.168.8.88(rw)
```

注意：在发布共享目录的格式中除了共享目录是必跟参数外，其他参数都是可选的，并且共享目录与客户端之间及客户端与客户端之间需要使用空格符号，但是客户端与参数之间是不能有空格。

step4：配置NFS固定端口。

使用vim/etc/sysconfig/nfs编辑NFS主配置文件，自定义以下端口，要保证不和其他端口冲突。

```
RQUOTAD_PORT=5001
LOCKD_TCPPORT=5002
LOCKD_UDPPORT=5002
MOUNTD_PORT=5003
STATD_PORT=5004
```

step5：关闭防火墙。

请参考前面关闭防火墙部分的内容。如果NFS客户端无法访问，则一般是防火墙的问题。请读者切记，在处理其他服务器的问题时也把本地系统权限、防火墙设置放到首位。

```
[root@RHEL7-1 ~]# systemctl stop firewalld
```

step6：设置共享文件权限属性。

```
[root@RHEL7-1 ~]# chmod   777  /media
[root@RHEL7-1 ~]# chmod   777  /nfs
[root@RHEL7-1 ~]# chmod   777  /nfs/public
[root@RHEL7-1 ~]# chmod   777  /nfs/team1
[root@RHEL7-1 ~]# chmod   777  /nfs/team2
[root@RHEL7-1 ~]# chmod   777  /nfs/team3
[root@RHEL7-1 ~]# chmod   777  /nfs/works
[root@RHEL7-1 ~]# chmod   777  /nfs/test
[root@RHEL7-1 ~]# chmod   777  /nfs/security
```

step7：启动rpcbind和nfs服务（见前面）。

step8：NFS服务器本机测试。

① 使用rpcinfo命令检测NFS是否使用了固定端口。

```
[root@RHEL7-1 ~]# rpcinfo  -p
```

② 检测NFS的rpc注册状态。

格式：

rpcinfo -u 主机名或IP地址 进程

```
[root@RHEL7-1 ~]# rpcinfo  -u  192.168.8.188  nfs
```

③ 查看共享目录和参数设置。

```
[root@RHEL7-1 ~]# cat  /var/lib/nfs/etab
```

step9：Linux客户端测试（192.168.8.186）。

```
[root@Client ~]# ifconfig  ens33
```

① 查看NFS服务器共享目录。

showmount -e IP地址（显示NFS服务器的所有共享目录）；showmount -d IP地址（仅显示被客户端挂载的共享目录）。

```
[root@RHEL7-1 ~]# showmount  -e   192.168.8.188
[root@RHEL7-1 ~]# showmount  -d   192.168.8.188
```

② 挂载及卸载NFS文件系统。

格式：

mount -t nfs NFS服务器IP地址或主机名：共享名 本地挂载点

```
[root@client1 ~]# mkdir -p /mnt/media
[root@client1 ~]# mkdir -p /mnt/nfs
[root@client1 ~]# mkdir -p /mnt/test
[root@Client1 ~]# mount  -t  nfs  192.168.8.188:/media  /mnt/media
[root@Client1 ~]# mount  -t  nfs  192.168.8.188:/nfs/works  /mnt/nfs
[root@Client1 ~]# mount  -t  nfs  192.168.8.188:/nfs/test    /mnt/test
[root@client1 ~]# cd /mnt/media
[root@client media]# ls
[root@client1 media]# mkdir df
mkdir: cannot create directory 'df': Read-only file system   //只读系统
[root@client1 media]# cd /mnt/nfs
[root@client1 nfs]# mkdir df
mkdir: cannot create directory 'df': Read-only file system   //不能写入目录
[root@client1 nfs]# cd /mnt/test
[root@client1 test]# mkdir df
[root@client1 test]#
```

注意：本地挂载点应该事先建好。另外如果想挂载一个没有权限访问的NFS共享目录，就会报错。例如，如下命令会报错。

```
[root@Client ~]# mount  -t  nfs  192.168.8.188:/nfs/security  /mnt/nfs
```

③ 启动自动挂载NFS文件系统。

使用vim编辑/etc/fstab，增加一行。

```
192.168.8.188:/nfs/test        /mnt/test     nfs      default  0  0
```

step10：保存退出并重启Linux系统。

step11：在NFS服务器/nfs/test目录中新建文件和文件夹供测试用。

step12：在 Linux 客户端查看/nfs/test 有没挂载成功，如图 6-4 所示。

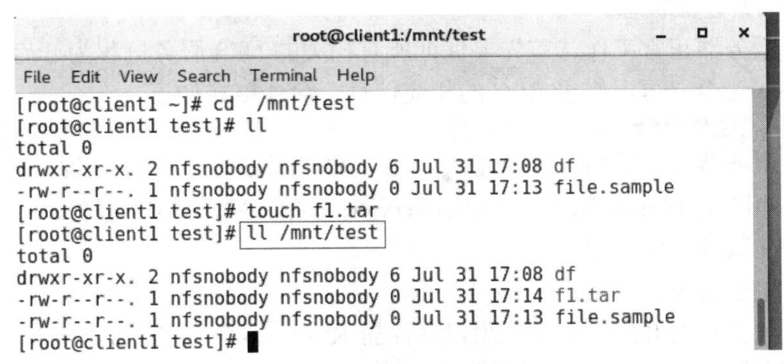
```
root@client1:/mnt/test
File Edit View Search Terminal Help
[root@client1 ~]# cd  /mnt/test
[root@client1 test]# ll
total 0
drwxr-xr-x. 2 nfsnobody nfsnobody 6 Jul 31 17:08 df
-rw-r--r--. 1 nfsnobody nfsnobody 0 Jul 31 17:13 file.sample
[root@client1 test]# touch f1.tar
[root@client1 test]# ll /mnt/test
total 0
drwxr-xr-x. 2 nfsnobody nfsnobody 6 Jul 31 17:08 df
-rw-r--r--. 1 nfsnobody nfsnobody 0 Jul 31 17:14 f1.tar
-rw-r--r--. 1 nfsnobody nfsnobody 0 Jul 31 17:13 file.sample
[root@client1 test]#
```

图 6-4 在客户端挂载成功

6.5 排除 NFS 故障

与其他网络服务一样，运行 NFS 的计算机同样可能出现问题。当 NFS 服务无法正常工作时，需要根据 NFS 相关的错误消息，选择适当的解决方案。NFS 采用 C/S 结构，并通过网络通信，因此，可以将常见的故障点划分为 3 个：网络、客户端或者服务器。

1. 网络

对于网络的故障，主要有两个方面的常见问题。

（1）网络无法连通。

使用 ping 命令检测网络是否连通，如果出现异常，请检查物理线路、交换机等网络设备，或者计算机的防火墙设置。

（2）无法解析主机名。

对于客户端而言，无法解析服务器的主机名，可能会导致使用 mount 命令挂载时失败，并且服务器如果无法解析客户端的主机名，在做设置时，同样会出现错误，所以需要在/etc/hosts 文件添加相应的主机记录。

2. 客户端

客户端在访问 NFS 服务器时，多使用 mount 命令，下面列出常见的错误信息以供参考。

（1）服务器无响应：端口映射失败——RPC 超时。

NFS 服务器已经关机，或者其 RPC 端口映射进程（portmap）已关闭。重新启动服务器的 portmap 程序，更正该错误。

（2）服务器无响应：程序未注册。

mount 命令发送请求到达 NFS 服务器端口映射进程，但是 NFS 相关守护程序没有注册。具体解决方法在服务器设定中详细介绍。

（3）拒绝访问。

客户端不具备访问 NFS 服务器共享文件的权限。

（4）不被允许。

执行 mount 命令的用户权限过低，必须具有 root 身份或是系统组的成员才可以运行 mount 命令，也就是说，只有 root 用户和系统组的成员才能够进行 NFS 安装、卸装操作。

3. 服务器

（1）NFS 服务进程状态。

为了 NFS 服务器正常工作，首先要保证所有相关的 NFS 服务进程为开启状态。

使用 rpcinfo 命令，可以查看 RPC 的相应信息，命令格式如下。

```
rpcinfo  -p  主机名或 IP 地址
```

登录 NFS 服务器后，使用 rpcinfo 命令检查 NFS 相关进程的启动情况。

如果 NFS 相关进程并没有启动，使用 service 命令，启动 NFS 服务，再次使用 rpcinfo 测试，直到 NFS 服务工作正常。

（2）注册 NFS 服务。

虽然 NFS 服务正常开启，但是如果没有注册 RPC，客户端依然不能正常访问 NFS 共享资源，所以需要确认 NFS 服务已经注册。rpcinfo 命令能够提供检测功能，命令格式如下。

```
rpcinfo   -u   主机名或 IP   进程
```

假设在 NFS 服务器上，需要检测 rpc.nfsd 是否注册，可以使用以下命令。

```
[root@RHEL7-1 ~]# rpcinfo    -u   192.168.8.188   nfs
rpcinfo:RPC:Program not registered
Program 100003 is not available
```

出现该提示表明 rpc.nfsd 进程没有注册，那么，需要在开启 RPC 以后，再启动 NFS 服务进行注册。

```
[root@RHEL7-1 ~]# systemctl start  rpcbind
[root@RHEL7-1 ~]# systemctl restart nfs
```

注册以后，再次使用 rpcinfo 命令进行检测。

```
[root@RHEL7-1 ~]# rpcinfo    -u   192.168.8.188   nfs
[root@RHEL7-1 ~]# rpcinfo    -u   192.168.8.188   mount
```

如果一切正常，会发现 NFS 相关进程的 v2、v3 以及 v4 版本均注册完毕，NFS 服务器可以正常工作。

（3）检测共享目录输出。

客户端如果无法访问服务器的共享目录，可以登录服务器，检查配置文件。确保 /etc/exports 文件设定共享目录，并且客户端拥有相应权限。在通常情况下，使用 showmount 命令能够检测 NFS 服务器的共享目录输出情况。

```
[root@RHEL7-1 ~]# showmount  -e  192.168.8.188
```

6.6 项目实录

1. 视频位置

实训前请扫二维码观看：实训项目　配置与管理 NFS 服务器。

视频 6-2　实训项目　配置与管理 NFS 服务器

2. 项目背景

某企业的销售部有一个局域网，域名为 xs.mq.cn。网络拓扑图如图 6-5 所示。网内有一台 Linux 的共享资源服务器 shareserver，域名为 shareserver.xs.mq.cn。现要在 shareserver 上配置 NFS 服务器，使销售部内的所有主机都可以访问 shareserver 服务器中的/share 共享目录中的内容，但不允许客户机更改共享资源的内容。同时，让主机 China 在每次系统启动时自动将 shareserver 的/share 目录中的内容挂载到 china3 的/share1 目录下。

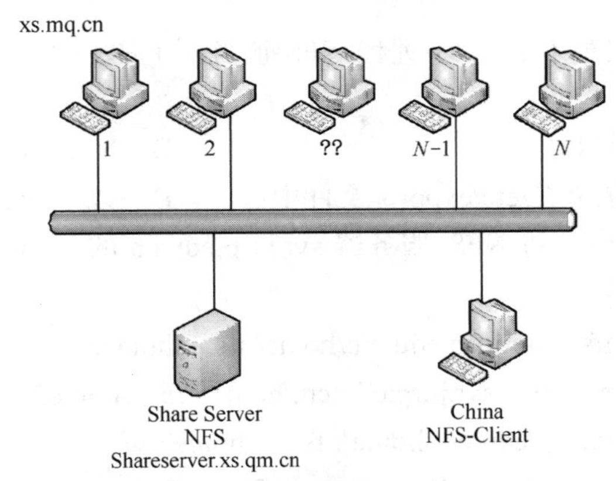

图 6-5 Samba 服务器搭建网络拓扑

3. 深度思考

在观看视频时思考以下几个问题。

（1）hostname 的作用是什么？其他为主机命名的方法还有哪些？哪些是临时生效的？

（2）配置共享目录时使用了什么通配符？

（3）同步与异步选项如何应用？作用是什么？

（4）在视频中为了给其他用户赋予读写权限，使用了什么命令？

（5）命令“showmount”与“mount”在什么情况下使用？本项目使用它完成什么功能？

（6）如何实现 NFS 共享目录的自动挂载？本项目是如何实现自动挂载的？

4. 做一做

根据项目要求及视频内容，将项目完整无缺地完成。

6.7 练习题

一、填空题

1. Linux 和 Windows 之间可以通过________共享文件，UNIX/Linux 操作系统之间通过________共享文件。

2. NFS 的英文全称是________，中文名称是________。

3. RPC 的英文全称是________，中文名称是________。RPC 最主要的功能就是记录每个 NFS 功能对应的端口，它工作在固定端口________。

4. Linux 下的 NFS 服务主要由 6 部分组成，其中________、________、________是 NFS 必需的。

5. ________守护进程的主要作用就是判断、检查客户端是否具备登录主机的权限，负责处理 NFS 请求。

6. ________是提供 rpc.nfsd 和 rpc.mounted 这两个守护进程与其他相关文档、执行文件的套件。

7. 在 Red Hat Enterprise Linux 6 下查看 NFS 服务器上的共享资源使用的命令为________，它的语法格式是________。

8. Red Hat Enterprise Linux 6 下的自动加载文件系统是在________中定义的。

二、选择题

1. NFS 工作站要挂载（mount）远程 NFS 服务器上的一个目录时，以下哪一项是服务器端必需的？（　　）

A. rpcbind 必须启动　　B. NFS 服务必须启动

C. 共享目录必须加在/etc/exports 文件中　　D. 以上全都需要

2. 请选择正确的命令，将 NFS 服务器 svr.jnrp.edu.cn 的/home/nfs 共享目录加载到本机/home2。（　　）

A. mount -t nfs svr.jnrp.edu.cn:/home/nfs /home2

B. mount -t -s nfs svr.jnrp.edu.cn./home/nfs /home2

C. nfsmount svr.jnrp.edu.cn:/home/nfs /home2

D. nfsmount -s svr.jnrp.edu.cn /home/nfs /home2

3. 哪个命令用来通过 NFS 使磁盘资源被其他系统使用？（　　）

A. share　　B. mount　　C. export　　D. exportfs

4. 以下 NFS 系统中关于用户 ID 映射的描述正确的是（　　）。

A. 服务器上的 root 用户默认值和客户端的一样

B. root 被映射到 nfsnobody 用户

C. root 不被映射到 nfsnobody 用户

D. 在默认情况下，anonuid 不需要密码

5. 公司有 10 台 Linux servers。想用 NFS 在 Linux servers 之间共享文件，应该修改的文件是（　　）。

A. /etc/exports　　B. /etc/crontab　　C. /etc/named.conf　　D. /etc/smb.conf

6. 查看 NFS 服务器 192.168.12.1 中的共享目录的命令是（　　）。

A. show –e 192.168.12.1

B. show //192.168.12.1

C. showmount –e 192.168.12.1

D. showmount –l 192.168.12.1

7. 将 NFS 服务器 192.168.12.1 的共享目录/tmp 装载到本地目录/mnt/shere 的命令是（　　）。

A. mount 192.168.12.1/tmp /mnt/shere

B. mount –t nfs 192.168.12.1/tmp /mnt/shere

C. mount –t nfs 192.168.12.1:/tmp /mnt/shere

D. mount –t nfs //192.168.12.1/tmp /mnt/shere

三、简答题

1. 简述 NFS 服务的工作流程。

2. 简述 NFS 服务的好处。

3. 简述 NFS 服务各组件及其功能。

4. 简述如何排除 NFS 故障。

6.8 实践习题

1. 建立 NFS 服务器，并完成以下任务。

（1）共享/share1 目录，允许所有的客户端访问该目录，但只具有只读权限。

（2）共享/share2 目录，允许 192.168.8.0/24 网段的客户端访问，并且对该目录具有只读权限。

（3）共享/share3 目录，只有来自.smile.com 域的成员可以访问并具有读写权限。

（4）共享/share4 目录，192.168.9.0/24 网段的客户端具有只读权限，并且将 root 用户映射成为匿名用户。

（5）共享/share5 目录，所有人都具有读写权限，但是当用户使用该共享目录时，将账号映射成为匿名用户，并且指定匿名用户的 UID 和 GID 均为 527。

2. 客户端设置练习。

（1）使用 showmount 命令查看 NFS 服务器发布的共享目录。

（2）将 NFS 服务器上的/share1 目录挂载到本地/share1 目录下。

（3）卸载/share1 目录。

（4）将 NFS 服务器上的/share1 目录自动挂载到本地/share1 目录下。

3. 完成“3.4　企业 NFS 服务器实用案例”中的 NFS 服务器及客户端的设置。

第7章 配置与管理DHCP服务器

项目导入

在一个计算机比较多的网络中，要为整个企业每个部门的上百台机器逐一配置 IP 地址绝不是一件轻松的工作。为了更方便、简捷地完成这些工作，很多时候会采用动态主机配置协议（Dynamic Host Configuration Protocol，DHCP）来自动为客户端配置 IP 地址、默认网关等信息。

在完成该项目之前，首先应当对整个网络进行规划，确定网段的划分以及每个网段可能的主机数量等信息。

项目目标

- 了解 DHCP 服务器在网络中的作用。
- 理解 DHCP 的工作过程。
- 掌握 DHCP 服务器的基本配置。
- 掌握 DHCP 客户端的配置和测试。

7.1 DHCP 相关知识

7.1.1 DHCP 服务概述

动态主机配置协议（Dynamic Host Configuration Protocol，DHCP）用于自动管理局域网内主机的 IP 地址、子网掩码、网关地址及 DNS 地址等参数，可以有效地提升 IP 地址的利用率，提高配置效率，并降低管理与维护成本。

DHCP 基于客户/服务器模式，当 DHCP 客户端启动时，它会自动与 DHCP 服务器通信，要求提供自动分配 IP 地址的服务，而安装了 DHCP 服务软件的服务器则会响应要求。

视频 7-1 配置 DHCP 服务器

DHCP 是一个简化主机 IP 地址分配管理的 TCP/IP 标准协议，用户可以利用 DHCP 服务器管理动态的 IP 地址分配及其他相关的环境配置工作，如 DNS 服务器、WINS 服务器、Gateway（网关）的设置。

在 DHCP 机制中可以分为服务器和客户端两个部分，服务器使用固定的 IP 地址，在局域网中扮演着给客户端提供动态 IP 地址、DNS 配置和网管配置的角色。客户端与 IP 地址相关的配置，都在启动时由服务器自动分配。

7.1.2 DHCP 的工作过程

DHCP 客户端和服务器端申请 IP 地址、获得 IP 地址的过程一般分为 4 个阶段，如图 7-1 所示。

1. IP租约请求

当客户端启动网络时，由于在IP网络中的每台机器都需要有一个地址，因此，此时的计算机TCP/IP地址与0.0.0.0绑定在一起。它会发送一个“DHCP Discover（DHCP发现）”广播信息包到本地子网，该信息包发送给UDP端口67，即DHCP/BOOTP服务器端口的广播信息包。

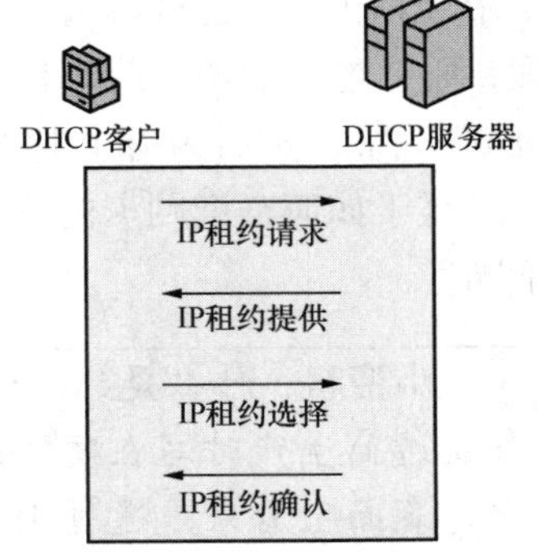

图7-1 DHCP的工作过程

2. IP租约提供

本地子网的每一个DHCP服务器都会接收“DHCP Discover”信息包。每个接收到请求的DHCP服务器都会检查它是否有提供给请求客户端的有效空闲地址，如果有，则以“DHCP Offer（DHCP提供）”信息包作为响应，该信息包包括有效的IP地址、子网掩码、DHCP服务器的IP地址、租用期限，以及其他有关DHCP范围的详细配置。所有发送DHCP Offer信息包的服务器将保留它们提供的这个IP地址（该地址暂时不能分配给其他的客户端）。“DHCP Offer”信息包广播发送到UDP端口68，即DHCP/BOOTP客户端端口。响应是以广播的方式发送的，因为客户端没有能直接寻址的IP地址。

3. IP租约选择

客户端通常对第一个提议产生响应，并以广播的方式发送“DHCP Request（DHCP请求）”信息包作为回应。该信息包告诉服务器“是的，我想让你给我提供服务。我接收你给我的租用期限”。而且，一旦信息包以广播方式发送以后，网络中的所有DHCP服务器都可以看到该信息包，那些提议没有被客户端承认的DHCP服务器将保留的IP地址返回给它的可用地址池。客户端还可利用DHCP Request询问服务器其他的配置选项，如DNS服务器或网关地址。

4. IP租约确认

当服务器接收到“DHCP Request”信息包时，它以一个“DHCP Acknowledge（DHCP确认）”信息包作为响应，该信息包提供了客户端请求的任何其他信息，并且也是以广播方式发送的。该信息包告诉客户端“一切准备好。记住你只能在有限时间内租用该地址，而不能永久占据！好了，以下是你询问的其他信息”。

注意： 客户端执行DHCP DISCOVER后，如果没有DHCP服务器响应客户端的请求，客户端会随机使用169.254.0.0/16网段中的一个IP地址配置本机地址。

7.1.3 DHCP服务器分配给客户端的IP地址类型

在客户端向DHCP服务器申请IP地址时，服务器并不是总给它一个动态的IP地址，而是根据实际情况决定。

1. 动态IP地址

客户端从DHCP服务器那里取得的IP地址一般都不是固定的，而是每次都可能不一样。在IP地址有限的单位内，动态IP地址可以最大化地达到资源的有效利用。它利用并不是每个员工都会同时上线的原理，优先为上线的员工提供IP地址，离线之后再收回。

2. 静态IP地址

客户端从DHCP服务器那里取得的IP地址也并不总是动态的。比如，有的单位除了员工用计算机外，还有数量不少的服务器，这些服务器如果也使用动态 IP 地址，不但不利于管理，而且客户端访问起来也不方便。该怎么办呢？可以设置 DHCP 服务器记录特定计算机的 MAC 地址，然后为每个 MAC 地址分配一个固定的 IP 地址。

至于如何查询网卡的 MAC 地址，根据网卡是本机还是远程计算机，采用的方法也有所不同。

小资料：什么是 MAC 地址？MAC 地址也叫作物理地址或硬件地址，是由网络设备制造商生产时写在硬件内部的（网络设备的 MAC 地址都是唯一的）。在 TCP/IP 网络中，表面上看来是通过 IP 地址传输数据，实际上最终是通过 MAC 地址来区分不同节点的。

（1）查询本机网卡的 MAC 地址。

这个很简单，使用 ifconfig 命令。

（2）查询远程计算机网卡的 MAC 地址。

既然 TCP/IP 网络通信最终要用到 MAC 地址，那么使用 ping 命令当然也可以获取对方的 MAC 地址信息，只不过它不会显示出来，要借助其他工具来完成。

```
[root@RHEL7-1 ~]# ifconfig
[root@RHEL7-1 ~]# ping  -c  1 192.168.1.20  //ping 远程计算机 192.168.1.20 一次
[root@RHEL7-1 ~]# arp  -n                   //查询缓存在本地的远程计算机中的 MAC 地址
```

7.2 项目设计及准备

7.2.1 项目设计

部署 DHCP 之前应该先进行规划，明确哪些 IP 地址用于自动分配给客户端（即作用域中应包含的 IP 地址），哪些 IP 地址用于手工指定给特定的服务器。比如，在项目中 IP 地址要求如下。

（1）适用的网络是 192.168.10.0/24，网关为 192.168.10.254。

（2）192.168.10.1～192.168.10.30 网段地址是服务器的固定地址。

（3）客户端可以使用的地址段为 192.168.10.31～192.168.10.200，但 192.168.10.105、192.168.10.107 为保留地址。

注意：用于手工配置的 IP 地址，一定要排除保留地址，或者采用地址池之外的可用 IP 地址，否则会造成 IP 地址冲突。

7.2.2 项目需求准备

部署 DHCP 服务应满足下列需求。

（1）安装 Linux 企业服务器版，用作 DHCP 服务器。

（2）DHCP 服务器的 IP 地址、子网掩码、DNS 服务器等 TCP/IP 参数必须手工指定，否则不能为客户端分配 IP 地址。

（3）DHCP 服务器必须拥有一组有效的 IP 地址，以便自动分配给客户端。

（4）如果不特别指出，所有 Linux 的虚拟机网络连接方式都选择：自定义，VMnet1（仅主机模式），如图 7-2 所示。请读者特别留意！

图 7-2　Linux 虚拟机的网络连接方式

7.3　项目实施

任务 7-1　在服务器 RHEL7-1 上安装 DHCP 服务器

（1）检测系统是否已经安装了 DHCP 相关软件。

```
[root@RHEL7-1 ~]# rpm  -qa | grep  dhcp
```

（2）如果系统还没有安装 dhcp 软件包，可以使用 yum 命令安装所需软件包。

① 挂载 ISO 安装镜像。

```
//挂载光盘到 /iso 下
[root@RHEL7-1 ~]# mkdir  /iso
[root@RHEL7-1 ~]# mount  /dev/cdrom  /iso
```

② 制作用于安装的 yum 源文件。

```
[root@RHEL7-1 ~]# vim  /etc/yum.repos.d/dvd.repo
```

③ 使用 yum 命令查看 dhcp 软件包的信息。

```
[root@RHEL7-1 ~]# yum  info dhcp
```

④ 使用 yum 命令安装 dhcp 服务。

```
[root@RHEL7-1 ~]# yum clean all                    //安装前先清除缓存
[root@RHEL7-1 ~]# yum  install  dhcp  -y
```

软件包安装完毕，可以使用 rpm 命令再一次查询：rpm -qa | grep dhcp。结果如下。

```
[root@RHEL7-1~]# rpm -qa | grep dhcp
dhcp-4.1.1-34.P1.el6.x86_64
dhcp-common-4.1.1-34.P1.el6.x86_64
```

任务 7-2　熟悉 DHCP 主配置文件

基本的 DHCP 服务器搭建流程如下。

step1：编辑主配置文件/etc/dhcp/dhcpd.conf，指定 IP 作用域（指定一个或多个 IP 地址范围）。

step2：建立租约数据库文件。

step3：重新加载配置文件或重新启动 dhcpd 服务使配置生效。

DHCP 的工作流程如图 7-3 所示。

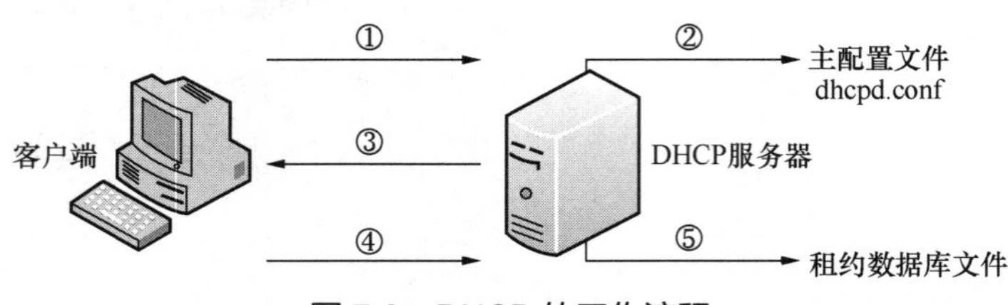

图 7-3　DHCP 的工作流程

① 客户端发送广播向服务器申请 IP 地址。

② 服务器收到请求后，查看主配置文件 dhcpd.conf，先根据客户端的 MAC 地址查看是否为客户端设置了固定 IP 地址。

③ 如果为客户端设置了固定 IP 地址，则将该 IP 地址发送给客户端。如果没有设置固定 IP 地址，则将地址池中的 IP 地址发送给客户端。

④ 客户端收到服务器回应后，客户端给予服务器回应，告诉服务器已经使用了分配的 IP 地址。

⑤ 服务器将相关租约信息存入数据库。

1. 主配置文件 dhcpd.conf

（1）复制样例文件到主配置文件。

默认主配置文件（/etc/dhcp/dhcpd.conf）没有任何实质内容，打开查阅，发现里面有一句话“see /usr/share/doc/dhcp*/dhcpd.conf.example”。下面以样例文件为例讲解主配置文件。

（2）dhcpd.conf 主配置文件组成部分。

- parameters（参数）
- declarations（声明）
- option（选项）

（3）dhcpd.conf 主配置文件整体框架。

dhcpd.conf 包括全局配置和局部配置。

全局配置可以包含参数或选项，该部分对整个 DHCP 服务器生效。

局部配置通常由声明部分表示，该部分仅对局部生效，比如只对某个 IP 作用域生效。

dhcpd.conf 文件格式如下。

```
#全局配置
参数或选项;                    #全局生效
#局部配置
```

```
声明 {
        参数或选项;                    #局部生效
        }
```

dhcp范本配置文件内容包含了部分参数、声明以及选项的用法，其中注释部分可以放在任何位置，并以“#”号开头，当一行内容结束时，以“;”号结束，大括号所在行除外。

可以看出整个配置文件分成全局和局部两个部分，但是并不容易看出哪些属于参数，哪些属于声明和选项。

2. 常用参数介绍

参数主要用于设置服务器和客户端的动作或者是否执行某些任务，比如设置IP地址租约时间、是否检查客户端所用的IP地址等，如表7-1所示。

表7-1 dhcpd服务程序配置文件中使用的常见参数以及作用

参数	作用
ddns-update-style [类型]	定义DNS服务动态更新的类型，类型包括none（不支持动态更新）、interim（互动更新模式）与ad-hoc（特殊更新模式）
[allow | ignore] client-updates	允许/忽略客户端更新DNS记录
default-lease-time 600	默认超时时间，单位是s
max-lease-time 7200	最大超时时间，单位是s
option domain-name-servers 192.168.10.1	定义DNS服务器地址
option domain-name "domain.org"	定义DNS域名
range 192.168.10.10 192.168.10.100	定义用于分配的IP地址池
option subnet-mask 255.255.255.0	定义客户端的子网掩码
option routers 192.168.10.254	定义客户端的网关地址
broadcase-address 192.168.10.255	定义客户端的广播地址
ntp-server 192.168.10.1	定义客户端的网络时间服务器（NTP）
nis-servers 192.168.10.1	定义客户端的NIS域服务器的地址
Hardware 00:0c:29:03:34:02	指定网卡接口的类型与MAC地址
server-name mydhcp.smile.com	向DHCP客户端通知DHCP服务器的主机名
fixed-address 192.168.10.105	将某个固定的IP地址分配给指定主机
time-offset [偏移误差]	指定客户端与格林尼治时间的偏移差

3. 常用声明

声明一般用来指定IP作用域、定义为客户端分配的IP地址池等。

声明格式如下。

```
声明 {
        选项或参数;
        }
```

常见声明的使用如下。

（1）subnet 网络号 netmask 子网掩码{……}。

作用：定义作用域，指定子网。

```
subnet  192.168.10.0   netmask   255.255.255.0  {
```

```
    ......
}
```

注意：网络号必须与DHCP服务器的至少一个网络号相同。

（2）range dynamic-bootp　起始IP地址　结束IP地址。

作用：指定动态IP地址范围。

```
range dynamic-bootp   192.168.10.100   192.168.10.200
```

注意：可以在subnet声明中指定多个range，但多个range定义的IP范围不能重复。

4. 常用选项

选项通常用来配置DHCP客户端的可选参数，如定义客户端的DNS地址、默认网关等。选项内容都是以option关键字开始的。

常见选项的使用如下。

（1）option routers　IP地址。

作用：为客户端指定默认网关。

```
option routers   192.168.10.254
```

（2）option subnet-mask　子网掩码。

作用：设置客户端的子网掩码。

```
option subnet-mask    255.255.255.0
```

（3）option domain-name-servers IP地址。

作用：为客户端指定DNS服务器地址。

```
option  domain-name-servers    192.168.10.1
```

注意：（1）～（3）选项可以用在全局配置中，也可以用在局部配置中。

5. IP地址绑定

DHCP中的IP地址绑定用于给客户端分配固定IP地址。比如服务器需要使用固定IP地址就可以使用IP地址绑定，通过MAC地址与IP地址的对应关系为指定的物理地址计算机分配固定IP地址。

整个配置过程需要用到host声明和hardware、fixed- address参数。

（1）host　主机名 {......}。

作用：用于定义保留地址。例如：

```
host  computer1
```

注意：该项通常搭配subnet声明使用。

（2）hardware类型硬件地址。

作用：定义网络接口类型和硬件地址。常用类型为以太网（ethernet），地址为MAC地址。例如

```
hardware  ethernet  3a:b5:cd:32:65:12
```

（3）fixed-address　IP地址。

作用：定义DHCP客户端指定的IP地址。

```
fixed-address   192.168.10.105
```

注意：（2）、（3）项只能应用于host声明中。

6. 租约数据库文件

租约数据库文件用于保存一系列的租约声明，其中包含客户端的主机名、MAC 地址、分配到的 IP 地址，以及 IP 地址的有效期等相关信息。这个数据库文件是可编辑的 ASCII 格式文本文件。每当发生租约变化时，都会在文件结尾添加新的租约记录。

DHCP 刚安装好后，租约数据库文件 dhcpd.leases 是个空文件。

当 DHCP 服务正常运行后，就可以使用 cat 命令查看租约数据库文件内容了。

```
cat   /var/lib/dhcpd/dhcpd.leases
```

任务 7-3 配置 DHCP 应用案例

现在完成一个简单的应用案例。

1. 案例需求

技术部有 60 台计算机，各计算机的 IP 地址要求如下。

（1）DHCP 服务器和 DNS 服务器的地址都是 192.168.10.1/24，有效 IP 地址段为 192.168.10.1～192.168.10.254，子网掩码是 255.255.255.0，网关为 192.168.10.254。

（2）192.168.10.1～192.168.10.30 网段地址是服务器的固定地址。

（3）客户端可以使用的地址段为 192.168.10.31～192.168.10.200，但 192.168.10.105、192.168.10.107 为保留地址。其中 192.168.10.105 保留给 Client2。

（4）客户端 Client1 模拟所有的其他客户端，采用自动获取方式配置 IP 等地址信息。

2. 网络环境搭建

Linux 服务器和客户端的地址及 MAC 信息如表 7-2 所示（可以使用 VM 的克隆技术快速安装需要的 Linux 客户端）。

表 7-2 Linux 服务器和客户端的地址及 MAC 信息

主机名称	操作系统	IP 地址	MAC 地址
DHCP 服务器：RHEL7-1	RHEL 7	192.168.10.1	00:0c:29:2b:88:d8
Linux 客户端：Client1	RHEL 7	自动获取	00:0c:29:64:08:86
Linux 客户端：Client2	RHEL 7	保留地址	00:0c:29:03:34:02

3 台安装好 RHEL 7.4 的计算机的联网方式都设为 host only（VMnet1），一台作为服务器，两台作为客户端使用。

3. 服务器端配置

step1：定制全局配置和局部配置，局部配置需要把 192.168.10.0/24 网段声明出来，然后在该声明中指定一个 IP 地址池，范围为 192.168.10.31～192.168.10.200，但要去掉 192.168.10.105 和 192.168.10.107，其他分配给客户端使用。注意 range 的写法！

step2：要保证使用固定 IP 地址，就要在 subnet 声明中嵌套 host 声明，目的是要单独为 Client2 设置固定 IP 地址，并在 host 声明中加入 IP 地址和 MAC 地址绑定的选项，以申请固定 IP 地址。全部配置文件的内容如下。

```
ddns-update-style none;
log-facility local7;
```

```
subnet 192.168.10.0 netmask 255.255.255.0 {
  range 192.168.10.31 192.168.10.104;
  range 192.168.10.106 192.168.10.106;
  range 192.168.10.108 192.168.10.200;
  option domain-name-servers 192.168.10.1;
  option domain-name "myDHCP.smile.com";
  option routers 192.168.10.254;
  option broadcast-address 192.168.10.255;
  default-lease-time 600;
  max-lease-time 7200;
}
host    Client2{
        hardware ethernet 00:0c:29:03:34:02;
        fixed-address 192.168.10.105;
}
```

step3：配置完成保存并退出，重启dhcpd服务，并设置开机自动启动。

```
[root@RHEL7-1 ~]# systemctl restart dhcpd
[root@RHEL7-1 ~]# systemctl enable dhcpd
Created symlink from /etc/systemd/system/multi-user.target.wants/dhcpd.service to /
usr/lib/systemd/system/dhcpd.service.
```

特别注意：如果启动DHCP失败，可以使用“dhcpd”命令排错，一般启动失败的原因如下。

① 配置文件有问题。

- 内容不符合语法结构，如少个分号。
- 声明的子网和子网掩码不符合。

② 主机IP地址和声明的子网不在同一网段。

③ 主机没有配置IP地址。

④ 配置文件路径出问题，比如在RHEL 6以下的版本中，配置文件保存在了/etc/dhcpd.conf，但是在RHEL 6及以上版本中，却保存在了/etc/dhcp/dhcpd.conf。

4. 在客户端Client1上测试

注意：如果在真实网络中，应该不会出问题。但如果使用的是VMWare 12或其他类似版本，虚拟机中的Windows客户端可能会获取到192.168.79.0网络中的一个地址，与我们的预期目标相背。这种情况，需要关闭VMnet8和VMnet1的DHCP服务功能。解决方法如下（本项目的服务器和客户机的网络连接都使用VMnet1）。

在VMWare主窗口中，单击“编辑”→“虚拟网络编辑器”命令，打开虚拟网络编辑器窗口，选中VMnet1或VMnet8，取消勾选“使用本地DHCP服务将IP地址分配给虚拟机”选项，如图7-4所示。

① 以root用户身份登录名为Client1的Linux计算机，单击“Applications”→“System Tools”→“Settings”→“Network”命令，打开Network对话框，如图7-5所示。

② 单击图7-5中的“齿轮”图标，在弹出的“Wired”对话框中单击“IPv4”，将“Addresses”配置为“Automatic(DHCP)”，单击“Apply”按钮，如图7-6所示。

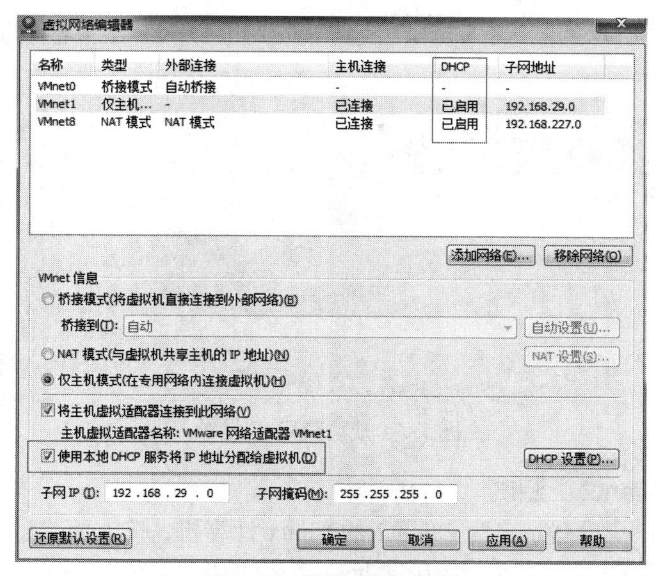

图 7-4　虚拟网络编辑器

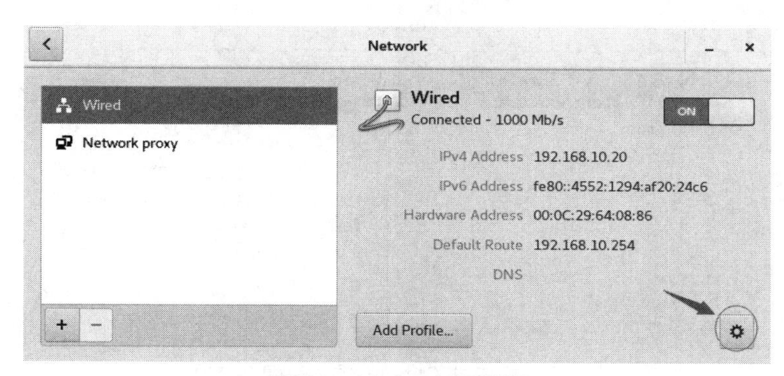

图 7-5　Network 对话框

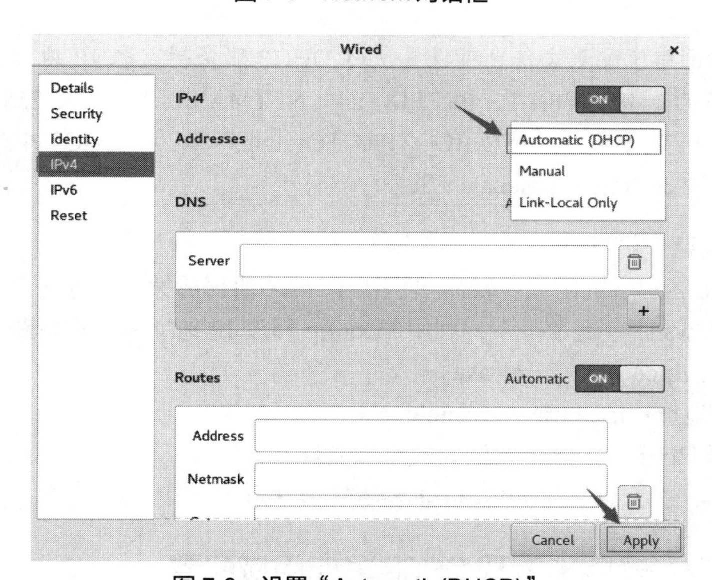

图 7-6　设置“Automatic(DHCP)”

③ 在图 7-7 中先单击“OFF”按钮关闭“Wired”，再单击“ON”按钮打开“Wired”。

这时会看到如图7-7所示的结果：Client1成功获取到了DHCP服务器地址池的一个地址。

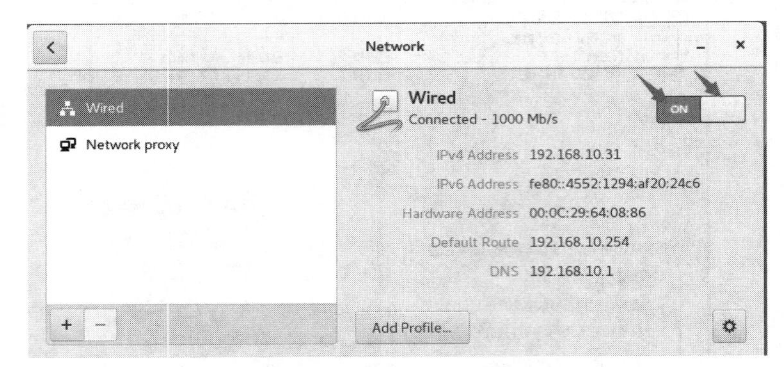

图7-7 成功获取IP地址

5. 在客户端Client2上测试

同样以root用户身份登录名为Client2的Linux计算机，按上面“4. 在客户端Client1上测试”的方法，设置Client自动获取IP地址，最后的结果如图7-8所示。

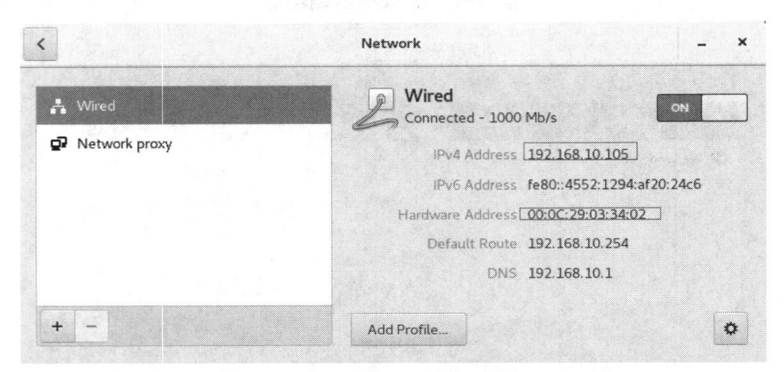

图7-8 客户端Client2成功获取IP地址

注意：利用网络卡配置文件也可设置使用DHCP服务器获取IP地址。在该配置文件中，删除“IPADDR=192.168.1.1、PREFIX=24、NETMASK=255.255. 255.0、HWADDR=00:0C:29:A2:BA:98”等条目，将“BOOTPROTO=none”改为“BOOTPROTO=dhcp”。设置完成，一定要重启NetworkManager服务。

6. Windows客户端配置

（1）Windows客户端的配置比较简单，在TCP/IP协议属性中设置自动获取即可。

（2）在Windows命令提示符下，利用ipconfig释放IP地址后，重新获取IP地址。

释放IP地址：**ipconfig /release**

重新申请IP地址：**ipconfig /renew**

7. 在服务器RHEL7-1端查看租约数据库文件

```
[root@RHEL7-1 ~]# cat   /var/lib/dhcpd/dhcpd.leases
```

7.4 企业案例Ⅰ：多网卡实现DHCP多作用域配置

DHCP服务器使用单一的作用域，大部分时间能够满足网络的需求，但是在有些特殊情况下，按照网络规划需要配置多作用域。

7.4.1 企业环境及需求

网络中如果计算机和其他设备数量增加，需要扩容 IP 地址才能满足需求。小型网络可以对所有设备重新分配 IP 地址，其网络内部客户机和服务器数量较少，实现起来比较简单。但如果是一个大型网络，重新配置整个网络的 IP 地址是不明智的，一旦操作不当，就可能会造成通信暂时中断以及其他网络故障。可以通过设置多作用域，即 DHCP 服务器发布多个作用域实现增容 IP 地址。

1. 任务需求

公司 IP 地址规划为 192.168.10.0/24 网段，可以容纳 254 台设备，使用 DHCP 服务器建立一个 192.168.10.0 网段的作用域，动态管理网络 IP 地址，但网络规模扩大到 400 台机器，显然一个 C 类网的地址就无法满足要求了。这时，可以再为 DHCP 服务器添加一个新作用域，管理分配 192.168.100.0/24 网段的 IP 地址，为网络增加 254 个新的 IP 地址，这样既可以保持原有 IP 地址的规划，又可以扩容现有的网络 IP 地址。

2. 网络拓扑

采用双网卡实现两个作用域，如图 7-9 所示。

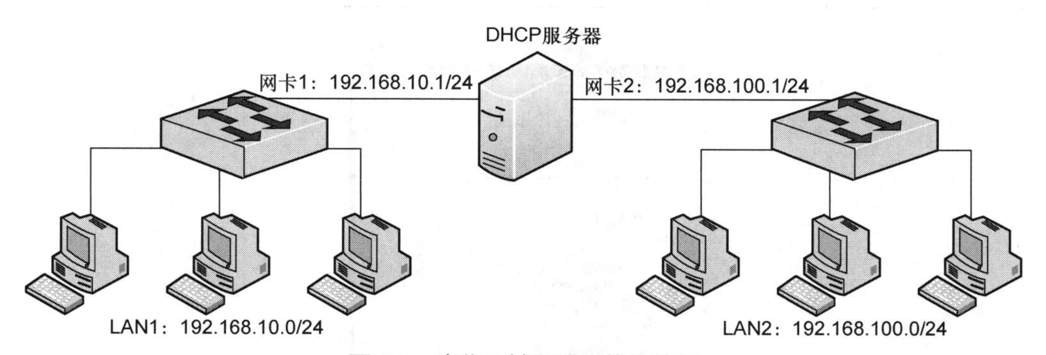

图 7-9 多作用域配置网络拓扑图

3. 需求分析

对于多作用域的配置，必须保证 DHCP 服务器能够侦听所有子网客户机的请求信息，下面将讲解配置多作用域的基本方法，为 DHCP 添加多个网卡连接每个子网，并发布多个作用域的声明。

注意：划分子网时，如果选择直接配置多作用域实现分配动态 IP 地址的任务，则必须为 DHCP 服务器添加多块网卡，并配置多个 IP 地址，否则 DHCP 服务器只能分配与其现有网卡 IP 地址对应网段的作用域。

7.4.2 解决方案

1. 使用 VMware 部署该网络环境

（1）VMware 联网方式采用自定义。

（2）3 台安装好 RHEL 7.4 的计算机，1 台服务器（RHEL7-1）有 2 块网卡，一块网卡连接 VMnet1，IP 地址是 192.168.10.1，另一块网卡连接 VMnet8，IP 地址是 192.168.100.1。

（3）第 1 台客户机（client1）的网卡连接 VMnet1，第 2 台客户机（client2）的网卡连接 VMnet8。

注意： 利用 VMware 的自定义网络连接方式，将 2 个客户端分别设置到 LAN1 和 LAN2。后面还有类似的应用，希望读者在实践中认真体会。

2. 配置 DHCP 服务器网卡 IP 地址

DHCP 服务器有多块网卡时，需要使用 ifconfig 命令为每块网卡配置独立的 IP 地址，但要注意，IP 地址配置的网段要与 DHCP 服务器发布的作用域对应。

```
[root@RHEL7-1  ~]# ifconfig   ens33   192.168.10.1   netmask 255.255.255.0
[root@RHEL7-1  ~]# ifconfig    ens38   192.168.100.1    netmask 255.255.255.0
```

思考： 使用命令方式配置网卡，重启后配置将无效。有没有其他方法使配置永久生效？

强烈建议： 首先使用系统菜单配置网络（详见 2.1.3）。因为从 RHEL 7 开始，图形界面已经非常完善。在 Linux 系统桌面，单击"Applications"→"System Tools"→"Settings"→"Network"命令，同样可以打开网络配置界面。使用系统菜单配置网卡 IP 地址等信息，如图 7-10 所示（以配置 ens33 网卡为例）。

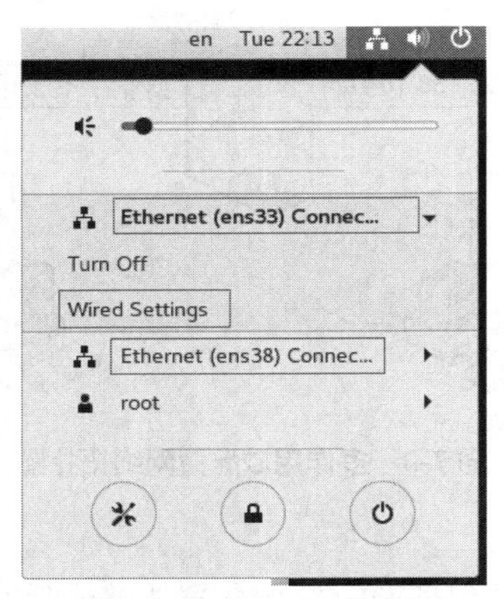

图 7-10　配置 IP 地址等信息

3. 编辑 dhcpd.conf 主配置文件

DHCP 服务器网络环境搭建完毕，可以编辑 dhcpd.conf 主配置文件完成多作用域的设置。最后保存退出。

```
[root@RHEL7-1  ~]# vim  /etc/dhcp/dhcpd.conf
ddns-update-style none;
ignore client-updates;
subnet 192.168.10.0 netmask 255.255.255.0 {
     option routers                          192.168.10.1;
     option subnet-mask                      255.255.255.0;
     option nis-domain                       "test.org";
     option domain-name                      "test.org";
     option domain-name-servers               192.168.10.2;
     option time-offset          -18000;      # Eastern Standard Time
     range dynamic-bootp         192.168.10.5    192.168.10.254;
```

```
        default-lease-time          21600;
        max-lease-time              43200;
    }
    subnet 192.168.100.0 netmask 255.255.255.0 {
        option routers                              192.168.100.1;
        option subnet-mask                          255.255.255.0;
        option nis-domain                           "test.org";
        option domain-name                          "test.org";
        option domain-name-servers                  192.168.100.2;
        option time-offset          -18000;         # Eastern Standard Time
        range dynamic-bootp         192.168.100.5       192.168.100.254;
        default-lease-time          21600;
        max-lease-time              43200;
    }
```

4. 在客户端上测试验证

经过设置，对于 DHCP 服务器将通过 ens33 和 ens38 两块网卡侦听客户机的请求，并发送相应的回应。验证时将客户端计算机 client1 和 client2 的网卡设置为自动获取。在 Linux 系统桌面，单击“Applications”→“System Tools”→“Settings”→“Network”→“IPv4”，打开网络配置界面，设置 IP 地址获取方式为“自动（Automatic）”，如图 7-11 所示。设置完成后单击“Apply”按钮。最后单击两次“OFF”和“ON”按钮使设置生效，应该获取到预料中的 IP 地址等信息。

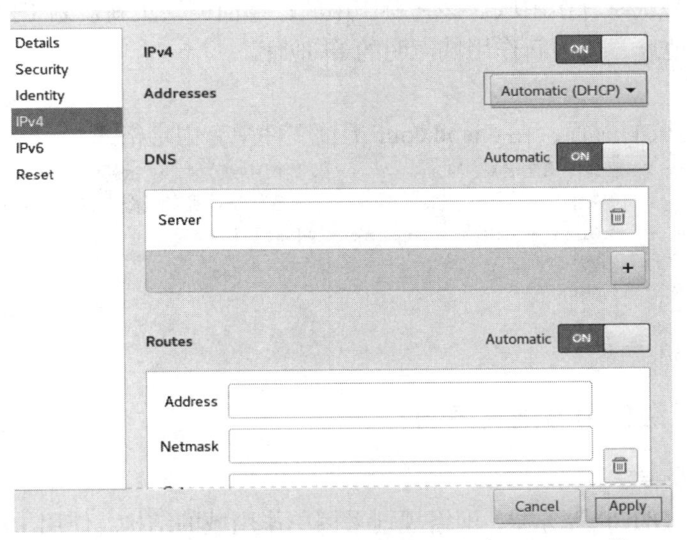

图 7-11 设置 IP 地址获取方式为“自动（Automatic）”

5. 检查服务器的日志文件

重启 DHCP 服务后检查系统日志，检测配置是否成功，使用 tail 命令动态显示日志信息。可以看到 2 台客户机获取 IP 地址以及这 2 台客户机的 MAC 地址等。

```
[root@RHEL7-1 ~]# tail    -F    /var/log/messages
```

小技巧：对于实训来讲，虚拟机使用数量越少，实训效率越高。在本次实训中，客户机只有 1 台也可以。依次设置这台客户机的虚拟机网络连接方式是 VMnet1、VMnet2，并分别测试，会发现客户机在两种设置下分别获取了 192.168.10.0/24 网络和 192.168.100.0/24 网段的地址池内的地址。实训成功。

7.5 企业案例 II：配置 DHCP 超级作用域

对于多作用域设置，使用多网卡的方式，虽然可以扩展可用 IP 地址范围，但会增加网络拓扑的复杂性，并加大维护的难度。而如果想保持现有网络的结构，并实现网络扩容，可以采用超级作用域。

7.5.1 超级作用域的功能与实现

超级作用域是 DHCP 服务器的一种管理功能，使用超级作用域可以将多个作用域组合为单个管理实体，统一进行管理操作。

1. 超级作用域的功能

使用超级作用域，DHCP 服务器能够具备以下功能。

- DHCP 服务器可为单个物理网络上的客户机提供多个作用域的租约。
- 支持 DHCP 和 BOOTP 中继代理，能够为远程 DHCP 客户端分配 TCP/IP 信息，搭建 DHCP 服务器时，可以根据网络部署需求，选择使用超级作用域。
- 现有网络 IP 地址有限，而且需要向网络添加更多的计算机，最初的作用域无法满足要求，需要使用新的 IP 地址范围扩展地址空间。
- 客户端需要从原有作用域迁移到新作用域；当前网络重新规划 IP 地址，使客户端变更使用的地址，使用新作用域声明的 IP 地址。

2. 配置格式

关于超级作用域的配置，在 dhcpd.conf 配置文件中有固定格式。

```
shared-network    超级作用域名称 {              #作用域名称，表示超级作用域
                  [参数]                        #该参数对所有子作用域有效，可以不配置
                  subnet 子网编号 netmask 子网掩码 {
                  [参数]
                  [声明]
    }
    }
```

7.5.2 DHCP 超级作用域配置案例

1. 企业环境及要求

企业内部建立 DHCP 服务器，网络规划采用单作用域的结构，使用 192.168.10.0/24 网段的 IP 地址。随着公司规模扩大，设备数量增多，现有的 IP 地址无法满足网络的需求，需要添加可用的 IP 地址。这时可以使用超级作用域增加 IP 地址，在 DHCP 服务器上添加新的作用域，使用 192.168.100.0/24 网段扩展网络地址的范围，如图 7-12 所示。

2. 企业 DHCP 超级作用域网络拓扑

本次实训需要 3 台 RHEL 7 虚拟机。

3. 解决方案

（1）搭建好各台虚拟机的网络环境。

① 设置好网络连接方式。本次实训使用的网络连接方式为自定义（也是我们一直建议用的）：VMnet1 和 Vmnet2。

② 设置好网关服务器的双网卡的 IP 地址。使用“hostnamectl set-hostname 要修改的计算

机名”命令修改计算机名。

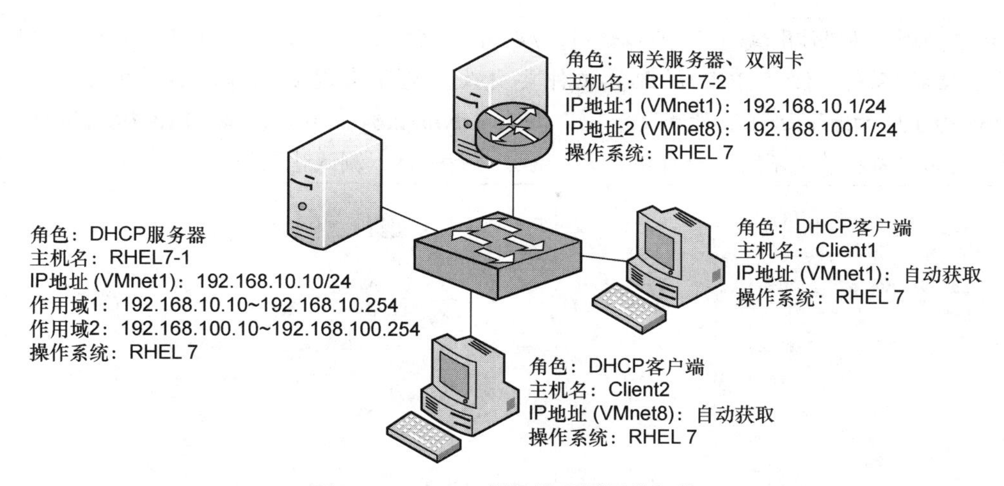

图 7-12　DHCP 超级作用域网络拓扑

③ 设置好 DHCP 服务器的 IP 地址等信息。

（2）修改 dhcpd.conf 配置文件，建立超级作用域并添加新作用域。

```
[root@RHEL7-1 ~]# vim  /etc/dhcp/dhcpd.conf
ddns-update-style none;
ignore client-updates;
shared-network  superscope {                    #超级作用域命名为 superscope
    option  domain-name   "test.org";           #超级作用域中的参数设置全局生效，
                                                #其配置会作用在所有子作用域上
    default-lease-time         21600;
    max-lease-time             43200;
subnet 192.168.10.0 netmask 255.255.255.0 {
    option routers                  192.168.10.1;
option domain-name-servers     192.168.10.1;
    range dynamic-bootp             192.168.10.10       192.168.10.254;
    }

subnet 192.168.100.0 netmask 255.255.255.0 {              #新添加的作用域
    option routers                  192.168.100.1;
option domain-name-servers     192.168.100.1;
    range dynamic-bootp             192.168.100.10      192.168.100.254;
    }
}
```

（3）检测配置文件：dhcpd，重启 DHCPD 服务。

```
[root@RHEL7-1 ~]# dhcpd
[root@RHEL7-1 ~]# systemctl restart  dhcpd
```

（4）使用 cat 命令查看系统日志。

```
[root@RHEL7-1 ~]# tail   -F   /var/log/messages
```

DHCP 服务器启用超级作用域后，会在其网络接口上根据超级作用域的设置，侦听并发送多个子网的信息。使用单块网卡可以完成多个作用域的 IP 地址管理工作。相比多网卡实现多作用域的设置，能够不改变当前网络拓扑结构，轻松完成 IP 地址的扩容。

测试技巧：超级作用域的环境可以使用“7.4　企业案例Ⅰ：多网卡实现 DHCP 的作用域配置”的网络拓扑环境，但 DHCP 的配置文件要更改。为了实现超级作用域的效果，可以将 192.168.10.0/24 的地址池的 IP 数量设为 1，即“**range dynamic-bootp 192.168.10.10 192.168.10.10;**”，这样 2 台客户机将获得不同的子网 IP 地址。读者不妨一试，测试结果如图 7-13、图 7-14 所示。

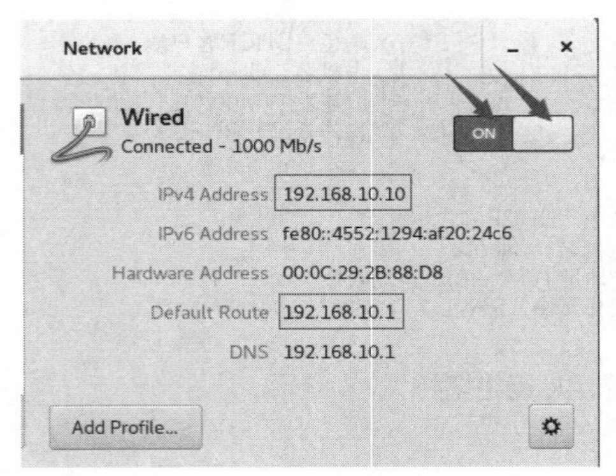

图 7-13　Client 上的测试结果

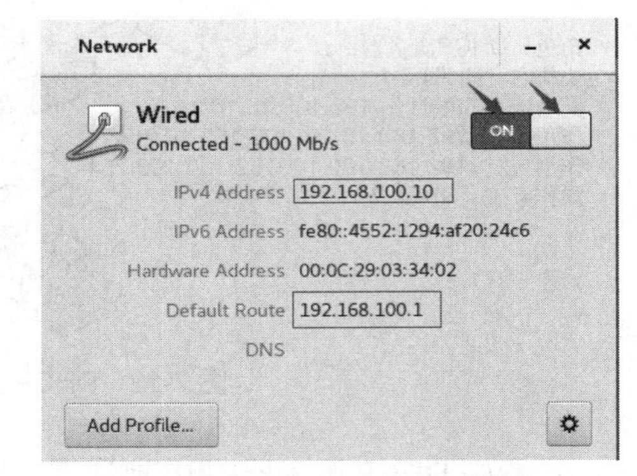

图 7-14　Client2 上的测试结果

注意：DHCP 服务器启用超级作用域能够方便地为网络中的客户机提供分配 IP 地址的服务，但是超级作用域可能由多个作用域组成，分配给客户机的 IP 地址也可以不在同一个网段，这时，这些客户机互相访问和访问外网就成了问题，对网关配置多个 IP 地址，并在每个作用域中设置对应的网关 IP 地址，可以使客户机通过网关与其他不在同一网段的计算机进行通信。

7.6　企业案例 III：配置 DHCP 中继代理

ISC DHCP 软件提供的中继代理程序为 dhcrelay，通过简单的配置就可以完成 DHCP 的中继设置，启动 dhcrelay 的方式为将 DHCP 请求中继到指定的 DHCP 服务器。

7.6.1　企业环境与网络拓扑

公司内部存在两个子网，分别为 192.168.10.0/24，192.168.100.0/24，现在需要使用一台 DHCP 服务器为这两个子网客户机分配 IP 地址，如图 7-15 所示。

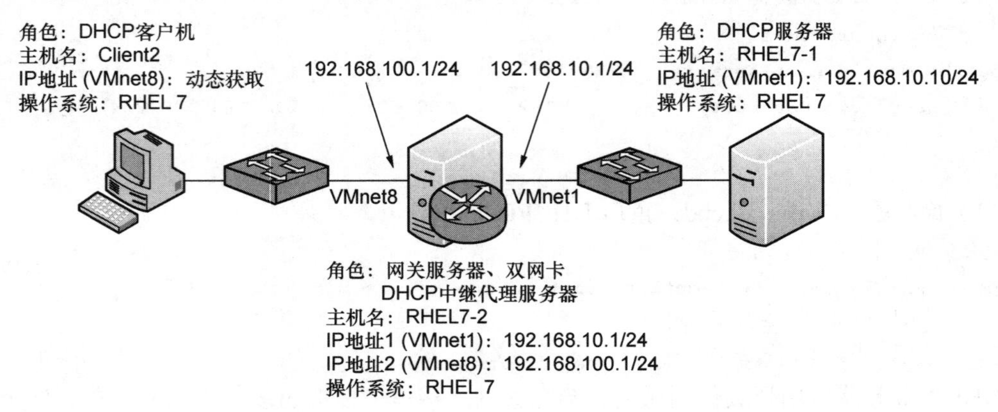

图 7-15　DHCP 中断代理网络拓扑

7.6.2 解决方案

1. 使用 VMware 部署该网络环境

（1）VMware 连网方式采用自定义，如图 7-15 所示。

（2）3 台安装好 RHEL 7.4 的计算机，1 台服务器（RHEL 7-1）作为 DHCP 服务器，其上有一块网卡，连接 VMnet1，IP 地址为 192.168.10.10/24；1 台是 DHCP 中继服务器，有 2 块网卡，其中一块连接 VMnet1，IP 地址是 192.168.10.1，另一块连接 VMnet8，IP 地址是 192.168.100.1。

（3）中继服务器同时还是网关服务器。

（4）客户机（clinet2）的网卡连接 VMnet8，自动获取 IP 地址。

首先在 VMware 的设置中配置好各计算机的网络连接方式和 IP 等地址信息，这是成功的第一步。

2. 配置 DHCP 服务器

（1）安装 DHCP 服务并配置作用域（注意作用域中排除掉已经用作固定地址的 IP 地址）。

DHCP 服务器位于 LAN1，需要为 LAN1 和 LAN2 的客户机分配 IP 地址，也就是声明两个网段，这里可以建立两个作用域，声明 192.168.10.0/24 和 192.168.100.0/24 网段。注意网关的设置！

```
[root@RHEL7-1 ~]# vim  /etc/dhcp/dhcpd.conf

ddns-update-style none;
default-lease-time          21600;
max-lease-time              43200;
subnet   192.168.10.0  netmask  255.255.255.0 {
         option routers                 192.168.10.1;
         option subnet-mask             255.255.255.0;
         option domain-name-servers192.168.10.1;
         range dynamic-bootp            192.168.10.20        192.168.10.254;
}

subnet   192.168.100.0netmask  255.255.255.0 {
         option routers                 192.168.100.1;
         option subnet-mask             255.255.255.0;
         option domain-name-servers192.168.100.1;
         range dynamic-bootp            192.168.100.20       192.168.100.254;
}
```

（2）重启 DHCP 服务 RHEL7-1。

（3）设置 DHCP 服务器返回中继客户端的路由。

```
[root@RHEL7-1 ~]# ip route add 192.168.10.0/24 via 192.168.10.1
```

思考：利用系统菜单设置 DHCP 服务器的网关是 192.168.10.1 可以吗？请试一试。

---

3. 配置 DHCP 中继代理和网关服务器 RHEL 7-2

（1）配置网卡 IP 地址。

（2）启用 IPv4 的转发功能，设置 net.ipv4.ip_forward 数值为 1。

```
[root@RHEL7-2 ~]# vim  /etc/sysctl.conf
net.ipv4.ip_forward = 1                              //由“0”改为“1”
```

```
[root@RHEL7-2 ~]# sysctl   -p                    //启用转发功能
[root@RHEL7-2 ~]# cat /proc/sys/net/ipv4/ip_forward
1
```

（3）安装DHCP服务。

（4）配置中继代理。

中继代理计算机默认不转发DHCP客户机的请求，需要使用dhcrelay指定DHCP服务器的位置。

```
[root@RHEL7-2 ~]# cp /lib/systemd/system/dhcrelay.service /etc/systemd/system/
[root@RHEL7-2 ~]# cd /etc/systemd/system/
[root@RHEL7-2 system]# vim dhcrelay.service
[Service]
ExecStart=/usr/sbin/dhcrelay -d --no-pid 192.168.10.10
[root@RHEL7-2 system]# systemctl --system daemon-reload //修改配置的原始文件后，重载配置信息
[root@RHEL7-2 ~]# systemctl restart  dhcrelay          //启动DHCP中继
[root@RHEL7-2 ~]# systemctl enable dhcrelay            //设置随系统启动
```

4．客户端测试验证

（1）在客户机Client2上测试能否正常获取DHCP服务器的IP地址。修改客户机client2的IP地址为自动获取，然后使用ifconfig会查看到正确结果。

（2）在DHCP服务器和代理服务器上查看日志信息：**tail -n 10 /var/log/messages**。

特别提示：从RHEL 7.4开始，需要修改配置的原始信息，才能启动dhcrelay服务。

注意：当有多台DHCP服务器时，把DHCP服务器放在不同子网上能够取得一定的容错能力，而不是把所有DHCP服务器都放在同一子网上。这些服务器在它们的作用域中不应有公共的IP地址（每台服务器都有独立唯一的地址池）。当本地的DHCP服务器崩溃时，请求就转发到远程子网。远程子网中的DHCP服务器如果有所请求子网的IP地址作用域（每台DHCP服务器都有每个子网的地址池，但IP地址范围不重复），它就响应DHCP请求，为所请求子网提供IP地址。

7.7 DHCP服务配置排错

通常配置DHCP服务器很容易，下面有一些技巧可以帮助避免出现问题。对服务器而言，要确保正常工作并具备广播功能；对客户端而言，要确保网卡正常工作；最后，要考虑网络的拓扑，检查客户端向DHCP服务器发出的广播消息是否会受到阻碍。另外，如果dhcpd进程没有启动，浏览syslog消息文件来确定是哪里出了问题，这个消息文件通常是/var/log/messages。

7.7.1 客户端无法获取IP地址

如果DHCP服务器配置完成且没有语法错误，但是网络中的客户端却无法取得IP地址。这通常是由于Linux DHCP服务器无法接收来自255.255.255.255的DHCP客户端的request封包造成的，具体地讲，是由于DHCP服务器的网卡没有设置MULTICAST（多点传送）功能。为了保证dhcpd（dhcp程序的守护进程）和DHCP客户端沟通，dhcpd必须传送封包到255.255.255.255这个IP地址。但是在有些Linux系统中，255.255.255.255

这个 IP 地址被用来作为监听区域子网域（local subnet）广播的 IP 地址。所以，必须在路由表（routing table）中加入 255.255.255.255，以激活 MULTICAST（多点传送）功能，执行命令如下。

```
[root@RHEL7-1 ~]# route  add  -host  255.255.255.255  dev  ens33
```

上述命令创建了一个到地址 255.255.255.255 的路由。

如果“255.255.255.255：Unkown host”，那么需要修改/etc/hosts 文件，并添加一条主机记录。

```
255.255.255.255     dhcp-server
```

提示：255.255.255.255 后面为主机名，主机名没有特别约束，只要是合法的主机名就可以。

注意：可以编辑/etc/rc.d/rc.local 文件，添加 route add -host 255.255.255.255 dev ens33 条目使多点传送功能长久生效。

7.7.2 提供备份的 DHCP 设置

在中型网络中，管理数百台计算机的 IP 地址是一个大问题。为了解决该问题，使用 DHCP 来动态为客户端分配 IP 地址。但是这同样意味着如果某些原因致使服务器瘫痪，DHCP 服务自然无法使用，客户端也就无法获得正确的 IP 地址。为解决这个问题，配置两台以上的 DHCP 服务器即可。如果其中的一台服务器出了问题，另外一台 DHCP 服务器就会自动承担分配 IP 地址的任务。对于用户来说，无需知道哪台服务器提供了 DHCP 服务。

解决方法如下。

同时设置多台 DHCP 服务器来提供冗余，然而 Linux 的 DHCP 服务器本身不提供备份。它们提供的 IP 地址资源，为避免发生客户端 IP 地址冲突的现象也不能重叠。提供容错能力，即通过分割可用的 IP 地址到不同的 DHCP 服务器上，多台 DHCP 服务器同时为一个网络服务，从而使得一台 DHCP 服务器出现故障，仍能正常提供 IP 地址资源供客户端使用。通常为了进一步增强可靠性，还可以将不同的 DHCP 服务器放置在不同子网中，互相使用中转提供 DHCP 服务。

例如，在两个子网中各有一台 DHCP 服务器，标准的做法可以不使用 DHCP 中转，各子网中的 DHCP 服务器为各子网服务。然而为了达到容错的目的，可以互相为另一个子网提供服务，通过设置中转路由器转发广播，以达到互为服务的目的。

例如，位于 192.168.2.0 网络上的 DHCP 服务器 srv1 上的配置文件片段如下。

```
[root@srv1 ~]# vim  /etc/dhcp/dhcpd.conf

ddns-update-style none;
subnet 192.168.2.0 netmask 255.255.255.0 {
     range dynamic-bootp          192.168.2.10      192.168.2.199;
}
subnet 192.168.3.0 netmask 255.255.255.0 {
     range dynamic-bootp          192.168.3.200      192.168.3.220;
}
```

位于 192.168.3.0 网络上的 DHCP 服务器 srv2 上的配置文件片段如下。

```
[root@srv2 ~]# vim  /etc/dhcp/dhcpd.conf

ddns-update-style none;
ignore client-updates;
subnet 192.168.2.0 netmask 255.255.255.0 {
     range dynamic-bootp          192.168.2.200       192.168.2.220;
}
subnet 192.168.3.0 netmask 255.255.255.0 {
     range dynamic-bootp          192.168.3.10      192.168.3.199;
}
```

7.7.3 利用命令及租约文件排除故障

1. dhcpd

如果遇到 DHCP 无法启动的情况，可以使用命令检测。根据提示信息内容修改或调试。

```
[root@RHEL7-1 ~]# dhcpd
```

配置文件错误并不是唯一导致 dhcpd 服务无法启动的原因，如果网卡接口配置错误也可能导致服务启动失败。例如，网卡（ens33）的 IP 地址为 10.0.0.1，而配置文件中声明的子网为 192.168.20.0/24。通过 dhcpd 命令也可以排除错误。

```
[root@RHEL7-1 ~]# dhcpd
……
No  subnet  declaration  for  ens33 ( 10.0.0.1 )
**  Ignoring  requests  on  eth0.  If  this  not  what
    you  want, please write  a  subnet  declaration
    in  your  dhcpd.conf  file  for  the  network  segment
    to  which  interface  eth0  is  attached. **

Not  configured  to  listen  on  any  interfaces!
……
```

请注意粗体部分的提示。

没有为 ens33（10.0.0.1）设置子网声明。

忽略 ens33 接受请求，如果您不希望看到这样的结果，请在您的配置文件 dhcpd.conf 中添加一个子网声明。

没有配置任何接口进行侦听！

根据信息提示，很容易就可以完成错误更正。

2. 租约文件

一定要确保租约文件存在，否则无法启动 dhcpd 服务，如果租约文件不存在，可以手动建立一个。

```
[root@RHEL7-1 ~]# vim  /var/lib/dhcpd/dhcpd.leases
```

3. ping

DHCP 设置完后，重启 dhcp 服务使配置生效，如果客户端仍然无法连接 DHCP 服务器，可以使用 ping 命令测试网络连通性。

7.7.4 总结网络故障的排除

通过前段时间的学习，有以下几点请读者谨记。

（1）如果出现问题，请查看防火墙和 SELinux。实在不行就关闭防火墙，特别是 samba 和 NFS。

（2）网卡 IP 地址配置是否正确至关重要。配置完成，一定要测试。

（3）在 samba 和 NFS 等服务器配置中要特别注意本地系统权限的配合设置。

（4）任何时候，对虚拟机的网络连接方式都要特别清醒！

7.8　项目实录

1. 视频位置

实训前请扫二维码观看：实训项目　配置与管理 DHCP 服务器。

视频 7-2　实训项目　配置与管理 DHCP 服务器

2. 项目背景

（1）某企业计划构建一台 DHCP 服务器来解决 IP 地址动态分配的问题，要求能够分配 IP 地址以及网关、DNS 等其他网络属性信息，同时要求 DHCP 服务器为 DNS、Web、Samba 服务器分配固定 IP 地址。该公司网络拓扑图如图 7-16 所示。

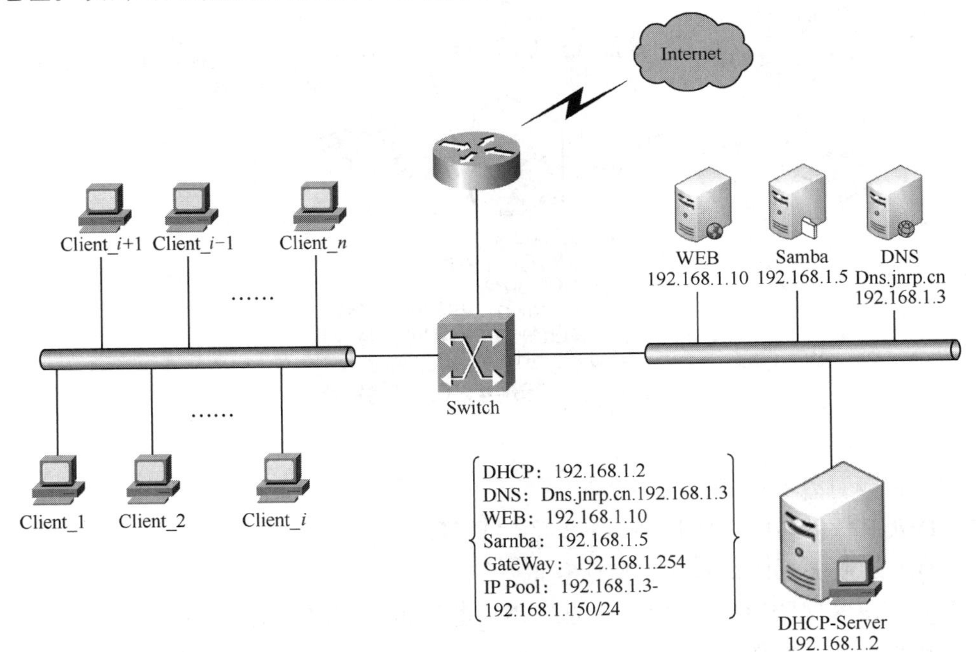

图 7-16　DHCP 服务器搭建网络拓扑

企业 DHCP 服务器 IP 地址为 192.168.1.2。DNS 服务器的域名为 dns.jnrp.cn，IP 地址为 192.168.1.3；Web 服务器 IP 地址为 192.168.1.10；Samba 服务器 IP 地址为 192.168.1.5；网关地址为 192.168.1.254；地址范围为 192.168.1.3～192.168.1.150，子网掩码为 255.255.255.0。

（2）配置 DHCP 超级作用域

企业内部建立 DHCP 服务器，网络规划采用单作用域的结构，使用 192.168.1.0/24 网段的 IP 地址。随着公司规模扩大，设备数量增多，现有的 IP 地址无法满足网络的需求，需要添加可用的 IP 地址。在 DHCP 服务器上添加新的作用域，使用 192.168.8.0/24 网段扩展网络地址的范围。

该公司网络拓扑图如图 7-17 所示（注意各虚拟机网卡的不同网络连接方式）。

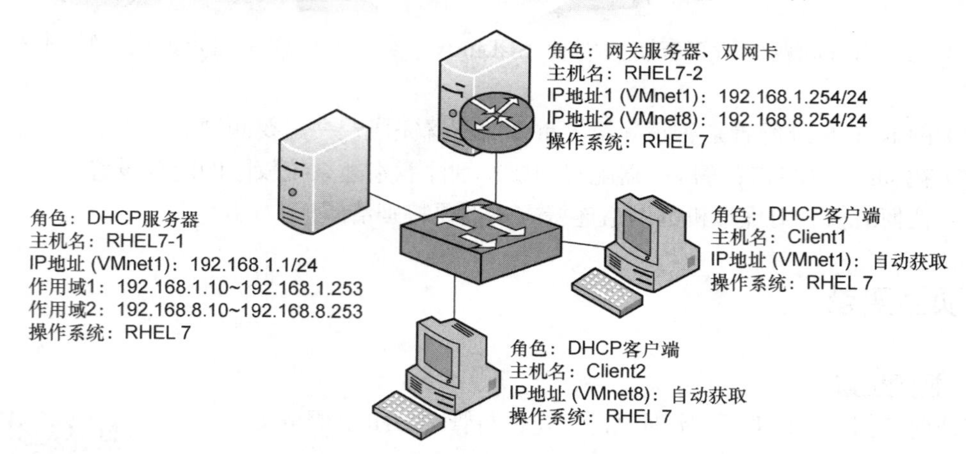

图 7-17　配置超级作用域网络拓扑

（3）配置 DHCP 中继代理

公司内部存在两个子网，分别为 192.168.1.0/24，192.168.3.0/24，现在需要使用一台 DHCP 服务器为这两个子网客户机分配 IP 地址。该公司网络拓扑图如图 7-18 所示。

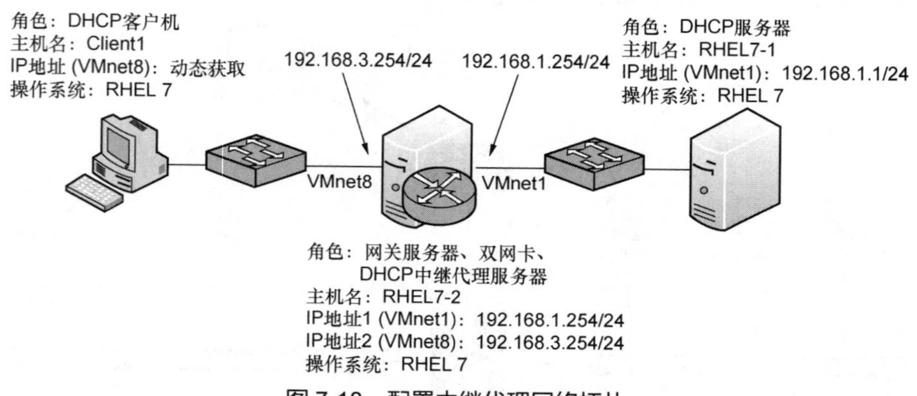

图 7-18　配置中继代理网络拓扑

3．深度思考

在观看视频时思考以下几个问题。

（1）DHCP 软件包中哪些是必须的？哪些是可选的？

（2）DHCP 服务器的范本文件如何获得？

（3）如何设置保留地址？进行“host”声明的设置时有何要求？

（4）超级作用域的作用是什么？

（5）配置中继代理要注意哪些问题？视频中的版本是 7.0，我们现在用的是 7.4，在配置 DHCP 中继时有哪些区别？请认真总结思考。

4．做一做

根据项目要求及视频内容，将项目完整无误地完成。

7.9　练习题

一、填空题

1．DHCP 工作过程包括________、________、________、________4 种报文。

2. 如果DHCP客户端无法获得IP地址，将自动从________地址段中选择一个作为自己的地址。

3. 在Windows环境下，使用________命令可以查看IP地址配置，释放IP地址使用________命令，续租IP地址使用________命令。

4. DHCP是一个简化主机IP地址分配管理的TCP/IP标准协议，英文全称是________，中文名称为________。

5. 当客户端注意到它的租用期到了________以上时，就要更新该租用期。这时它发送一个________信息包给它所获得原始信息的服务器。

6. 当租用期达到期满时间的近________时，客户端如果在前一次请求中没能更新租用期的话，它会再次试图更新租用期。

7. 配置Linux客户端需要修改网卡配置文件，将BOOTPROTO设置为________。

二、选择题

1. TCP/IP中，哪个协议是用来自动分配IP地址的？（　　）

A. ARP　　B. NFS　　C. DHCP　　D. DNS

2. DHCP租约文件默认保存在（　　）目录中。

A. /etc/dhcp　　B. /etc　　C. /var/log/dhcp　　D. /var/lib/dhcpd

3. 配置完DHCP服务器，运行（　　）命令可以启动DHCP服务。

A. systemctl start dhcpd.service　　B. systemctl start dhcpd

C. start dhcpd　　D. dhcpd on

三、简答题

1. 动态IP地址方案有什么优点和缺点？简述DHCP服务器的工作过程。

2. 简述IP地址租约和更新的全过程。

3. 简述DHCP服务器分配给客户端的IP地址类型。

7.10 实践习题

1. 建立DHCP服务器，为子网A内的客户机提供DHCP服务。具体参数如下。

- IP地址段为192.168.11.101～192.168.11.200；子网掩码为255.255.255.0。
- 网关地址为192.168.11.254。
- 域名服务器：192.168.10.1。
- 子网所属域的名称：smile.com。
- 默认租约有效期：1天；最大租约有效期：3天。

请写出详细解决方案，并上机实现。

2. 配置DHCP服务器超级作用域。

企业内部建立DHCP服务器，网络规划采用单作用域的结构，使用192.168.8.0/24网段的IP地址。随着公司规模扩大，设备数量增多，现有的IP地址无法满足网络的需求，需要添加可用的IP地址。在DHCP服务器上添加新的作用域，使用192.168.9.0/24网段扩展网络地址的范围。

请写出详细解决方案，并上机实现。

第 8 章 配置与管理 DNS 服务器

项目导入

某高校组建了校园网，为了使校园网中的计算机简单快捷地访问本地网络及 Internet 上的资源，需要在校园网中架设 DNS 服务器，用来提供域名转换成 IP 地址的功能。

在完成该项目之前，首先应当确定网络中 DNS 服务器的部署环境，明确 DNS 服务器的各种角色及其作用。

项目目标

- 了解 DNS 服务器的作用及其在网络中的重要性
- 理解 DNS 的域名空间结构
- 掌握 DNS 查询模式
- 掌握 DNS 域名解析过程
- 掌握常规 DNS 服务器的安装与配置
- 掌握辅助 DNS 服务器的配置
- 掌握子域的概念及区域委派配置过程
- 掌握转发服务器和缓存服务器的配置
- 理解并掌握 DNS 客户机的配置
- 掌握 DNS 服务的测试

8.1 相关知识

域名服务（Domain Name Service，DNS）是 Internet/Intranet 中最基础，也是非常重要的一项服务，它提供了网络访问中域名和 IP 地址的相互转换。

8.1.1 认识域名空间

视频 8-1 配置 DNS 服务器

DNS 是一个分布式数据库，命名系统采用层次的逻辑结构，如同一棵倒置的树，这个逻辑的树形结构称为域名空间，由于 DNS 划分了域名空间，所以各机构可以使用自己的域名空间创建 DNS 信息。域名空间的结构如图 8-1 所示。

注意：在 DNS 域名空间中，树的最大深度不得超过 127 层，树中每个节点最长可以存储 63 个字符。

---

1. 域和域名

DNS 树的每个节点代表一个域，通过这些节点，对整个域名空间进行划分，成为一个层次结构。域名空间的每个域的名字通过域名表示。域名通常由一个完全正式域名（FQDN）标识。FQDN 能准确表示出其相对于 DNS 域树根的位置，也就是节点到 DNS 树根的完整表述方式，从节点到树根采用反向书写，并将每个节点用“.”分隔，对于 DNS 域 163 来说，其完全合格域名（FQDN）163.com。

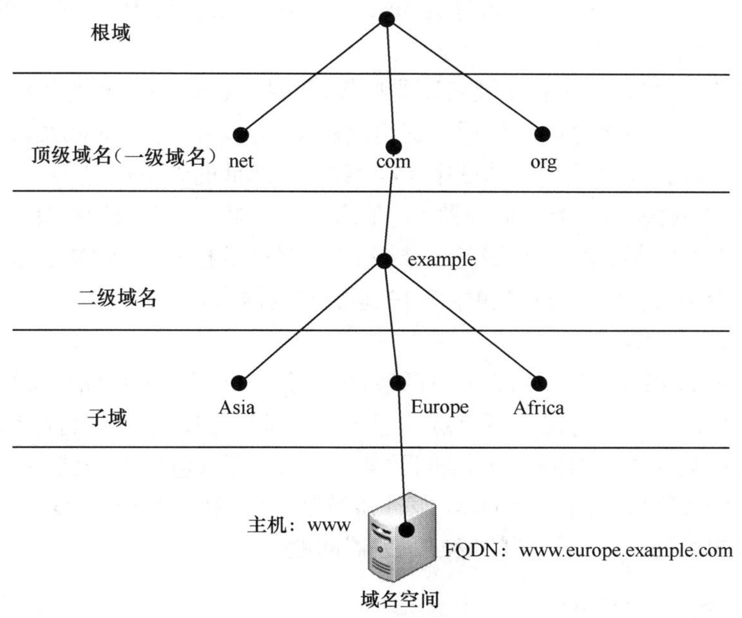

图 8-1 Internet 域名空间结构

一个 DNS 域可以包括主机和其他域（子域），每个机构都拥有名称空间某一部分的授权，负责该部分名称空间的管理和划分，并用它来命名 DNS 域和计算机。例如，163 为 com 域的子域，其表示方法为 163.com，而 www 为 163 域中的 Web 主机，可以使用 www.163.com 表示。

注意： 通常，FQDN 有严格的命名限制，长度不能超过 256 字节，只允许使用字符 a～z、0～9、A～Z 和减号（-）。点号（.）只允许在域名标志之间（如“163.com”）或者 FQDN 的结尾使用。域名不区分大小。

2. Internet 域名空间

Internet 域名空间结构像一棵倒置的树，并有层次划分，见图 8-1。由树根到树枝，也就是从 DNS 根到下面的节点，按照不同的层次，进行统一命名。域名空间最顶层是 DNS 根，称为根域（root）。根域的下一层为顶级域，又称为一级域。其下层为二级域，再下层为二级域的子域，按照需要进行规划，可以为多级。因此对域名空间整体进行划分，由最顶层到下层，可以分成根域、顶级域、二级域、子域，并且域中能够包含主机和子域。主机 www 的 FQDN 从最下层到最顶层根域反写，表示为 www.europe.example.com。

Internet 域名空间的最顶层是根域（root），其记录着 Internet 的重要 DNS 信息，由 Internet 域名注册授权机构管理，该机构把域名空间各部分的管理责任分配给连接到 Internet 的各个组织。

DNS 根域下面是顶级域，也由 Internet 域名注册授权机构管理。共有 3 种类型的顶级域。

- 组织域：采用 3 个字符的代号，表示 DNS 域中包含的组织的主要功能或活动。比如 com 为商业机构组织，edu 为教育机构组织，gov 为政府机构组织，mil 为军事机构组织，net 为网络机构组织，org 为非营利机构组织，int 为国际机构组织。
- 地址域：采用两个字符的国家或地区代号，如 cn 为中国，kr 为韩国，us 为美国。
- 反向域：这是个特殊域，名称为 in-addr.arpa，用于将 IP 地址映射到名称（反向查询）。

对于顶级域的下级域，Internet 域名注册授权机构授权给 Internet 的各种组织。当一个组织获得了对域名空间某一部分的授权后，该组织就负责命名所分配的域及其子域，包括域中的计算机和其他设备，并管理分配的域中主机名与 IP 地址的映射信息。

组成 DNS 系统的核心是 DNS 服务器，它是回答域名服务查询的计算机，它为连接 Intranet 和 Internet 的用户提供并管理 DNS 服务，维护 DNS 名称数据并处理 DNS 客户端主机名的查询。DNS 服务器保存了包含主机名和相应 IP 地址的数据库。

3. 区

区（Zone）是 DNS 名称空间的一个连续部分，其包含了一组存储在 DNS 服务器上的资源记录。每个区都位于一个特殊的域节点，但区并不是域。DNS 域是名称空间的一个分支，而区一般是存储在文件中的 DNS 名称空间的某一部分，可以包括多个域。一个域可以再分成几部分，每个部分或区可以由一台 DNS 服务器控制。使用区的概念，DNS 服务器可负责关于自己区中主机的查询，以及该区的授权服务器问题。

8.1.2 DNS 服务器的分类

DNS 服务器分为 4 类。

1. 主 DNS 服务器

主 DNS 服务器（Master 或 Primary）负责维护所管辖域的域名服务信息。它从域管理员构造的本地磁盘文件中加载域信息，该文件（区文件）包含该服务器具有管理权的一部分域结构的最精确信息。配置主域服务器需要一整套的配置文件，包括主配置文件（/etc/named.conf）、正向域的区文件、反向域的区文件、高速缓存初始化文件（/var/named/ named.ca）和回送文件（/var/named/named.local）。

2. 辅助 DNS 服务器

辅助 DNS 服务器（Slave 或 Secondary）用于分担主 DNS 服务器的查询负载。区文件是从主服务器中转移出来的，并作为本地磁盘文件存储在辅助服务器中。这种转移称为“区文件转移”。在辅助 DNS 服务器中有一个所有域信息的完整复制，可以有权威地回答对该域的查询请求。配置辅助 DNS 服务器不需要生成本地区文件，因为可以从主服务器下载该区文件。因而只需配置主配置文件、高速缓存文件和回送文件即可。

3. 转发 DNS 服务器

转发 DNS 服务器（Forwarder Name Server）可以向其他 DNS 转发解析请求。当 DNS 服务器收到客户端的解析请求后，它首先会尝试从其本地数据库中查找；若未能找到，则需要向其他指定的 DNS 服务器转发解析请求；其他 DNS 服务器完成解析后会返回解析结果，转发 DNS 服务器将该解析结果缓存在自己的 DNS 缓存中，并向客户端返回解析结果。在缓存期内，如果客户端请求解析相同的名称，则转发 DNS 服务器会立即回应客户端；否则，将会再次发生转发解析的过程。

目前网络中的所有 DNS 服务器均被配置为转发 DNS 服务器，向指定的其他 DNS 服务器或根域服务器转发自己无法完成的解析请求。

4. 唯高速缓存 DNS 服务器

唯高速缓存 DNS 服务器（Caching-only DNS server）供本地网络上的客户机用来进行域名转换。它通过查询其他 DNS 服务器并将获得的信息存放在它的高速缓存中，为客户机查询信息提供服务。这个服务器不是权威性的服务器，因为它提供的所有信息都是间接信息。

8.1.3 DNS 查询模式

1. 递归查询

收到 DNS 工作站的查询请求后，DNS 服务器在自己的缓存或区域数据库中查找。如果 DNS 服务器本地没有存储查询的 DNS 信息，那么，该服务器会询问其他服务器，并将返回的查询结果提交给客户机。

2. 转寄查询（又称迭代查询）

当收到 DNS 工作站的查询请求后，如果在 DNS 服务器中没有查到所需数据，该 DNS 服务器便会告诉 DNS 工作站另外一台 DNS 服务器的 IP 地址，然后，再由 DNS 工作站自行向此 DNS 服务器查询，以此类推，直到查到所需数据为止。如果到最后一台 DNS 服务器都没有查到所需数据，则通知 DNS 工作站查询失败。“转寄”的意思就是，若在某地查不到，该地就会告诉用户其他地方的地址，让用户转到其他地方去查。一般在 DNS 服务器之间的查询请求便属于转寄查询（DNS 服务器也可以充当 DNS 工作站的角色）。

8.1.4 域名解析过程

1. DNS 域名解析的工作原理

DNS 域名解析的工作过程如图 8-2 所示。

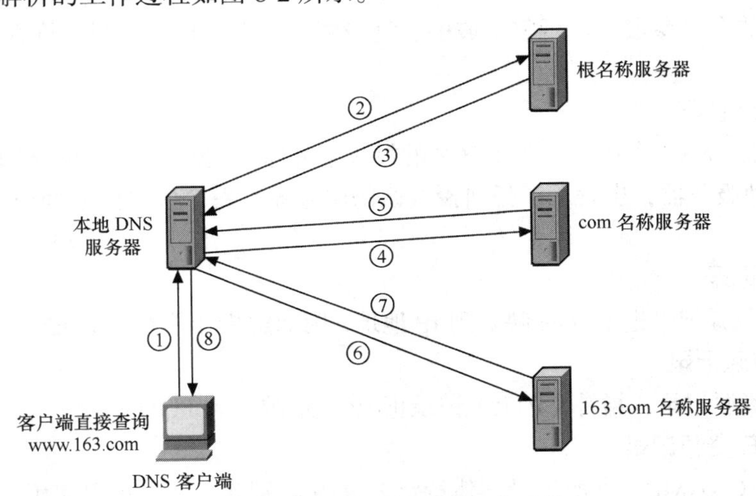

图 8-2 DNS 域名解析的工作过程

假设客户机使用电信 ADSL 接入 Internet，电信为其分配的 DNS 服务器地址为 210.111.110.10，域名解析过程如下。

（1）客户端向本地 DNS 服务器 210.111.110.10 直接查询 www.163.com 的域名。

（2）本地 DNS 无法解析此域名，它先向根域服务器发出请求，查询.com 的 DNS 地址。

（3）根域 DNS 管理.com、.net、.org 等顶级域名的地址解析，它收到请求后，把解析结果返回给本地的 DNS。

（4）本地 DNS 服务器 210.111.110.10 得到查询结果后，向管理.com 域的 DNS 服务器发出进一步的查询请求，要求得到 163.com 的 DNS 地址。

（5）.com 域把解析结果返回给本地 DNS 服务器 210.111.110.10。

（6）本地 DNS 服务器 210.111.110.10 得到查询结果后，向管理 163.com 域的 DNS 服务器发出查询具体主机 IP 地址的请求（www），要求得到满足要求的主机 IP 地址。

（7）163.com 把解析结果返回给本地 DNS 服务器 210.111.110.10。

（8）本地 DNS 服务器得到了最终的查询结果，它把这个结果返回给客户端，从而使客户端能够和远程主机通信。

2. 正向解析与反向解析

（1）正向解析。正向解析是指域名到 IP 地址的解析过程。

（2）反向解析。反向解析是从 IP 地址到域名的解析过程。反向解析的作用为服务器的身份验证。

8.1.5 资源记录

为了将名称解析为 IP 地址，服务器查询它们的区（又叫 DNS 数据库文件或简单数据库文件）。区中包含组成相关 DNS 域资源信息的资源记录（RR）。例如，某些资源记录把友好名字映射成 IP 地址，另一些则把 IP 地址映射到友好名字。

某些资源记录不仅包括 DNS 域中服务器的信息，还可以用于定义域，即指定每台服务器授权了哪些域，这些资源记录就是 SOA 和 NS 资源记录。

1. SOA 资源记录

每个区在区的开始处都包含了一个起始授权记录（Start of Authority Record，SOA）记录。SOA 定义了域的全局参数，进行整个域的管理设置。一个区域文件只允许存在唯一的 SOA 记录。

2. NS 资源记录

名称服务器（NS）资源记录表示该区的授权服务器，它们表示 SOA 资源记录中指定的该区的主和辅助服务器，也表示了任何授权区的服务器。每个区在区根处至少包含一个 NS 记录。

3. A 资源记录

地址（A）资源记录把 FQDN 映射到 IP 地址，因而解析器能查询 FQDN 对应的 IP 地址。

4. PTR 资源记录

相对于 A 资源记录，指针（PTR）记录把 IP 地址映射到 FQDN。

5. CNAME 资源记录

规范名字（CNAME）资源记录创建特定 FQDN 的别名。用户可以使用 CNAME 记录来隐藏用户网络的实现细节，使连接的客户机无法知道。

6. MX 资源记录

邮件交换（MX）资源记录为 DNS 域名指定邮件交换服务器。邮件交换服务器是用于 DNS 域名处理或转发邮件的主机。

- 处理邮件是指把邮件投递到目的地或转交另一个不同类型的邮件传送者。

- 转发邮件是指把邮件发送到最终目的服务器。转发邮件时，直接使用简单邮件传输协议（SMTP）把邮件发送到离最终目的服务器最近的邮件交换服务器。需要注意的是，有的邮件需要经过一定时间的排队才能达到目的。

8.1.6 /etc/hosts 文件

hosts 文件是 Linux 系统中一个负责 IP 地址与域名快速解析的文件，以 ASCII 格式保存在/etc 目录下，文件名为“hosts”。hosts 文件包含了 IP 地址和主机名之间的映射，还包括主机名的别名。在没有域名服务器的情况下，系统上的所有网络程序都通过查询该文件来解析对应于某个主机名的 IP 地址，否则就需要使用 DNS 服务程序来解决。通常可以将常用的域名和 IP 地址映射加入 hosts 文件中，实现快速方便地访问。hosts 文件的格式如下。

```
IP 地址      主机名/域名
```

【例 8-1】 假设要添加域名为 www.smile.com、IP 地址为 192.168.0.1 的主机记录，以及域名为 www.long.com、IP 地址为 192.168.1.1 的主机记录，则可在 hosts 文件中添加如下记录。

```
192.168.0.1            www.smile.com
192.168.1.1            www.long.com
```

8.2 项目设计及准备

8.2.1 项目设计

为了保证校园网中的计算机能够安全可靠地通过域名访问本地网络以及 Internet 资源，需要在网络中部署主 DNS 服务器、辅助 DNS 服务器、缓存 DNS 服务器。

8.2.2 项目准备

一共需要 4 台计算机，其中 3 台是 Linux 计算机，1 台是 Windows 7 计算机，如表 8-1 所示。

表 8-1 Linux 服务器和客户端信息

主机名称	操作系统	IP	角色
RHEL7-1	RHEL 7	192.168.10.1/24	主 DNS 服务器；VMnet1
RHEL7-2	RHEL 7	192.68.10.2/24	辅助 DNS、缓存 DNS、转发 DNS 等；VMnet1
Client1	RHEL 7	192.168.10.20/24	Linux 客户端；VMnet1
Win7-1	Windows 7	192.168.10.40/24	Windows 客户端；VMnet1

注意：DNS 服务器的 IP 地址必须是静态的。

8.3 项目实施

任务 8-1 安装、启动 DNS 服务器

在 Linux 下架设 DNS 服务器通常使用 BIND（Berkeley Internet Name Domain）程序来实

现，其守护进程是 named。下面在 RHEL7-1 和 RHEL7-2 上进行。

1. BIND 软件包简介

BIND 是一款实现 DNS 服务器的开放源码软件。BIND 原本是美国 DARPA 资助研究伯克利（Berkeley）大学开设的一个研究生课题，后来经过多年的变化发展已经成为世界上使用最为广泛的 DNS 服务器软件，目前 Internet 上绝大多数的 DNS 服务器都是用 BIND 来架设的。

BIND 经历了第 4 版、第 8 版和最新的第 9 版，第 9 版修正了以前版本的许多错误，并提升了执行时的效能，BIND 能够运行在当前大多数的操作系统平台之上。目前 BIND 软件由 Internet 软件联合会（Internet Software Consortium，ISC）这个非营利性机构负责开发和维护。

2. 安装 bind 软件包

（1）使用 yum 命令安装 bind 服务（光盘挂载、yum 源的制作请参考前面相关内容）。

```
[root@RHEL7-1 ~]# ymount  /dev/cdrom /iso
[root@RHEL7-1 ~]# yum clean all                          //安装前先清除缓存
[root@RHEL7-1 ~]# yum  install  bind  bind-chroot -y
```

（2）安装完后再次查询，发现已安装成功。

```
[root@RHEL7-1 ~]# rpm -qa|grep bind
```

3. DNS 服务的启动、停止与重启，加入开机自启动

```
[root@RHEL7-1 ~]# systemctl   start  named              //stop 停止服务，restart 重启服务
[root@RHEL7-1 ~]# systemctl   enable  named
```

任务 8-2　掌握 BIND 配置文件

1. DNS 服务器配置流程

一个比较简单的 DNS 服务器设置流程主要分为以下 3 步。

（1）建立配置文件 named.conf，该文件主要用于设置 DNS 服务器能够管理哪些区域（Zone）以及这些区域对应的区域文件名和存放路径。

（2）建立区域文件，按照 named.conf 文件中指定的路径建立区域文件，该文件主要记录该区域内的资源记录。例如，www.51cto.com 对应的 IP 地址为 211.103.156.229。

（3）重新加载配置文件或重新启动 named 服务使用配置生效。

下面来看一个具体实例，如图 8-3 所示。

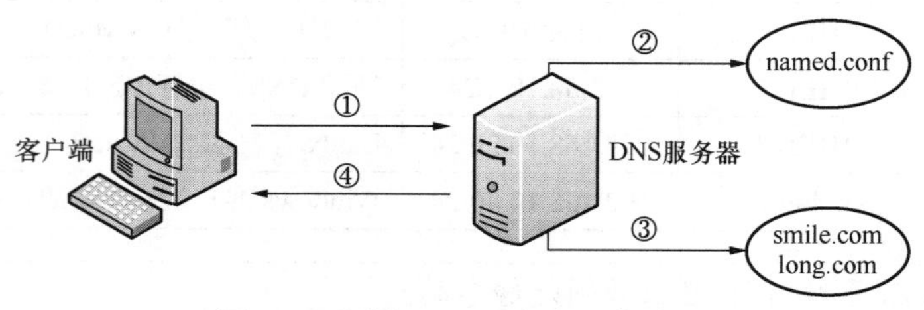

图 8-3　配置 DNS 服务器工作流程

（1）客户端需要获得 www.smile.com 这台主机对应的 IP 地址，将查询请求发送给 DNS 服务器。

（2）服务器接收到请求后，查询主配置文件 named.conf，检查是否能够管理 smile.com 区域。named.conf 中记录着能够解析 smile.com 区域并提供 smile.com 区域文件所在路径及文件名。

（3）服务器则根据 named.conf 文件中提供的路径和文件名找到 smile.com 区域对应的配置文件，并从中找到 www.smile.com 主机对应的 IP 地址。

（4）将查询结果反馈给客户端，完成整个查询过程。

一般的 DNS 配置文件分为全局配置文件、主配置文件和正反向解析区域声明文件。下面介绍各配置文件的配置方法。

2. 认识全局配置文件

全局配置文件 named.conf 位于/etc 目录下，其主要内容如下。

```
[root@RHEL7-1 ~]# cat /etc/named.conf
……                                              //略
options {
  listen-on port 53 { 127.0.0.1; };             //指定 BIND 侦听的 DNS 查询请求的本
                                                //机 IP 地址及端口
    listen-on-v6 port 53 { ::1; };              //限于 IPv6
    directory "/var/named";                     //指定区域配置文件所在的路径
    dump-file    "/var/named/data/cache_dump.db";
    statistics-file "/var/named/data/named_stats.txt";
    memstatistics-file "/var/named/data/named_mem_stats.txt";
    allow-query { localhost; };                 //指定接收 DNS 查询请求的客户端
recursion yes;
dnssec-enable yes;
dnssec-validation yes;                          //改为 no 可以忽略 SELinux 的影响
dnssec-lookaside auto;
……                                              //略
};
//以下用于指定 BIND 服务的日志参数

logging {
        channel default_debug {
                file "data/named.run";
                severity dynamic;
        };
};

zone "." IN {                          //用于指定根服务器的配置信息，一般不能改动
  type hint;
  file "named.ca";
};

include "/etc/named.zones";     //指定主配置文件，一定根据实际修改
include "/etc/named.root.key";
```

options 配置段属于全局性的设置，常用配置项命令及功能如下。

- directory：用于指定 named 守护进程的工作目录，各区域正反向搜索解析文件和 DNS 根服务器地址列表文件（named.ca），应放在该配置项指定的目录中。
- allow-query{}与 allow-query{localhost;}功能相同。另外，还可使用地址匹配符来表达允许的主机。例如，any 可匹配所有的 IP 地址，none 不匹配任何 IP 地址，localhost 匹配本地主机使用的所有 IP 地址，localnets 匹配同本地主机相连的网络中的所有主机。例如，仅允许 127.0.0.1 和 192.168.1.0/24 网段的主机查询该 DNS 服务器，命令为：**allow-query {127.0.0.1;192.168.1.0/24}**。

- listen-on：设置 named 守护进程监听的 IP 地址和端口。若未指定，则默认监听 DNS 服务器的所有 IP 地址的 53 号端口。当服务器安装有多块网卡，有多个 IP 地址时，可通过该配置命令指定所要监听的 IP 地址。对于只有一个地址的服务器，不必设置。例如，要设置 DNS 服务器监听 192.168.1.2 这个 IP 地址，端口使用标准的 5353 号，则配置命令为：**listen-on port 5353 { 192.168.1.2;}**。
- forwarders{}：用于定义 DNS 转发器。设置转发器后，所有非本域的和在缓存中无法找到的域名查询，均可由指定的 DNS 转发器来完成解析工作并做缓存。forward 用于指定转发方式，仅在 forwarders 转发器列表不为空时有效，其用法为“forward first | only ；”。forward first 为默认方式，DNS 服务器会将用户的域名查询请求先转发给 forwarders 设置的转发器，由转发器来完成域名的解析工作，若指定的转发器无法完成解析或无响应，再由 DNS 服务器自身来完成域名的解析。若设置为“forward only；”，则 DNS 服务器仅将用户的域名查询请求转发给转发器，若指定的转发器无法完成域名解析或无响应，DNS 服务器自身也不会试着对其进行域名解析。例如，某地区的 DNS 服务器为 61.128.192.68 和 61.128.128.68，要将其设置为 DNS 服务器的转发器，配置命令如下。

```
options{
        forwarders {61.128.192.68;61.128.128.68;};
        forward first;
};
```

3. 认识主配置文件

主配置文件位于/etc 目录下，可将 named.rfc1912.zones 复制为全局配置文件中指定的主配置文件，在本书中是/**etc/named.zones**。

```
[root@RHEL7-1 ~]# cp -p /etc/named.rfc1912.zones  /etc/named.zones
[root@RHEL7-1 ~]# cat /etc/named.rfc1912.zones

zone "localhost.localdomain" IN {
 type master;                              //主要区域
 file "named.localhost";                   //指定正向查询区域配置文件
 allow-update { none; };
};
……
                                            //略

zone "1.0.0.127.in-addr.arpa" IN {         //反向解析区域
 type master;
 file "named.loopback";                    //指定反向解析区域配置文件
 allow-update { none; };
};
……
                                            //略
```

（1）Zone 区域声明

① 主域名服务器的正向解析区域声明格式如下（样本文件为 named.localhost）。

```
zone  "区域名称" IN {
   type master ;
   file  "实现正向解析的区域文件名";
   allow-update {none;};
};
```

② 从域名服务器的正向解析区域声明格式如下。

```
zone  "区域名称" IN {
    type slave ;
    file  "实现正向解析的区域文件名";
    masters {主域名服务器的 IP 地址;};
};
```

反向解析区域的声明格式与正向相同，只是 file 指定要读的文件不同，另外就是区域的名称不同。若要反向解析 x.y.z 网段的主机，则反向解析的区域名称应设置为 z.y.x.in-addr.arpa（反向解析区域样本文件为 named.loopback）。

（2）根区域文件/var/named/named.ca

/var/named/named.ca 是一个非常重要的文件，该文件包含了 Internet 的顶级域名服务器的名称和地址。利用该文件可以让 DNS 服务器找到根 DNS 服务器，并初始化 DNS 的缓冲区。当 DNS 服务器接到客户端主机的查询请求时，如果在 Cache 中找不到相应的数据，就会通过根服务器逐级查询。/var/named/named.ca 文件的主要内容如图 8-4 所示。

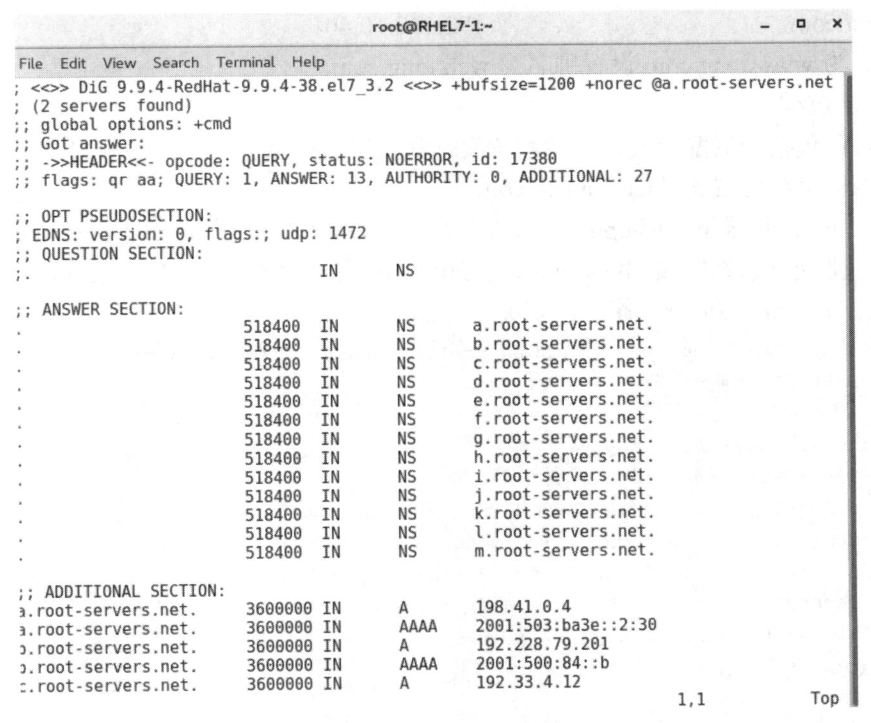

```
root@RHEL7-1:~
File  Edit  View  Search  Terminal  Help
; <<>> DiG 9.9.4-RedHat-9.9.4-38.el7_3.2 <<>> +bufsize=1200 +norec @a.root-servers.net
; (2 servers found)
;; global options: +cmd
;; Got answer:
;; ->>HEADER<<- opcode: QUERY, status: NOERROR, id: 17380
;; flags: qr aa; QUERY: 1, ANSWER: 13, AUTHORITY: 0, ADDITIONAL: 27

;; OPT PSEUDOSECTION:
; EDNS: version: 0, flags:; udp: 1472
;; QUESTION SECTION:
;.                          IN      NS

;; ANSWER SECTION:
.                   518400  IN      NS      a.root-servers.net.
.                   518400  IN      NS      b.root-servers.net.
.                   518400  IN      NS      c.root-servers.net.
.                   518400  IN      NS      d.root-servers.net.
.                   518400  IN      NS      e.root-servers.net.
.                   518400  IN      NS      f.root-servers.net.
.                   518400  IN      NS      g.root-servers.net.
.                   518400  IN      NS      h.root-servers.net.
.                   518400  IN      NS      i.root-servers.net.
.                   518400  IN      NS      j.root-servers.net.
.                   518400  IN      NS      k.root-servers.net.
.                   518400  IN      NS      l.root-servers.net.
.                   518400  IN      NS      m.root-servers.net.

;; ADDITIONAL SECTION:
a.root-servers.net.     3600000 IN      A       198.41.0.4
a.root-servers.net.     3600000 IN      AAAA    2001:503:ba3e::2:30
b.root-servers.net.     3600000 IN      A       192.228.79.201
b.root-servers.net.     3600000 IN      AAAA    2001:500:84::b
c.root-servers.net.     3600000 IN      A       192.33.4.12
                                                        1,1           Top
```

图 8-4　named.ca 文件

说明：① 以“;”开始的行都是注释行。

② 其他每两行都和某个域名服务器有关，分别是 NS 和 A 资源记录。

“. 518400　IN　NS　a.root-servers.net.”中的“.”表示根域；518400 是存活期；IN 是资源记录的网络类型，表示 Internet 类型；NS 是资源记录类型；“a.root-servers.net.”是主机域名。

行“a.root-servers.net. 3600000　IN　A　198.41.0.4”的含义是：A 资源记录用于指定根域服务器的 IP 地址。a.root-servers.net.是主机名；3600000 是存活期；A 是资源记录类型；最后对应的是 IP 地址。

③ 其他各行的含义与上面两项基本相同。

由于 named.ca 文件经常会随着根服务器的变化而发生变化，所以建议最好从国际互联网络信息中心（InterNIC）的 FTP 服务器下载最新的版本，文件名为 named.root。

任务 8-3　配置主 DNS 服务器实例

本节将结合具体实例介绍缓存 DNS、主 DNS、辅助 DNS 等各种 DNS 服务器的配置。

1. 案例环境及需求

某校园网要架设一台 DNS 服务器负责 long.com 域的域名解析工作。DNS 服务器的 FQDN 为 dns.long.com，IP 地址为 192.168.10.1。要求为以下域名实现正反向域名解析服务。

dns.long.com		192.168.10.1
mail.long.com	MX 记录	192.168.10.2
slave.long.com	⟷	192.168.10.2
www.long.com		192.168.10.20
ftp.long.com		192.168.10.40

另外，为 www.long.com 设置别名为 web.long.com。

2. 配置过程

配置过程包括全局配置文件、主配置文件和正反向区域解析文件的配置。

（1）编辑全局配置文件/etc/named.conf

该文件在/etc 目录下。把 options 选项中的侦听 IP127.0.0.1 改成 any，把 dnssec-validation yes 改为 no;把允许查询网段 allow-query 后面的 localhost 改成 any。在“include”语句中指定主配置文件为 **named.zones**。修改后相关内容如下。

```
[root@RHEL7-1 ~]# cp -p /etc/named.rfc1912.zones  /etc/named.zones
[root@RHEL7-1 ~]# vim /etc/named.conf

   listen-on port 53 { any; };
      listen-on-v6 port 53 { ::1; };
      directory       "/var/named";
      dump-file       "/var/named/data/cache_dump.db";
      statistics-file "/var/named/data/named_stats.txt";
      memstatistics-file "/var/named/data/named_mem_stats.txt";
      allow-query      { any; };
      recursion yes;
    dnssec-enable yes;
      dnssec-validation no;
  dnssec-lookaside auto;
      ……
include "/etc/named.zones";                    //必须更改!!
include "/etc/named.root.key";
```

（2）配置主配置文件 named.zones

使用 vim /etc/named.zones 编辑增加以下内容。

```
[root@RHEL7-1 ~]# vim /etc/named.zones

zone "long.com" IN {
       type master;
       file "long.com.zone";
       allow-update { none; };
```

```
};

zone "10.168.192.in-addr.arpa" IN {
        type master;
        file "1.10.168.192.zone";
        allow-update { none; };
};
```

技巧：直接用named.zones的内容替换named.conf文件中的“include "/etc/named.zones";”语句，可以简化设置过程，不需要再单独编辑name.zones。请读者试一下。本章后面及后面章节的内容就是以这种思路来完成DNS设置的，比如第11章中的DNS设置。

type字段指定区域的类型，这对于区域的管理至关重要，一共有6种区域类型，如表8-2所示。

表8-2 指定区域类型

区域的类型	作　用
master	主DNS服务器，拥有区域数据文件，并对此区域提供管理数据
slave	辅助DNS服务器，拥有主DNS服务器的区域数据文件的副本，辅助DNS服务器会从主DNS服务器同步所有区域数据
stub	stub区域和slave类似，但其只复制主DNS服务器上的NS记录而不像辅助DNS服务器会复制所有区域数据
forward	一个forward zone是每个域的配置转发的主要部分。一个zone语句中的type forward可以包括一个forward和/或forwarders子句，它会在区域名称给定的域中查询。如果没有forwarders语句或者forwarders是空表，这个域就不会有转发，消除了options语句中有关转发的配置
hint	根域名服务器的初始化组指定使用线索区域hint zone，当服务器启动时，它使用根线索来查找根域名服务器，并找到最近的根域名服务器列表。如果没有指定class IN的线索区域，服务器使用编译时默认的根服务器线索。不是IN的类别没有内置的默认线索服务器
legation-only	用于强制区域的delegation.ly状态

（3）修改BIND的区域配置文件

① 创建long.com.zone正向区域文件

文件位于/var/named目录下，为编辑方便，可先将样本文件named.localhost复制到long.com.zone，再编辑修改long.com.zone。

```
[root@RHEL7-1 ~]# cd /var/named
[root@RHEL7-1 named]# cp  -p named.localhost long.com.zone
[root@RHEL7-1 named]# vim /var/named/long.com.zone

$TTL 1D
@       IN SOA  @ root.long.com. (
                                        0       ; serial
                                        1D      ; refresh
                                        1H      ; retry
                                        1W      ; expire
                                        3H )    ; minimum
```

```
@            IN          NS                dns.long.com.
@            IN          MX        10      mail.long.com.

dns          IN          A                 192.168.10.1
mail         IN          A                 192.168.10.2
slave        IN          A                 192.168.10.2
www          IN          A                 192.168.10.20
ftp          IN          A                 192.168.10.40
web          IN          CNAME             www.long.com.
```

② 创建 1.10.168.192.zone 反向区域文件

文件位于/var/named 目录，为编辑方便，可先将样本文件 named.loopback 复制到 1.10.168.192.zone，再编辑修改 1.10.168.192.zone，编辑修改如下。

```
[root@RHEL7-1 named]# cp  -p named.loopback 1.10.168.192.zone
[root@RHEL7-1 named]# vim /var/named/1.10.168.192.zone

$TTL 1D
@       IN SOA   @   root.long.com. (
                                    0      ; serial
                                    1D     ; refresh
                                    1H     ; retry
                                    1W     ; expire
                                    3H )   ; minimum

@               IN NS          dns.long.com.
@               IN MX    10    mail.long.com.

1             IN PTR         dns.long.com.
2             IN PTR         mail.long.com.
2             IN PTR         slave.long.com.
20             IN PTR         www.long.com.
40            IN PTR         ftp.long.com.
```

（4）配置防火墙

在 RHEL7-1 上配置防火墙，设置主配置文件和区域文件的属组为 named，然后重启 DNS 服务，加入开机启动。

```
[root@RHEL7-1 name]#cd
[root@RHEL7-1 ~]# firewall-cmd --permanent --add-service=dns
[root@RHEL7-1 ~]# firewall-cmd --reload
[root@RHEL7-1 ~]# chgrp   named   /etc/named.conf  /etc/named.zones
[root@RHEL7-1 ~]# systemctl restart named
[root@RHEL7-1 ~]# systemctl enable named
```

特别说明如下。

① 主配置文件的名称一定要与/etc/named.conf 文件中指定的文件名一致，本书中是 named.zones。

② 正反向区域文件的名称一定要与/etc/named.zones 文件中 zone 区域声明中指定的文件名一致。

③ 正反向区域文件的所有记录行都要顶头写，前面不要留有空格，否则会导致 DNS 服务不能正常工作。

④ 第一个有效行为 SOA 资源记录。该记录的格式如下。

```
@                IN SOA  origin. contact.(
                            1997022700        ; serial
                            28800             ; refresh
                            14400             ; retry
                            3600000           ; expiry
                            86400             ; minimum
)
```

- @是该域的替代符，例如，long.com.zone 文件中的@代表 long.com。因此上面例子中的SOA 有效行（@ IN SOA @ root.long.com.)可以改为（@ IN SOA long.com. root.long.com.)。
- IN 表示网络类型。
- SOA 表示资源记录类型。
- origin 表示该域的主域名服务器的 FQDN，用“.”结尾表示这是个绝对名称，如 long.com.zone 文件中的 origin 为 dns.long.com.。
- contact 表示该域的管理员的电子邮件地址。它是正常 E-mail 地址的变通，将@变为“.”。例如，long.com.zone 文件中的 contact 为 mail.long.com.。
- serial 为该文件的版本号，该数据是辅助域名服务器和主域名服务器进行时间同步的，每次修改数据库文件后，都应更新该序列号。习惯上用 yyyymmddnn，即年月日后加两位数字，表示一日之中第几次修改。
- refresh 为更新时间间隔。辅助 DNS 服务器根据此时间间隔周期性地检查主 DNS 服务器的序列号是否改变，如果改变，则更新自己的数据库文件。
- retry 为重试时间间隔。当辅助 DNS 服务器没能从主 DNS 服务器更新数据库文件时，在定义的重试时间间隔后重新尝试。
- expiry 为过期时间。如果辅助 DNS 服务器在所定义的时间间隔内没有能够与主 DNS 服务器或另一台 DNS 服务器取得联系，则该辅助 DNS 服务器上的数据库文件被认为无效，不再响应查询请求。

⑤ TTL 为最小时间间隔，单位是 s。对于没有特别指定存活周期的资源记录，默认取 minimum 的值为 1 天，即 86 400s。1D 表示一天。

⑥ “@ IN NS dns.long.com.”说明该域的域名服务器，至少应该定义一个。

⑦ “@ IN MX 10 mail.long.com.”用于定义邮件交换器，其中 10 表示优先级别，数字越小，优先级别越高。

⑧ 类似于“www IN A 192.168.10.4”是一系列的主机资源记录，表示主机名和 IP 地址的对应关系。

⑨ “web IN CNAME www.long.com.”定义的是别名资源记录，表示 web.long. com.是 www.long.com.的别名。

⑩ 类似于“2 IN PTR mail.long.com.”是指针资源记录，表示 IP 地址与主机名称的对应关系。其中，PTR 使用相对域名，如 2 表示 2.10.168.192.in-addr.arpa，它表示 IP 地址为 192.168.10.2。

3. 配置 DNS 客户端

DNS 客户端的配置非常简单，假设本地首选 DNS 服务器的 IP 地址为 192.168.10.1，备用 DNS 服务器的 IP 地址为 192.168.10.2，DNS 客户端的设置如下。

（1）配置 Windows 客户端

打开“Internet 协议版本 4（TCP/IPv4）属性”对话框，如图 8-5 所示，输入首选和备用 DNS 服务器的 IP 地址即可。

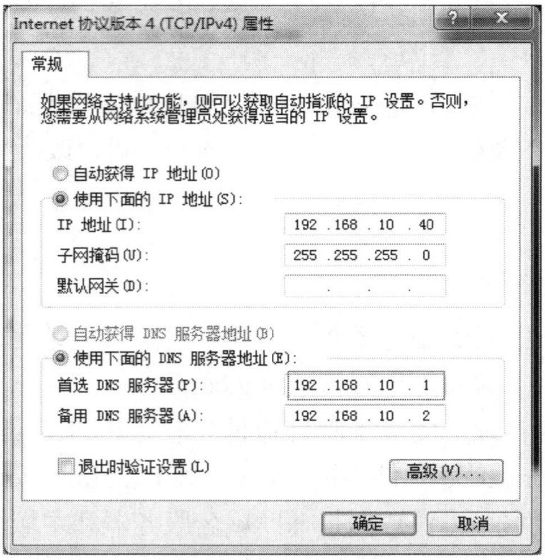

图 8-5 Windows 系统中 DNS 客户端配置

（2）配置 Linux 客户端

在 Linux 系统中，可以修改/etc/resolv.conf 文件来设置 DNS 客户端，如下所示。

```
[root@Client2 ~]# vim /etc/resolv.conf
    nameserver 192.168.10.1
    nameserver 192.168.10.2
    search  long.com
```

其中，nameserver 指明域名服务器的 IP 地址，可以设置多个 DNS 服务器，查询时按照文件中指定的顺序解析域名，只有当第一个 DNS 服务器没有响应时，才向下面的 DNS 服务器发出域名解析请求。search 用于指明域名搜索顺序，当查询没有域名后缀的主机名时，将自动附加由 search 指定的域名。

在 Linux 系统中，还可以通过系统菜单设置 DNS，相关内容前面已多次介绍，不再赘述。

4. 使用 nslookup 测试 DNS

BIND 软件包提供了 3 个 DNS 测试工具：nslookup、dig 和 host。其中 dig 和 host 是命令行工具，而 nslookup 命令既可以使用命令行模式，也可以使用交互模式。下面在客户端 Client1（192.168.10.20）上测试，前提是必须保证与 RHEL7-1 服务器的通信畅通。

```
[root@Client1 ~]# vim /etc/resolv.conf
    nameserver 192.168.10.1
    nameserver 192.168.10.2
    search  long.com
[root@client1 ~]# nslookup        //运行 nslookup 命令
> server
Default server: 192.168.10.1
Address: 192.168.10.1#53
> www.long.com        //正向查询，查询域名 www.long.com 对应的 IP 地址
Server:      192.168.10.1
Address:     192.168.10.1#53
```

```
Name:   www.long.com
Address: 192.168.10.20
> 192.168.10.2          //反向查询，查询 IP 地址 192.168.1.2 对应的域名
Server:     192.168.10.1
Address:    192.168.10.1#53

2.10.168.192.in-addr.arpa    name = slave.long.com.
2.10.168.192.in-addr.arpa    name = mail.long.com.
> set all               //显示当前设置的所有值
Default server: 192.168.10.1
Address: 192.168.10.1#53

Set options:
  novc           nodebug        nod2
  search    recurse
  timeout = 0       retry = 3    port = 53
  querytype = A         class = IN
  srchlist = long.com
//查询 long.com 域的 NS 资源记录配置
> set type=NS     //type 的取值还可以为 SOA、MX、CNAME、A、PTR 及 any 等
> long.com
Server:     192.168.10.1
Address:    192.168.10.1#53

long.com    nameserver = dns.long.com.
> exit
[root@client1 ~]#
```

5．特别说明

如果要求所有员工均可以访问外网地址，还需要设置根区域，并建立根区域对应的区域文件，这样才可以访问外网地址。

下载域名解析根服务器的最新版本。下载完毕，将该文件改名为 named.ca，然后复制到"/var/named"下。

任务 8-4　配置辅助 DNS 服务器

1．辅助域名服务器

DNS 划分若干区域进行管理，每个区域由一个或多个域名服务器负责解析。如果采用单独的 DNS 服务器而该服务器没有响应，该区域的域名解析就会失败。因此每个区域建议使用多个 DNS 服务器，可以提供域名解析容错功能。对于存在多个域名服务器的区域，必须选择一台主域名服务器（master），保存并管理整个区域的信息，其他服务器称为辅助域名服务器（slave）。

管理区域时，使用辅助域名服务器有如下几点好处。

（1）辅助 DNS 服务器提供区域冗余，能够在该区域的主服务器停止响应时，为客户端解析该区域的 DNS 名称。

（2）创建辅助 DNS 服务器可以减少 DNS 网络通信量。采用分布式结构，在低速广域网链路中添加 DNS 服务器能有效管理和减少网络通信量。

（3）辅助服务器可以减少区域的主服务器的负载。

2. 区域传输

为了保证 DNS 数据相同，所有服务器必须进行数据同步，辅助域名服务器从主域名服务器获得区域副本，这个过程称为区域传输。区域传输存在两种方式：完全区域传输（AXFR）和增量区域传输（IXFR）。当新的 DNS 服务器添加到区域中，并且配置为新的辅助服务器时，它会执行完全区域传输（AXFR），从主服务器获取一份完整的资源记录副本。主服务器上的区域文件再次变动后，辅助服务器会执行增量区域传输（IXFR），完成资源记录的更新，始终保持 DNS 数据同步。

满足发生区域传输的条件时，辅助域名服务器向主服务器发送查询请求，更新其区域文件，如图 8-6 所示。

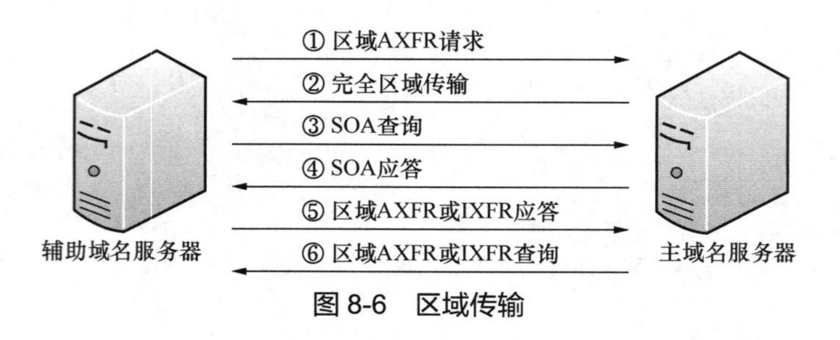

图 8-6　区域传输

（1）区域传输初始阶段，辅助服务器向主 DNS 服务器发送完全区域传输（AXFR）请求。

（2）主服务器做出响应，并将此区域完全传输到辅助服务器。

该区域传输时会一并发送 SOA 资源记录。SOA 中的“序列号”（serial）字段表示区域数据的版本，“刷新时间”（refresh）指出辅助服务器下一次发送查询请求的时间间隔。

（3）刷新间隔到期时，辅助服务器使用 SOA 查询来请求从主服务器续订此区域。

（4）主域名服务器应答其 SOA 记录的查询。

该响应包括主服务器中该区域的当前序列号版本。

（5）辅助服务器检查响应中的 SOA 记录的序列号，并确定续订该区域的方法，如果辅助服务器确认区域文件已经更改，则它会把 IXFR 查询发送到主服务器。

若 SOA 响应中的序列号等于其当前的本地序列号，那么两个服务器区域数据都相同，并且不需要区域传输。然后，辅助服务器根据主服务器 SOA 响应中的该字段值重新设置其刷新时间，续订该区域。如果 SOA 响应中的序列号值比其当前本地序列号要高，则可以确定此区域已更新并需要传输。

（6）主服务器通过区域的增量传输或完全传输做出响应。

如果主服务器可以保存修改的资源记录的历史记录，则它可以通过增量区域传输（IXFR）做出应答。如果主服务器不支持增量传输或没有区域变化的历史记录，则它可以通过完全区域传输（AXFR）做出应答。

3. 配置辅助域名服务器

【例 8-2】 承接任务 8-3，主域名服务器的 IP 地址是 192.168.10.1，辅助域名服务器的地址是 192.168.10.2，区域是“long.com”，测试客户端是 client1（192.168.10.20）。请给出配置过程。

（1）配置主域名服务器

具体过程参见“任务 8-3 配置主 DNS 服务器实例”。

（2）配置辅助域名服务器

在服务器 192.168.10.2 上，安装 DNS、修改主配置文件 named.conf 属组及内容、关闭防火墙。添加 long.com 区域的内容如下（注释内容不要写到配置文件中）。

```
[root@RHEL7-2 ~]# vim  /etc/named.conf
options {
        listen-on port 53 { any; };
        directory       "/var/named";
        allow-query     { any; };
        recursion yes;

        dnssec-enable no;
zone "." IN {
        type        hint;
        file        "name.ca";
};

zone "long.com" IN {
        type    slave;                          //区域的类型为 slave
        file    "slaves/long.com.zone";         //区域文件在/var/named/slaves 下
        masters  { 192.168.10.1; } ;            //主 DNS 服务器地址
};

zone "10.168.192.in-addr.arpa" IN {
        type    slave;                          //区域的类型为 slave
        file    "slaves/2.10.168.192.zone";     //区域文件在/var/named/slaves 下
        masters { 192.168.10.1;};               //主 DNS 服务器地址
  };
```

说明：辅助 DNS 服务器只需要设置主配置文件，正反向区域解析文件会在辅助 DNS 服务器设置完成主配置文件，重启 DNS 服务时，由主 DNS 服务器同步到辅助 DNS 服务器，只不过路径是/var/named/slaves 而已。

（3）数据同步测试

① 开放防火墙，重启辅助服务器 named 服务，使其与主域名服务器数据同步。

```
[root@RHEL7-2 ~]# firewall-cmd --permanent --add-service=dns
[root@RHEL7-2 ~]# firewall-cmd --reload
[root@RHEL7-2 ~]# systemctl restart named
[root@RHEL7-2 ~]# systemctl enable named
```

② 在主域名服务器上执行 tail 命令查看系统日志，辅助域名服务器通过完整无缺区域复制（AXFR）获取 long.com 区域数据。

```
[root@RHEL7-1 ~]# tail   /var/log/messages
```

③ 通过 tail 命令查看辅助域名服务器的系统日志，通过 ls 命令查看辅助域名服务器的/var/named/slaves 目录，说明区域文件 long.com.zone 复制完毕。

```
[root@RHEL7-2 ~]# ll   /var/named/slaves/
```

注意：配置区域复制时一定要关闭防火墙。

④ 在客户端测试辅助 DNS 服务器。将客户端计算机的首要 DNS 服务器地址设为 192.168.10.2，然后利用 nslookup 进行测试，其过程如下。

```
[root@client1 ~]# nslookup
> server
Default server: 192.168.10.2
Address: 192.168.10.2#53
> www.long.com
Server:        192.168.10.2
Address: 192.168.10.2#53

Name:    www.long.com
Address: 192.168.10.20
> dns.long.com
Server:        192.168.10.2
Address: 192.168.10.2#53

Name:    dns.long.com
Address: 192.168.10.1
> 192.168.10.40
Server:        192.168.10.2
Address: 192.168.10.2#53

40.10.168.192.in-addr.arpa name = ftp.long.com.
>
```

任务 8-5　建立子域并进行区域委派

域名空间由多个域构成，DNS 提供了将域名空间划分为一个或多个区域的方法，这样使得管理更加方便。而对于域来说，随着域的规模和功能不断扩展，为了保证 DNS 管理维护以及查询速度，可以为一个域添加附加域，上级域为父域，下级域为子域，父域为 long.com，子域为 submain.long.com。

1. 子域应用环境

当要为一个域附加子域时，请检查是否属于以下 3 种情况。

（1）域中增加了新的分支或站点，需要添加子域扩展域名空间。

（2）域中规模不断扩大，记录条目不断增多，该域的 DNS 数据库变得过于庞大，用户检索 DNS 信息时间增加。

（3）需要将 DNS 域名空间的部分管理工作分散到其他部门或地理位置。

2. 管理子域

根据需要，决定添加子域，可以使用以下两种方法管理子域。

（1）区域委派。父域建立子域并将子域的解析工作委派到额外的域名服务器，并在父域的权威 DNS 服务器中登记相应的委派记录，建立这个操作的过程称为区域委派。在任何情况下，创建子域都可以进行区域委派。

（2）虚拟子域。建立子域时，子域管理工作并不委派给其他服务器，而是与父域信息一起，存放在相同的域名服务器的区域文件中。如果只是为域添加分支或子站，不考虑到分散管理，选择虚拟子域的方式，可以降低硬件成本。

注意：执行区域委派时，仅仅创建子域无法使子域信息得到正常的解析。在父域的权威域名服务器的区域文件中，务必添加子域域名服务器的记录，建立子域与父域的关联，否则，子域域名解析无法完成。

---

3. 配置区域委派

【例8-3】 公司提供虚拟主机服务，所有主机后缀域名为long.com。随着虚拟主机注册量大幅增加，DNS查询速度明显变慢，并且域名的管理维护工作非常困难。

分析：对于DNS的一系列问题，如查询速度过慢，管理维护工作繁重，均是域名服务器中记录条目过多造成的。管理员可以为long.com新建子域test.long.com并配置区域委派，将子域的维护工作交付其他的DNS服务器，新的虚拟主机注册域名为test.long.com，减少long.com域名服务器负荷，提高查询速度。父域名服务器地址为192.168.10.1，子域名服务器地址为192.168.10.2。

（1）父域设置区域委派。设置父域名服务器named.conf文件：编辑/etc/named.conf并添加long.com区域记录。参考任务8-3：设置named.conf文件并添加“long.com”区域，指定正向解析区域文件名为long.com.zone，反向解析区域文件名为1.10.168.192.zone。

（2）添加long.com区域文件。父域的区域文件中，务必要添加子域的委派记录及管理子域的权威服务器的IP地址（注意新增加的最后两行！不要把标号或注释写到配置文件中）。

```
[root@RHEL7-1 ~]# vim  /var/named/long.com.zone
$TTL 1D
@       IN SOA    @ root.long.com. (
                                  0       ; serial
                                  1D      ; refresh
                                  1H      ; retry
                                  1W      ; expire
                                  3H )    ; minimum

@                 IN          NS                    dns.long.com.
@                 IN          MX          10        mail.long.com.

dns               IN          A                     192.168.10.1
mail              IN          A                     192.168.10.2
slave             IN          A                     192.168.10.2
www               IN          A                     192.168.10.20
ftp               IN          A                     192.168.10.40
web                 IN      CNAME                  www.long.com.
test.long.com.      IN        NS        dns1.test.long.com.   ①
dns1.test.long.com. IN        A         192.168.10.2          ②
```

① 指定委派区域test.long.com管理工作由域名服务器dns1.test.long.com负责。

② 添加dns1.test.long.com的A记录信息，定位子域test.long.com的权威服务器。

（3）在父域服务器上添加long.com反向区域文件

（最后2行是新增加的）。

```
[root@RHEL7-1 ~]# vim  /var/named/1.10.168.192.zone

$TTL 1D
@       IN SOA    @    root.long.com. (
                                  0       ; serial
                                  1D      ; refresh
                                  1H      ; retry
                                  1W      ; expire
```

```
                                3H )    ; minimum

@           IN      NS              dns.long.com.
@           IN      MX      10      mail.long.com.

1           IN      PTR             dns.long.com.
2           IN      PTR             mail.long.com.
2           IN      PTR             slave.long.com.
20          IN      PTR             www.long.com.
40          IN      PTR             ftp.long.com.

1           IN      PTR             dns.long.com.
2           IN      PTR             dns1.test.long.com.
```

（4）在 RHEL7-1 上配置防火墙，设置主配置文件和区域文件的属组为 named，然后重启 DNS 服务。

```
[root@RHEL7-1 ~]# firewall-cmd --permanent --add-service=dns
[root@RHEL7-1 ~]# firewall-cmd --reload
[root@RHEL7-1 ~]# chgrp   named   /etc/named.conf
[root@RHEL7-1 ~]# systemctl restart named
[root@RHEL7-1 ~]# systemctl enable named
```

（5）在子域服务器 192.168.10.2 上设置子域。编辑/etc/named.conf 并添加 test.long.com 区域记录（注意清除或注释掉原来的辅助 DNS 信息）。

```
[root@RHEL7-2 ~]# vim  /etc/named.conf
options {
        directory     "/var/named";
   };
zone "." IN {
       type hint;
       file "named.ca";
};

zone "test.long.com" {
       type   master;
       file   "test.long.com.zone";
};

zone "10.168.192.in-addr.arpa"  {
       type   master;
       file   "2.10.168.192.zone";
};
```

（6）在子域服务器 192.168.10.2 上设置子域，添加 test.long.com 域的正向解析区域文件。

```
[root@RHEL7-2 ~]# vim   /var/named/test.long.com.zone
$TTL 1D
@       IN  SOA       test.long.com.  root.test.long.com. (
                          2013120800 ; serial
                          86400      ; refresh (1 day)
                          3600       ; retry (1 hour)
                          604800     ; expire (1 week)
                          10800      ; minimum (3 hours)
                          )
@           IN      NS          dns1.test.long.com.
```

```
dns1          IN      A          192.168.10.2
computer1     IN      A          192.168.10.40       //为方便后面测试，增加一条 A 记录
```

（7）在子域服务器 192.168.10.2 上设置子域，添加 test.long.com 域的反向解析区域文件 。

```
[root@RHEL7-2 ~]# vim   /var/named/2.10.168.192.zone
$TTL   86400
@      IN       SOA     0.168.192.in-addr.arpa. root.test.long.com.(
                         2013120800             ; Serial
                         28800                  ; Refresh
                         14400                  ; Retry
                         3600000                ; Expire
                         86400 )                ; Minimum
@      IN       NS            dns1.test.long.com.
200    IN       PTR           dns1.test.long.com.
40     IN       PTR           computer1.test.long.com.
```

（8）在 RHEL7-2 上配置防火墙，设置主配置文件和区域文件的属组为 named，然后重启 DNS 服务。

```
[root@RHEL7-2 ~]# firewall-cmd --permanent --add-service=dns
[root@RHEL7-2 ~]# firewall-cmd --reload
[root@RHEL7-2 ~]# chgrp   named   /etc/named.conf
[root@RHEL7-2 ~]# systemctl restart named
[root@RHEL7-2 ~]# systemctl enable named
```

（9）测试。

将客户端 Client1 的 DNS 服务器设为 192.168.10.1，因为 192.168.10.1 这台计算机上没有 computer1.test.long.com 的主机记录，但 192.168.10.2 计算机上有。如果委派成功，客户端将能正确解析 computer1.test.long.com。测试结果如下。

```
[root@Client1 ~]# nslookup
> server
Default server: 192.168.10.1
Address: 192.168.10.1#53
> www.long.com
Server:        192.168.10.1
Address: 192.168.10.1#53

Name:    www.long.com
Address: 192.168.10.20
> 192.168.10.20
Server:        192.168.10.1
Address: 192.168.10.1#53

20.10.168.192.in-addr.arpa    name = www.long.com.
> exit

[root@client1 ~]#
```

4．关于配置文件的总结

从任务 8-5 中，能看出什么？RHEL7-1 和 RHEL7-2 上的配置文件的配置方法有什么不同？

在 RHEL7-1 上使用了 named.conf、named.zones、long.com.zone、1.10.168.192.zone 等 4 个配置文件，而在 RHEL7-2 上只使用了 3 个配置文件 named.conf、test.long.com.zone、2.10.168.192.zone，这就是最大的区别。实际上在 RHEL7-2 上配置 DNS 时，将 named.zones

的内容直接写到了 named.conf 文件中，从而省略掉了 named.zones，反而更简洁。请读者务必认真回味思考！方法不一，原理一致，认真思考，融会贯通！

任务 8-6　配置转发服务器

转发服务器（Forwarding Server）接收查询请求，但不直接提供 DNS 解析，而是将所有查询请求发送到另外的 DNS 服务器，查询结果返回后保存到缓存。如果没有指定转发服务器，则 DNS 服务器会使用根区域记录，向根服务器发送查询，这样许多非常重要的 DNS 信息会暴露在 Internet 上。除了该安全和隐私问题，直接解析会导致大量外部通信，对于慢速接入 Internet 的网络或 Internet 服务成本很高的公司，提高通信效率非常不利，而转发服务器可以存储 DNS 缓存，内部的客户端能够直接从缓存中获取信息，不必向外部 DNS 服务器发送请求。这样可以减少网络流量并加速查询速度。

按照转发类型的区别，转发服务器可以分为以下两种类型。

1. 完全转发服务器

DNS 服务器配置为完全转发会将所有区域的 DNS 查询请求发送到其他 DNS 服务器。可以设置 named.conf 文件的 options 字段实现该功能。

```
[root@RHEL7-2 ~]# vim  /etc/named.conf
options {
        directory  "/var/named";
        recursion  yes;                          ;允许递归查询
        dnssec-validation no;                    ;必须设置为 no
         forwarders { 192.168.10.1; };           ;指定转发查询请求 DNS 服务器列表
        forward only;                            ;仅执行转发操作
    };
```

2. 条件转发服务器

该类型服务器只能转发指定域的 DNS 查询请求，需要修改 named.conf 文件并添加转发区域的设置。

【**例 8-4**】 在 RHEL7-2 上对域 long.com 设置转发服务器 192.168.10.1 和 192.168.10.100。

```
[root@RHEL7-2 ~]# vim  /etc/named.conf
options {
        directory    "/var/named";
        recursion  yes;                          ;允许递归查询
        dnssec-validation no;                    ;必须设置为 no
              };
zone "." {
        type       hint;
        file       "name.ca";
}

zone "long.com" {
      type    forward;                                          ;指定该区域为条件转发类型
     forwarders { 192.168.10.1; 192.168.10.100; };              ;设置转发服务器列表
};
```

设置转发服务器的注意事项如下。

- 转发服务器的查询模式必须允许递归查询，否则无法正确完成转发。
- 转发服务器列表如果为多个 DNS 服务器，则会依次尝试，直到获得查询信息为止。

- 配置区域委派时，使用转发服务器，有可能会产生区域引用的错误。

搭建转发服务器的过程并不复杂，为了更有效地发挥转发效率，需要掌握以下操作技巧。

① 转发列表配置精简。对于配置有转发器的 DNS 服务器，可将查询发送到多个不同的位置，如果配置转发服务器过多，则会增加查询的时间。根据需要使用转发器，如将本地无法解析的 DNS 信息转发到其他 DNS 服务器。

② 避免链接转发器。如果配置了 DNS 服务器 server1，将查询请求转发给 DNS 服务器 server2，则不要再为 server2 配置其他转发服务器，将 server1 的请求再次转发，这样会降低解析的效率。如果其他转发服务器配置错误，将查询转发给 server1，那么可能会导致错误。

③ 减少转发器负荷。如果 DNS 服务器向转发器发送查询请求，那么转发器会通过递归查询解析该 DNS 信息，需要大量时间来应答。如果大量 DNS 服务器使用这些转发器查询域名信息，则会增加转发器的工作量，降低解析的效率，所以建议使用一个以上的转发器实现负载。

④ 避免转发器配置错误。如果配置多个转发器，那么 DNS 服务器将尝试按照配置文件设置的顺序来转发域名。如果国内的域名服务器错误地将第一个转发器配置为美国的 DNS 服务器地址，则所有本地无法解析的查询，均会发送到指定的美国 DNS 服务器，这会降低网络上的名称解析效率。

3. 测试转发服务器是否成功

在 RHEL7-2 上设置完成并配置防火墙启动后，在 Client1 上测试，设置 Client 的 DNS 服务器为 192.168.10.2 本身，看能否转发到 192.168.10.1 进行 DNS 解析。

任务 8-7　配置缓存服务器

所有的 DNS 服务器都会完成指定的查询工作，然后存储已经解析的结果。缓存服务器（Caching-only Name Server）是一种特殊的域名服务器类型，其本地区并不设置 DNS 信息，仅执行查询和缓存操作。客户端发送查询请求，缓存服务器如果保存有该查询信息，则直接返回结果，提高了 DNS 的解析速度。

如果网络与外部网络连接带宽较低，则可以使用缓存服务器，一旦建立了缓存，通信量便会减少。另外缓存服务器不执行区域传输，这样可以减少网络通信流量。

注意：缓存服务器第一次启动时，没有缓存任何信息。只有执行客户端的查询请求，才可以构建缓存数据库，达到减少网络流量及提速的作用。

【例 8-5】　公司网络为了提高客户端访问外部 Web 站点的速度并减少网络流量，需要在内部建立缓存服务器（RHEL7-2）。

分析：因为公司内部没有其他 Web 站点，所以不需要在 DNS 服务器建立专门的区域，只需要能够接收用户的请求，然后发送到根服务器，通过迭代查询获得相应的 DNS 信息，然后将查询结果保存到缓存，保存的信息 TTL 值过期后将会清空。

缓存服务器不需要建立独立的区域，可以直接设置 named.conf 文件，实现缓存的功能。

```
[root@RHEL7-2 ~]# vim   /etc/named.conf
options {
        directory      "/var/named";
        datasize       100M;          ;DNS 服务器缓存设置为 100MB
```

```
        recursion     yes;              ;允许递归查询
    };
zone "." {
        type      hint;
        file      "name.ca";            ;根区域文件，保证存取正确的根服务器记录
}
```

8.4 企业DNS服务器实用案例

8.4.1 企业环境与需求

DNS主机（双网卡）的完整域名是server.smile.com和server.long.com，IP地址是192.168.0.1和192.168.1.1，系统管理员的E-mail地址是root@RHEL7-1.smile.com。一般常规服务器属于smile.com域，技术部属于long.com域。要求所有员工均可以访问外网地址。域中需要注册的主机分别如下。

- server.smile.com （IP地址为192.168.0.1），别名为fsserver.smile.com，正式名称为mail.smile.com、www.smile.com，要提供DNS、E-mail、www和Samba服务。
- ftp.smile.com（IP地址为192.168.0.2），主要提供ftp和proxy服务。
- asp.smile.com（IP地址为192.168.0.3），是一台Windows Server 2003主机，主要提供ASP服务。
- RHEL7-1.smile.com（IP地址为192.168.0.4），主要提供E-mail和News服务。
- server.long.com （IP地址为192.168.1.1），提供DNS服务。
- computer1.long.com（IP地址为192.168.1.5），技术部的一台主机。
- computer2.long.com（IP地址为192.168.1.6），技术部的一台主机。

8.4.2 需求分析

单纯配置两个区域并不困难，但是因为实际环境要求可以完成内网所有域的正/反向解析，所以还需要在主配置文件中建立这两个域的反向区域，并建立这些反向区域对应的区域文件。反向区域文件中会用到PTR记录。如果要求所有员工均可以访问外网地址，还需要设置根区域，并建立根区域对应的区域文件，这样才可以访问外网地址。

注意：整个过程需要在主配置文件中设置可以解析的2个区域，并建立这两个区域对应的区域文件（实际案例可能域的数量还要多，比如可能销售部属于sales.com域，其他人员属于freedom.com域等，以此类推）。

8.4.3 解决方案

1. 确认named.ca

下载ftp://rs.internic.net/domain/named.root，这是域名解析根服务器的最新版本。下载完毕，将该文件改名为named.ca，然后复制到“/var/named”下。

2. 编辑主配置文件，添加根服务器信息（安装等工作已做好）

```
[root@RHEL7-1 ~]# vim  /etc/named.conf
options {
```

```
        directory    "/var/named";
    };
zone "." IN {
        type      hint;
        file      "name.ca";
}
```

3．添加 smile.com 和 long.com 域信息

```
[root@RHEL7-1 ~]# vim  /etc/named.conf
（略）

zone "smile.com" {
        type    master;
        file    "smile.com.zone";
};

zone "0.168.192.in-addr.arpa"  {
        type master;
        file "1.0.168.192.zone";
};

zone "long.com" {
        type    master;
        file    "long.com.zone";
};

zone "1.168.192.in-addr.arpa"  {
        type master;
        file "1.1.168.192.zone";
};
```

4．将/etc/named.conf 属组由 root 改为 named

```
[root@RHEL7-1 ~]# cd /etc
[root@RHEL7-1 ~]# chgrp   named   named.conf
```

5．建立 2 个区域对应的区域文件，并更改属组为 named

```
[root@RHEL7-1 ~]# touch   /var/named/smile.com.zone
[root@RHEL7-1 ~]# chgrp   named  /var/named/smile.com.zone
[root@RHEL7-1 ~]# touch   /var/named/long.com.zone
[root@RHEL7-1 ~]# chgrp   named   /var/named/long.com.zone
```

6．配置区域文件并添加相应的资源记录

（1）配置“smile.com”正向解析区域。

```
[root@RHEL7-1 ~]# vim   /var/named/smile.com.zone
$TTL 1D

@       IN     SOA     smile.com.     root.smile.com.(
                  2013121400        ; Serial
                  28800             ; Refresh
                  14400             ; Retry
                  3600000           ; Expire
                  86400 )           ; Minimum
@              IN     NS                  server.smile.com.
server          IN     A                   192.168.0.1
```

```
@              IN    MX    10          server.smile.com.
@              IN    MX    11          server.smile.com.
ftp            IN    A                 192.168.0.2
asp            IN    A                 192.168.0.3
RHEL7-1        IN    A                 192.168.0.4
mail           IN    CNAME              server.smile.com.
mail1          IN    CNAME              RHEL7-1.smile.com.
fsserver       IN    CNAME              server.smile.com.
news           IN    CNAME              RHEL7-1.smile.com.
proxy          IN    CNAME              ftp.smile.com.
www            IN    CNAME              server.smile.com.
samba          IN    CNAME              server.smile.com.
ftp            IN    A                 192.168.0.2
ftp            IN    A                 192.168.0.12
ftp            IN    A                 192.168.0.13
```

（2）配置“smile.com”反向解析区域。

```
[root@RHEL7-1 ~]# vim   /var/named/1.0.168.192.zone
$TTL   86400
@      IN      SOA     0.168.192.in-addr.arpa. root.smile.com.(
                        2013120800          ; Serial
                        28800              ; Refresh
                        14400              ; Retry
                        3600000            ; Expire
                        86400 )            ; Minimum

@            IN            NS          server.smile.com.
1            IN            PTR         server.smile.com.
2            IN            PTR         ftp.smile.com.
3            IN            PTR         asp.smile.com.
4            IN            PTR         mail.smile.com.
```

（3）配置“long.com”正向解析区域文件。

```
[root@RHEL7-1 ~]# vim   /var/named/long.com.zone
$ORIGIN      long.com.
$TTL 86400
@         IN    SOA    long.com.      root.long.com.(
                     2010021400        ; Serial
                     28800             ; Refresh
                     14400             ; Retry
                     3600000           ; Expire
                     86400 )           ; Minimum
@                        IN       NS           server.long.com.
server                   IN       A            192.168.1.1
computer1                IN       A            192.168.1.5
computer2                IN       A            192.168.1.6
```

（4）配置“long.com”反向解析区域文件。

```
[root@RHEL7-1 ~]# vim   /var/named/1.1.168.192.zone
$ORIGIN      1.168.192.in-addr.arpa.
$TTL 86400
@         IN       SOA    1.168.192.in-addr.arpa.   root.long.com.(
                          2010021400        ; Serial
                          28800             ; Refresh
                          14400             ; Retry
```

```
                    3600000         ; Expire
                    86400 )         ; Minimum
@         IN        NS              server.long.com.
1         IN        PTR             server.long.com.
5         IN        PTR             computer1.long.com.
6         IN        PTR             computer2.long.com.
```

（5）实现负载均衡功能。FTP服务器本来的IP地址是192.168.0.2，但由于性能有限，不能满足客户端大流量的并发访问，所以新添加了两台服务器192.168.0.12和192.168.0.13，采用DNS服务器的负载均衡功能来提供更加可靠的FTP功能。

在DNS服务器的正向解析区域主配置文件中，添加如下信息。

```
ftp                 IN      A           192.168.0.2
ftp                 IN      A           192.168.0.12
ftp                 IN      A           192.168.0.13
```

（6）在RHEL7-1上配置防火墙，设置主配置文件和区域文件的属组为named，然后重启DNS服务。

```
[root@RHEL7-1 ~]# firewall-cmd --permanent --add-service=dns
[root@RHEL7-1 ~]# firewall-cmd --reload
[root@RHEL7-1 ~]# chgrp   named   /etc/named.conf
[root@RHEL7-1 ~]# systemctl restart named
[root@RHEL7-1 ~]# systemctl enable named
```

（7）在Client1上测试DNS。

① Client1的IP地址设置为192.168.0.20/24，DNS设置为192.168.0.1。

② 保证Client1与RHEL7-1通信畅通。

③ 使用nslookup测试。

8.5 DNS故障排除

8.5.1 使用工具排除DNS服务器配置

1. nslookup

nslookup工具可以查询互联网域名信息，检测DNS服务器的设置，如查询域名对应的IP地址等。nslookup支持两种模式：非交互式和交互式模式。

（1）非交互式模式。

非交互式模式只可以查询主机和域名信息。在命令行下直接输入nslookup命令，查询域名信息。

命令格式：

```
nslookup 域名或IP地址
```

注意：通常访问互联网时，输入的网址实际上对应着互联网上的一台主机。

（2）交互模式。

交互模式允许用户通过域名服务器查询主机和域名信息或者显示一个域的主机列表。用户可以按照需要，输入指令进行交互式的操作。

在交互模式下，nslookup可以自由查询主机或者域名信息。下面举例说明nslookup命令的使用方法。见前面相关内容，不再赘述。

2. dig 命令

dig（domain information groper）是一个灵活的命令行方式的域名查询工具，常用于从域名服务器获取特定的信息。例如，通过 dig 命令查看域名 www.long.com 的信息。

```
[root@Client1 ~]# dig www.long.com
<<>> DiG 9.9.4-RedHat-9.9.4-50.el7 <<>> www.long.com
;; global options: +cmd
;; Got answer:
;; ->>HEADER<<- opcode: QUERY, status: NOERROR, id: 21845
;; flags: qr aa rd ra; QUERY: 1, ANSWER: 1, AUTHORITY: 1, ADDITIONAL: 2

;; OPT PSEUDOSECTION:
; EDNS: version: 0, flags:; udp: 4096
;; QUESTION SECTION:
;www.long.com.            IN    A

;; ANSWER SECTION:
www.long.com.       86400    IN    A    192.168.10.20

;; AUTHORITY SECTION:
long.com.       86400    IN    NS    dns.long.com.

;; ADDITIONAL SECTION:
dns.long.com.       86400    IN    A    192.168.10.1

;; Query time: 1 msec
;; SERVER: 192.168.10.1#53(192.168.10.1)
;; WHEN: Wed Aug 01 22:12:46 CST 2018
;; MSG SIZE  rcvd: 91
```

3. host 命令

host 命令用来查询简单的主机名的信息，在默认情况下，host 只在主机名和 IP 地址之间转换。下面是一些常见的 host 命令的使用方法。

```
//正向查询主机地址
[root@Client1 ~]# host dns.long.com
//反向查询 IP 地址对应的域名
[root@Client1 ~]# host 192.168.10.2
//查询不同类型的资源记录配置，-t 参数后可以为 SOA、MX、CNAME、A、PTR 等
[root@Client1 ~]# host -t NS long.com
//列出整个 long.com 域的信息
[root@Client1 ~]# host -l long.com
//列出与指定的主机资源记录相关的详细信息
[root@Client1 ~]# host -a web.long.com
```

4. 查看启动信息

当执行“systemctl restart named”命令时，如果 named 服务无法正常启动，读者则可以查看提示信息，根据提示信息更改配置文件。

5. 查看端口

如果服务正常工作，则会开启 TCP 和 UDP 的 53 端口，可以使用 netstat -an 命令检测 53 端口是否正常工作。

```
netstat  -an|grep  :53
```

8.5.2 防火墙及SELinux对DNS服务器的影响

下面说明防火墙及SELinux对DNS服务器的影响。

1. firewalls

如果使用firewall防火墙，注意开放dns服务。

```
[root@RHEL7-2 ~]# firewall-cmd --permanent --add-service=dns
[root@RHEL7-2 ~]# firewall-cmd --reload
```

2. SELinux

SELinux（增强安全性的Linux）是美国安全部的一个研发项目，其目的在于增强开发代码的Linux内核，以提供更强的保护措施，防止一些关于安全方面的应用程序走弯路并且减轻恶意软件带来的灾难。SELinux提供一种严格的细分程序和文件的访问权限以及防止非法访问的OS安全功能。设定了监视并保护容易受到攻击的功能（服务）的策略，具体而言，主要目标是Web服务器httpd、DNS服务器named，以及dhcpd、nscd、ntpd、portmap、snmpd、squid和syslogd。SELinux把所有的拒绝信息输出到/var/log/messages。如果某台服务器，如bind不能正常启动，应查询messages文件来确认是否是SELinux造成服务不能运行。安装配置BIND DNS服务器时应先关闭SELinux。

使用命令行方式，编辑修改/etc/sysconfig/selinux配置文件。

```
SELINUX=0
```

重新启动后，该配置生效。

思考：SELinux的其他值有哪些？各有什么作用？

8.5.3 检查DNS服务器配置中的常见错误

- 配置文件名写错。在这种情况下，运行nslookup命令不会出现命令提示符“>”。
- 主机域名后面没有小点“.”，这是最常犯的错误。
- /etc/resolv.conf文件中的域名服务器的IP地址不正确。在这种情况下，nslookup命令不出现命令提示符。
- 特别注意：网卡配置文件、/etc/resolv.conf文件和命令setup都可以设置DNS服务器地址，这三处一定要一致，如果没有按设置的方式运行，不妨看看这两个文件是否冲突。
- 回送地址的数据库文件有问题。同样nslookup命令不出现命令提示符。
- 在/etc/named.conf文件中的zone区域声明中定义的文件名与/var/named目录下的区域数据库文件名不一致。

8.6 项目实录

视频8-2 实训项目 配置与管理DNS服务器

1. 视频位置

实训前请扫二维码观看：实训项目 配置与管理DNS服务器。

2. 项目背景

某企业有一个局域网（192.168.1.0/24），网络拓扑如图8-7所示。该企业中已经有自己的网页，员工希望通过域名来访问，同时员工也需要访问Internet上的网站。该企业已经申请了域名 jnrplinux.com，公司需要 Internet 上的用户通过域名访问公司的网页。为了保证可靠，不能因为 DNS 的故障，导致网页不能访问。

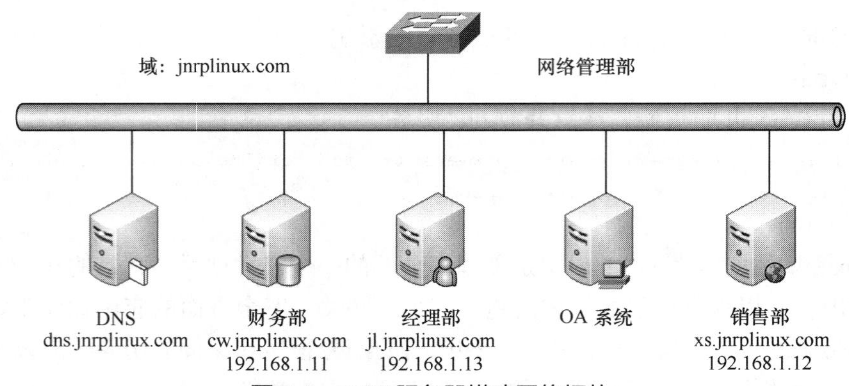

图 8-7　DNS 服务器搭建网络拓扑

要求在企业内部构建一台 DNS 服务器，为局域网中的计算机提供域名解析服务。DNS 服务器管理 jnrplinux.com 域的域名解析，DNS 服务器的域名为 dns.jnrplinux.com，IP 地址为 192.168.1.2。辅助 DNS 服务器的 IP 地址为 192.168.1.3。同时还必须为客户提供 Internet 上的主机的域名解析。要求分别能解析以下域名：财务部（cw.jnrplinux.com：192.168.1.11）、销售部（xs.jnrplinux.com：192.168.1.12）、经理部（jl.jnrplinux.com：192.168.1.13）和 OA 系统（oa.jnrplinux.com：192.168.1.13）。

3．做一做

根据项目要求及视频内容，将项目完整无缺地完成。

8.7　练习题

一、填空题

（1）因为在 Internet 中计算机之间直接利用 IP 地址进行寻址，所以需要将用户提供的主机名转换成 IP 地址，我们把这个过程称为________________。

（2）DNS 提供了一个____________的命名方案。

（3）DNS 顶级域名中表示商业组织的是____________。

（4）____________表示主机的资源记录，____________表示别名的资源记录。

（5）可以用来检测 DNS 资源创建得是否正确的两个工具是____________、____________。

（6）DNS 服务器的查询模式有：____________、____________。

（7）DNS 服务器分为 4 类：____________、____________、____________、____________。

（8）一般在 DNS 服务器之间的查询请求属于____________查询。

二、选择题

1．在 Linux 环境下，能实现域名解析的功能软件模块是（　　）。

A．apache　　B．dhcpd　　C．BIND　　D．SQUID

2．www.163.com 是 Internet 中主机的（　　）。

A．用户名　　B．密码　　C．别名

D．IP 地址　　E．FQDN

3. 在 DNS 服务器配置文件中，A 类资源记录是什么意思？（ ）
   A. 官方信息 B. IP 地址到名称的映射
   C. 名称到 IP 地址的映射 D. 一个 name server 的规范
4. 在 Linux DNS 系统中，根服务器提示文件是（ ）。
   A. /etc/named.ca B. /var/named/named.ca
   C. /var/named/named.local D. /etc/named.local
5. DNS 指针记录的标志是（ ）。
   A. A B. PTR C. CNAME D. NS
6. DNS 服务使用的端口是（ ）。
   A. TCP 53 B. UDP 53 C. TCP 54 D. UDP 54
7. 以下哪个命令可以测试 DNS 服务器的工作情况？（ ）
   A. dig B. host C. nslookup D. named-checkzone
8. 下列哪个命令可以启动 DNS 服务？（ ）
   A. systemctl start named B. systemctl restart named
   C. service dns start D. /etc/init.d/dns start
9. 指定域名服务器位置的文件是（ ）。
   A. /etc/hosts B. /etc/networks C. /etc/resolv.conf D. /.profile

三、简答题

1. 描述域名空间的有关内容。
2. 简述 DNS 域名解析的工作过程。
3. 简述常用的资源记录有哪些。
4. 如何排除 DNS 故障？

8.8 实践习题

1. 企业采用多个区域管理各部门网络，技术部属于“tech.org”域，市场部属于“mart.org”域，其他人员属于“freedom.org”域。技术部门共有 200 人，采用的 IP 地址为 192.168.1.1～192.168.1.200。市场部门共有 100 人，采用 IP 地址为 192.168.2.1～192.168.2.100。其他人员只有 50 人，采用 IP 地址为 192.168.3.1～192.168.3.50。现采用一台 RHEL 5 主机搭建 DNS 服务器，其 IP 地址为 192.168.1.254，要求这台 DNS 服务器可以完成内网所有区域的正/反向解析，并且所有员工均可以访问外网地址。

请写出详细解决方案，并上机实现。

2. 建立辅助 DNS 服务器，并让主 DNS 服务器与辅助 DNS 服务器数据同步。

3. 参见“任务 8-5 建立子域并进行区域委派”，配置区域委派，并上机测试。

第9章 配置与管理 Apache 服务器

项目导入

某学院组建了校园网，建设了学院网站。现需要架设 Web 服务器来为学院网站安家，同时在网站上传和更新时，需要用到文件上传和下载，因此还要架设 FTP 服务器，为学院内部和互联网用户提供 WWW、FTP 等服务。本项目先实践配置与管理 Apache 服务器。

项目目标

- 认识 Apache
- 掌握 Apache 服务器的安装与启动
- 掌握 Apache 服务器的主配置文件
- 掌握各种 Apache 服务器的配置
- 学会创建 Web 网站和虚拟主机

9.1 相关知识

由于能够提供图形、声音等多媒体数据，再加上可以交互的动态 Web 语言的广泛普及，WWW（World Wide Web）早已经成为 Internet 用户最喜欢的访问方式。一个最重要的证明就是，当前的绝大部分 Internet 流量都是由 WWW 浏览产生的。

9.1.1 Web 服务概述

WWW 服务是解决应用程序之间相互通信的一项技术。严格地说，WWW 服务是描述一系列操作的接口，它使用标准的、规范的 XML 描述接口。这一描述中包括了与服务进行交互所需的全部细节，包括消息格式、传输协议和服务位置。而在对外的接口中隐藏了服务实现的细节，仅提供一系列可执行的操作，这些操作独立于软、硬件平台和编写服务所用的编程语言。WWW 服务既可单独使用，也可同其他 WWW 服务一起使用，实现复杂的商业功能。

1. Web 服务简介

WWW 是 Internet 上被广泛应用的一种信息服务技术。WWW 采用的是客户/服务器结构，整理和储存各种 WWW 资源，并响应客户端软件的请求，把所需的信息资源通过浏览器传送给用户。

Web 服务通常可以分为两种：静态 Web 服务和动态 Web 服务。

2. HTTP

超文本传输协议（Hypertext Transfer Protocol，HTTP）可以算得上是目前国际互联网基础上的一个重要组成部分。而 Apache、IIS 服务器是 HTTP 的服务器软件，微软的 Internet

Explorer 和 Mozilla 的 Firefox 则是 HTTP 的客户端实现。

（1）客户端访问 Web 服务器的过程

一般客户端访问 Web 服务器要经过 3 个阶段：在客户端和 Web 服务器间建立连接、传输相关内容、关闭连接。

① Web 浏览器使用 HTTP 命令向服务器发出 Web 请求（一般是使用 GET 命令要求返回一个页面，但也有 POST 等命令）。

② 服务器接收到 Web 页面请求后，就发送一个应答并在客户端和服务器之间建立连接。图 9-1 所示为 Web 客户端与服务器之间建立连接的示意图。

③ 服务器 Web 查找客户端所需文档，若 Web 服务器查找到请求的文档，就会将请求的文档传送给 Web 浏览器。若该文档不存在，则服务器会发送一个相应的错误提示文档给客户端。

④ Web 浏览器接收到文档后，就将它解释并显示在屏幕上。图 9-2 所示为 Web 客户端与服务器之间进行数据传输的示意图。

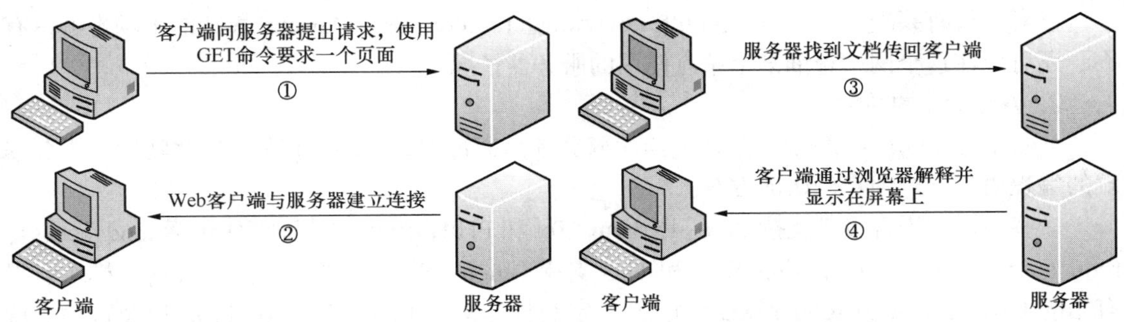

图 9-1　Web 客户端和服务器之间建立连接　　图 9-2　Web 客户端和服务器之间进行数据传输

⑤ 客户端浏览完成后，断开与服务器的连接。图 9-3 所示为 Web 客户端与服务器之间关闭连接的示意图。

（2）端口

HTTP 请求的默认端口是 80，但是也可以配置某个 Web 服务器使用另外一个端口（如 8080）。这就能让同一台服务器上运行多个 Web 服务器，每个服务器监听不同的端口。但是要注意，访问端口是 80 的服务器，由于是默认设置，所以不需要写明端口号，如果访问的一个服务器是 8080 端口，端口号就不能省略，它的访问方式就变成了

⑤
服务器与客户端关闭连接
客户端
服务器

图 9-3　Web 客户端和服务器之间关闭连接

```
http://www.smile.com:8080/
```

9.1.2　Apache 服务器简介

Apache HTTP Server（简称 Apache）是 Apache 软件基金会维护开发的一个开放源代码的网页服务器，可以在大多数计算机操作系统中运行，由于其多平台和安全性被广泛使用，是最流行的 Web 服务器端软件之一。它快速、可靠并且可通过简单的 API 扩展，将 Perl/Python 等解释器编译到服务器中。

视频 9-1　管理与维护 Apache 服务器

1. Apache 的历史

Apache 起初是由伊利诺伊大学香槟分校的国家超级计算机应用中心（NCSA）开发

的，此后，Apache 被开放源代码团体的成员不断发展和加强。Apache 服务器拥有牢靠、可信的美誉，已用在超过半数的 Internet 网站中，几乎包含了所有最热门和访问量最大的网站。

开始，Apache 只是 Netscape 网页服务器（现在是 Sun ONE）之外的开放源代码选择，渐渐地，它开始在功能和速度上超越其他的基于 UNIX 的 HTTP 服务器。1996 年 4 月以来，Apache 一直是 Internet 上最流行的 HTTP 服务器。

小资料：Apache 在 1995 年初开发的时候，是由当时最流行的 HTTP 服务器 NCSA HTTPd 1.3 的代码修改而成的，因此是“一个修补的（a patchy）”服务器。然而在服务器官方网方网站的 FAQ 中是这么解释的：“‘Apache’这个名字是为了纪念名为 Apache（印地语）的美洲印第安人土著的一支，众所周知他们拥有高超的作战策略和无穷的耐性”。

读者如果有兴趣的话，可以到 http://www.netcraft.com 查看 Apache 最新的市场份额占有率，还可以在这个网站查询某个站点使用的服务器情况。

2. Apache 的特性

Apache 支持众多功能，这些功能绝大部分都是通过编译模块实现的。这些特性从服务器端的编程语言支持到身份认证方案。

一些通用的语言接口支持 Perl、Python、Tcl 和 PHP，流行的认证模块包括 mod_access、rood_auth 和 rood_digest，还有 SSL 和 TLS 支持（mod_ssl）、代理服务器（proxy）模块、很有用的 URL 重写（由 rood_rewrite 实现）、定制日志文件（mod_log_config），以及过滤支持（mod_include 和 mod_ext_filter）。

Apache 日志可以通过网页浏览器使用免费的脚本 AWStats 或 Visitors 来分析。

9.2 项目设计及准备

9.2.1 项目设计

利用 Apache 服务建立普通 Web 站点、基于主机和用户认证的访问控制。

9.2.2 项目准备

安装有企业服务器版 Linux 的 PC 一台、测试用计算机 2 台（Windows 7、Linux），并且两台计算机都在连入局域网。该环境也可以用虚拟机实现。规划好各台主机的 IP 地址，如表 9-1 所示。

表 9-1 Linux 服务器和客户端信息

主机名称	操作系统	IP	角 色
RHEL7-1	RHEL 7	192.168.10.1/24	Web 服务器；VMnet1
Client1	RHEL 7	192.168.10.20/24	Linux 客户端；VMnet1
Win7-1	Windows 7	192.168.10.40/24	Windows 客户端；VMnet1

9.3 项目实施

任务 9-1 安装、启动与停止 Apache 服务

1. 安装 Apache 相关软件

```
[root@RHEL7-1 ~]# rpm -q httpd
[root@RHEL7-1 ~]# mkdir /iso
[root@RHEL7-1 ~]# mount /dev/cdrom /iso
[root@RHEL7-1 ~]# yum clean all                    //安装前先清除缓存
[root@RHEL7-1 ~]# yum install httpd -y
[root@RHEL7-1 ~]# yum install firefox -y           //安装浏览器
[root@RHEL7-1 ~]# rpm -qa|grep httpd               //检查安装组件是否成功
```

注意：一般情况下，Firefox 默认已经安装，需要根据情况而定。

2. 让防火墙放行，并设置 SELinux 为允许

需要注意的是，Red Hat Enterprise Linux 7 采用了 SELinux 这种增强的安全模式，在默认的配置下，只有 SSH 服务可以通过。像 Apache 这种服务，在安装、配置、启动完毕，还需要为它放行才行。

使用防火墙命令，放行 http 服务命令如下。

```
[root@RHEL7-1 ~]# firewall-cmd --list-all
[root@RHEL7-1 ~]# firewall-cmd --permanent --add-service=http
success
[root@RHEL7-1 ~]# firewall-cmd --reload
success
[root@RHEL7-1 ~]# firewall-cmd --list-all
public (active)
  target: default
  icmp-block-inversion: no
  interfaces: ens33
  sources:
  services: ssh dhcpv6-client samba dns http
  ......
```

3. 测试 httpd 服务是否安装成功

安装完 Apache 服务器后，启动它，并设置开机自动加载 Apache 服务。

```
[root@RHEL7-1 ~]# systemctl start httpd
[root@RHEL7-1 ~]# systemctl enable httpd
[root@RHEL7-1 ~]# firefox http://127.0.0.1
```

如果看到图 9-4 所示的提示信息，则表示 Apache 服务器已安装成功。也可以在 Applications 菜单中直接启动 Firefox，然后输入在地址栏输入 http://127.0.0.1，测试是否成功安装。

启动 Apache 服务的命令如下（重新启动或停止 Apache 服务的命令是 restart 或 stop）。

```
[root@RHEL7-1 ~]# systemctl start  httpd
```

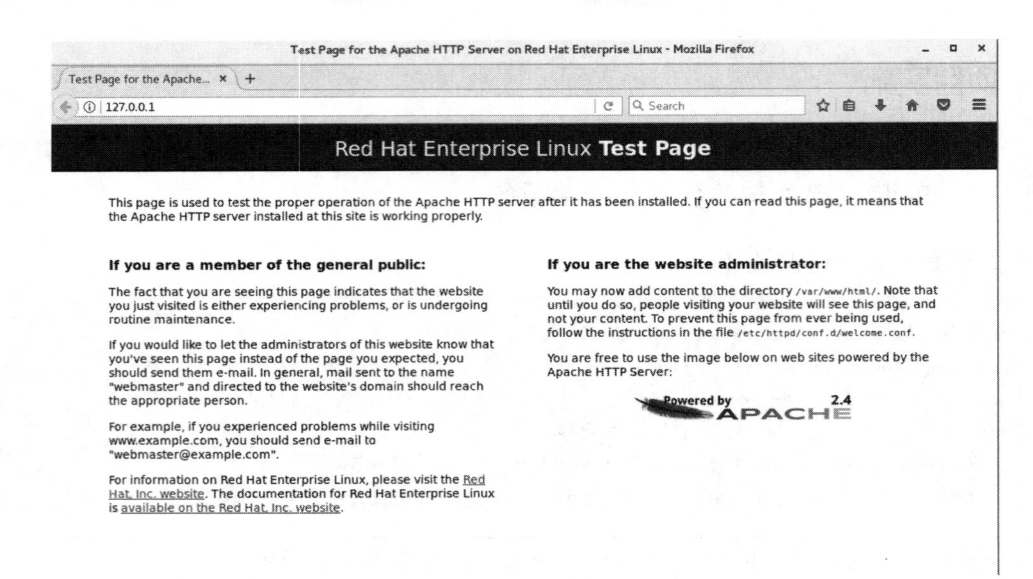

图 9-4　Apache 服务器运行正常

任务 9-2　认识 Apache 服务器的配置文件

在 Linux 系统中配置服务，其实就是修改服务的配置文件，httpd 服务程序的主要配置文件及存放位置如表 9-2 所示。

表 9-2　Linux 系统中的配置文件

配置文件的名称	存 放 位 置
服务目录	/etc/httpd
主配置文件	/etc/httpd/conf/httpd.conf
网站数据目录	/var/www/html
访问日志	/var/log/httpd/access_log
错误日志	/var/log/httpd/error_log

Apache 服务器的主配置文件是 httpd.conf，该文件通常存放在/etc/httpd/conf 目录下。文件看起来很复杂，其实很多是注释内容。本节先大略介绍，后面的章节将给出实例，非常容易理解。

httpd.conf 文件不区分大小写，在该文件中以“#”开始的行为注释行。除了注释和空行外，服务器把其他的行认为是完整的或部分的指令。指令又分为类似于 shell 的命令和伪 HTML 标记。指令的语法为“配置参数名称　参数值”。伪 HTML 标记的语法格式如下。

```
<Directory />
   Options FollowSymLinks
   AllowOverride None
</Directory>
```

在 httpd 服务程序的主配置文件中，存在 3 种类型的信息：注释行信息、全局配置、区域配置。在 httpd 服务程序主配置文件中，最为常用的参数如表 9-3 所示。

表 9-3　配置 httpd 服务程序时最常用的参数以及用途描述

参　　数	用　　途
ServerRoot	服务目录
ServerAdmin	管理员邮箱
User	运行服务的用户
Group	运行服务的用户组
ServerName	网站服务器的域名
DocumentRoot	文档根目录（网站数据目录）
Directory	网站数据目录的权限
Listen	监听的 IP 地址与端口号
DirectoryIndex	默认的索引页页面
ErrorLog	错误日志文件
CustomLog	访问日志文件
Timeout	网页超时时间，默认为 300s

从表 9-3 中可知，DocumentRoot 参数用于定义网站数据的保存路径，其参数的默认值是把网站数据存放到/var/www/html 目录中；而当前网站普遍的首页面名称是 index.html，因此可以向/var/www/html 目录中写入一个文件，替换掉 httpd 服务程序的默认首页面，该操作会立即生效（在本机上测试）。

```
[root@RHEL7-1 ~]# echo "Welcome To MyWeb" > /var/www/html/index.html
[root@RHEL7-1 ~]# firefox http://127.0.0.1
```

程序的首页面内容已经发生了改变，如图 9-5 所示。

图 9-5　首页内容已发生改变

提示：如果没有出现希望的画面，而是仍回到默认页面，那一定是 SELinux 的问题。请在终端命令行运行：setenforce　0 后再测试。详细解决方法见下文。

任务 9-3　常规设置 Apache 服务器实例

1．设置文档根目录和首页文件实例

【例 9-1】　在默认情况下，网站的文档根目录保存在/var/www/html 中，如果想把保存网站文档的根目录修改为/home/wwwroot，并且将首页文件修改为 myweb.html，管理员 E-mail 地址为 root@long.com，网页的编码类型采用 GB2312，该如何操作呢？

（1）分析。

文档根目录是一个较为重要的设置，一般来说，网站上的内容都保存在文档根目录中。

在默认情形下，所有的请求都从这里开始，除了记号和别名将改指它处以外。而打开网站时显示的页面即该网站的首页（主页）。首页的文件名是由 DirectoryIndex 字段定义的。在默认情况下，Apache 的默认首页名称为 index.html，当然也可以根据实际情况更改。

（2）解决方案。

① 在 RHEL7-1 上修改文档的根据目录为/home/www，并创建首页文件 myweb.html。

```
[root@RHEL7-1 ~]# mkdir /home/www
[root@RHEL7-1 ~]# echo "The Web's DocumentRoot Test " > /home/www/myweb.html
```

② 在 RHEL7-1 上，打开 httpd 服务程序的主配置文件，将约第 119 行用于定义网站数据保存路径的参数 DocumentRoot 修改为/home/www，还需要将约第 124 行用于定义目录权限的参数 Directory 后面的路径也修改为/home/www，将第 164 行修改为 DirectoryIndex myweb.html index.html。配置文件修改完毕即可保存并退出。

```
[root@RHEL7-1 ~]# vim /etc/httpd/conf/httpd.conf
……
86 ServerAdmin  root@long.com
119 DocumentRoot "/home/www"
……
124 <Directory "/home/www">
125     AllowOverride None
126     # Allow open access:
127     Require all granted
128 </Directory>
……

163 <IfModule dir_module>
164      DirectoryIndex index.html myweb.html
165 </IfModule>
……
```

特别注意：更改了网站的主目录，一定要修改相对应的目录权限，否则会出现灾难性的后果！

③ 让防火墙放行 http 服务，重启 httpd 服务。

```
[root@RHEL7-1 ~]# firewall-cmd --permanent --add-service=http
[root@RHEL7-1 ~]# firewall-cmd --reload
[root@RHEL7-1 ~]# firewall-cmd --list-all
```

④ 在 Client1 测试（RHEL7-1 和 Client1 都是 VMnet1 连接，保证互相通信），结果显示了默认首页面，如图 9-4 所示。

```
[root@client1 ~]# firefox http://192.168.10.1
```

⑤ 故障排除。

奇怪！为什么看到了 httpd 服务程序的默认首页面？按理来说，只有在网站的首页面文件不存在或者用户权限不足时，才显示 httpd 服务程序的默认首页面。更奇怪的是，我们在尝试访问 http://192.168.10.1/myweb.html 页面时，竟然发现页面中显示“Forbidden You don't have permission to access/myweb.html on this server.”，如图 9-6 所示。什么原因呢？是 SELinux 的问题！解决方法是在服务器端运行 setenforce 0，设置 SELinux 为允许。

```
[root@RHEL7-1 ~]# getenforce
Enforcing
[root@RHEL7-1 ~]# setenforce 0
```

```
[root@RHEL7-1 ~]# getenforce
Permissive
```

（3）更改当前的SELinux值，后面可以跟Enforcing、Permissive或者1、0。

```
[root@RHEL7-1 ~]# setenforce 0
[root@RHEL7-1 ~]# getenforce
Permissive
```

注意：① 利用setenforce设置SELinux值，重启系统后失效，如果再次使用httpd，则仍需重新设置SELinux，否则客户端无法访问Web服务器。② 如果想长期有效，请编辑修改/etc/sysconfig/selinux文件，按需要赋予SELINUX相应的值（enforcing|permissive，或者“0”|“1”）。③本书多次提到防火墙和SELinux，请读者一定注意，许多问题可能是防火墙和SELinux引起的，而对于系统重启后失效的情况也要了如指掌。

特别提示：设置完成后再一次测试，结果如图9-7所示。设置这个环节的目的是告诉读者，SELinux的问题是多么重要！强烈建议，如果暂时不能很好掌握SELinux细节，在做实训时一定使用命令“Setenforce 0”设置SELinux为允许。

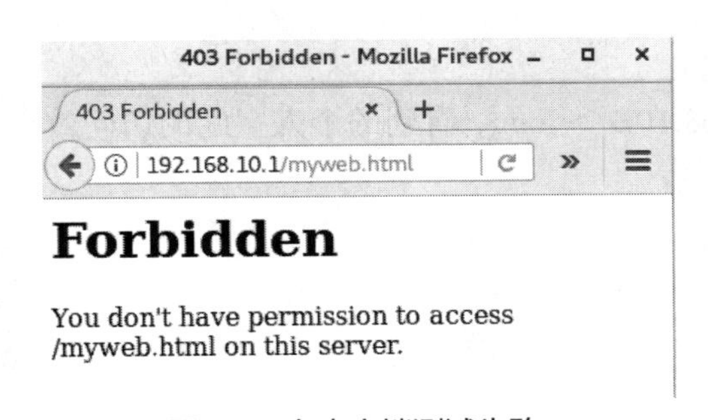

图9-6 在客户端测试失败

图9-7 在客户端测试成功

2. 用户个人主页实例

现在许多网站都允许用户拥有自己的主页空间，用户可以很容易地管理自己的主页空间。Apache可以实现用户的个人主页。客户端在浏览器中浏览个人主页的URL地址格式一般如下。

```
http://域名/~username
```

其中，“～username”在利用Linux系统中的Apache服务器来实现时，是Linux系统的合法用户名（该用户必须在Linux系统中存在）。

【例9-2】 在IP地址为192.168.10.1的Apache服务器中，为系统中的long用户设置个人主页空间。该用户的家目录为/home/long，个人主页空间所在的目录为public_html。

实现步骤如下。

① 修改用户的家目录权限，使其他用户具有读取和执行的权限。

```
[root@RHEL7-1 ~]# useradd long
[root@RHEL7-1 ~]# passwd long
[root@RHEL7-1 ~]# chmod  705  /home/long
```

② 创建存放用户个人主页空间的目录。

```
[root@RHEL7-1 ~]# mkdir  /home/long/public_html
```

③ 创建个人主页空间的默认首页文件。

```
[root@RHEL7-1 ~]# cd  /home/long/public_html
[root@RHEL7-1 public_html]# echo "this is long's web。">>index.html
[root@RHEL7-1 public_html]# cd
```

④ 在 httpd 服务程序中，默认没有开启个人用户主页功能。为此，需要编辑配置文件：/etc/httpd/conf.d/userdir.conf，然后在第 17 行的 UserDir disabled 参数前面加上井号（#），表示让 httpd 服务程序开启个人用户主页功能；同时再把第 24 行的 UserDir public_html 参数前面的井号（#）去掉（UserDir 参数表示网站数据在用户家目录中的保存目录名称，即 public_html 目录）。修改完毕保存退出。（在 vim 编辑状态记得使用"：set nu"，显示行号）

```
[root@RHEL7-1 ~]# vim /etc/httpd/conf.d/userdir.conf
 ……
17 # UserDir disabled
 ……
24   UserDir public_html
……
```

⑤ SELinux 设置为允许，让防火墙放行 httpd 服务，重启 httpd 服务。

```
[root@RHEL7-1 ~]# setenforce 0
[root@RHEL7-1 ~]# firewall-cmd --permanent --add-service=http
[root@RHEL7-1 ~]# firewall-cmd --reload
[root@RHEL7-1 ~]# firewall-cmd --list-allt
[root@RHEL7-1 ~]# systemctl restart httpd
```

⑥ 在客户端的浏览器中输入 http://192.168.10.1/~long，看到的个人空间的访问效果如图 9-8 所示。

图 9-8 用户个人空间的访问效果图

思考：如果运行如下命令再在客户端测试，结果又会如何呢？试一试并思考原因。

```
[root@RHEL7-1 ~]# setenforce 1
[root@RHEL7-1 ~]# setsebool -P httpd_enable_homedirs=on
```

3. 虚拟目录实例

要从 Web 站点主目录以外的其他目录发布站点，可以使用虚拟目录实现。虚拟目录是一个位于 Apache 服务器主目录之外的目录，它不包含在 Apache 服务器的主目录中，但在访问 Web 站点的用户看来，它与位于主目录中的子目录是一样的。每一个虚拟目录都有一个别名，客户端可以通过此别名来访问虚拟目录。

由于每个虚拟目录都可以分别设置不同的访问权限，因此非常适合于不同用户对不同目录拥有不同权限的情况。另外，只有知道虚拟目录名的用户，才可以访问此虚拟目录，除此之外的其他用户将无法访问此虚拟目录。

在 Apache 服务器的主配置文件 httpd.conf 文件中，通过 Alias 指令设置虚拟目录。

【例 9-3】 在 IP 地址为 192.168.10.1 的 Apache 服务器中，创建名为/test/的虚拟目录，它对应的物理路径是/virdir/，并在客户端测试。

① 创建物理目录/virdir/。

```
[root@RHEL7-1 ~]# mkdir  -p  /virdir/
```

② 创建虚拟目录中的默认首页文件。

```
[root@RHEL7-1 ~]# cd  /virdir/
[root@RHEL7-1 virdir]# echo "This is Virtual Directory sample。">>index.html
```

③ 修改默认文件的权限，使其他用户具有读和执行权限。

```
[root@RHEL7-1 virdir]# chmod 705 /virdir/index.html
```

或者

```
[root@RHEL7-1 virdir]# chmod 705 /virdir   -R
[root@RHEL7-1 virdir]# cd
```

④ 修改/etc/httpd/conf/httpd.conf 文件，添加下面的语句。

```
Alias  /test  "/virdir"
<Directory "/virdir">
   AllowOverride None
   Require all granted
</Directory>
```

⑤ SELinux 设置为允许，让防火墙放行 httpd 服务，重启 httpd 服务。

```
[root@RHEL7-1 ~]# setenforce 0
[root@RHEL7-1 ~]# firewall-cmd --permanent --add-service=http
[root@RHEL7-1 ~]# firewall-cmd --reload
[root@RHEL7-1 ~]# firewall-cmd --list-allt
[root@RHEL7-1 ~]# systemctl restart httpd
```

⑥ 在客户端 Client1 的浏览器中输入："http://192.168.10.1/test"后，看到的虚拟目录的访问效果如图 9-9 所示。

任务 9-4 其他常规设置

1. 根目录设置（ServerRoot）

配置文件中的 ServerRoot 字段用来设置 Apache 的配置文件、错误文件和日志文件的存放目录，并且该目录是整个目录树的根节点，如果下面的字段设置中出现相对路径，就是相对于这个路径的。在默认情况下，根路径为/etc/httpd，可以根据需要修改。

【例 9-4】 设置根目录为/usr/local/httpd。

```
ServerRoot   "/usr/local/httpd"
```

2. 超时设置

Timeout 字段用于设置接收和发送数据时的超时设置。默认时间单位是 s。如果超过限定的时间客户端仍然无法连接上服务器，则予以断线处理。默认时间为 120s，可以根据环境需要更改。

【例 9-5】 设置超时时间为 300s。

```
Timeout   300
```

3. 客户端连接数限制

客户端连接数限制就是指在某一时刻内，www 服务器允许多少客户端同时访问。允许同时访问的最大数值就是客户端连接数限制。

（1）为什么要设置连接数限制

讲到这里不难提出这样的疑问，网站本来就是提供给别人访问的，何必要限制访问数量，将人拒之门外呢？如果搭建的网站为一个小型的网站，访问量较小，则对服务器响应速度没有影响，但如果网站访问用户突然过多，一时间点击率猛增，一旦超过某一数值很可能导致服务器瘫痪。而且，就算是门户级网站，如百度、新浪、搜狐等大型网站，它们使用的服务器硬件实力相当雄厚，可以承受同一时刻成千甚至上万的单击量，但是，硬件资源还是有限的，如果遇到大规模的DDOS（分布式拒绝服务攻击），仍然可能导致服务器过载而瘫痪。作为企业内部的网络管理者应该尽量避免类似的情况发生，所以限制客户端连接数是非常有必要的。

（2）实现客户端连接数限制

在配置文件中，MaxClients字段用于设置同一时刻内最大的客户端访问数量，默认数值是256，这对于小型的网站来说已经够用了，如果是大型网站，可以根据实际情况修改。

【例9-6】 设置客户端连接数为500。

```
<IfModule  prefork.c>
  StartServers          8
  MinSpareServers       5
  MaxSpareServers       20
  ServerLimit           500
  MaxClients            500
  MaxRequestSPerChild   4000
  </IfModule>
```

注意：MaxClients字段出现的频率可能不止一次，请注意这里的MaxClients是包含在<IfModule prefork.c> </IfModule>这个容器当中的。

4. 设置管理员邮件地址

当客户端访问服务器发生错误时，服务器通常会将带有错误提示信息的网页反馈给客户端，并且上面包含管理员的E-mail地址，以便解决出现的错误。

可以使用ServerAdmin字段来设置管理员的E-mail地址。

【例9-7】 设置管理员的E-mail地址为root@smile.com。

```
ServerAdmin     root@smile.com
```

5. 设置主机名称

ServerName字段定义了服务器名称和端口号，用以标明自己的身份。如果没有注册DNS名称，可以输入IP地址。当然，在任何情况下输入IP地址，这也可以完成重定向工作。

【例9-8】 设置服务器主机名称及端口号。

```
ServerName     www.example.com:80
```

技巧：正确使用ServerName字段设置服务器的主机名称或IP地址后，在启动服务时不会出现Could not reliably determine the server’s fully qualified domain name，using 127.0.0.1 for ServerName的错误提示。

6. 网页编码设置

由于地域不同，如中国和外国，或者亚洲地区和欧美地区采用的网页编码也不同，如果出现服务器端的网页编码和客户端的网页编码不一致，就会导致我们看到的是乱码，这和各国人民使用的母语不同道理一样，这样会带来交流障碍。如果想正常显示网页的内容，则必须使用正确的编码。

httpd.conf中使用AddDefaultCharset字段来设置服务器的默认编码。在默认情况下，服务器编码采用UTF-8，而汉字的编码一般是GB2312，国家强制标准是GB18030。具体使用哪种编码要根据网页文件的编码来决定，只要保持和这些文件所采用的编码一致，就可以正常显示。

【例 9-9】 设置服务器默认编码为 GB2312。

```
AddDefaultCharset  GB2312
```

技巧：若清楚该使用哪种编码，则可以把 AddDefaultCharset 字段注释掉，表示不使用任何编码，这样让浏览器自动检测当前网页采用的编码是什么，然后自动调整。对于多语言的网站搭建，最好采用注释掉 AddDefaultCharset 字段的方法。

7. 目录设置

目录设置就是为服务器上的某个目录设置权限。通常在访问某个网站时，真正访问的仅仅是那台 Web 服务器中某个目录下的某个网页文件而已。而整个网站也是由这些零零总总的目录和文件组成的。网站管理人员可能经常只需要设置某个目录，而不是设置整个网站。例如，拒绝 192.168.0.100 的客户端访问某个目录内的文件，可以使用<Directory> </Directory>容器来设置。这是一对容器语句，需要成对出现。在每个容器中有 options、AllowOverride、Limit 等指令，它们都是和访问控制相关的。Apache 目录访问控制选项如表 9-4 所示。

表 9-4 Apache 目录访问控制选项

访问控制选项	描述
Options	设置特定目录中的服务器特性，具体参数选项的取值见表 9-5
AllowOverride	设置如何使用访问控制文件.htaccess，具体参数选项的取值见表 9-6
Order	设置 Apache 默认的访问权限及 Allow 和 Deny 语句的处理顺序
Allow	设置允许访问 Apache 服务器的主机，可以是主机名，也可以是 IP 地址
Deny	设置拒绝访问 Apache 服务器的主机，可以是主机名，也可以是 IP 地址

（1）设置默认根目录。

```
<Directory/>
   Options FollowSymLinks                    ①
   AllowOverride None                        ②
</Directory>
```

以上代码中带有序号的两行说明如下。

① Options 字段用来定义目录使用哪些特性，后面的 FollowSymLinks 指令表示可以在该目录中使用符号链接。Options 还可以设置很多功能，常见功能参考表 9-5。

② AllowOverride 用于设置.htaccess 文件中的指令类型。None 表示禁止使用.htaccess。

表 9-5 Options 选项的取值

可用选项取值	描述
Indexes	允许目录浏览。当访问的目录中没有 DirectoryIndex 参数指定的网页文件时，会列出目录中的目录清单
Multiviews	允许内容协商的多重视图
All	支持除 Multiviews 以外的所有选项，如果没有 Options 语句，则默认为 All
ExecCGI	允许在该目录下执行 CGI 脚本
FollowSysmLinks	可以在该目录中使用符号链接，以访问其他目录

续表

可用选项取值	描　述
Includes	允许服务器端使用 SSI（服务器包含）技术
IncludesNoExec	允许服务器端使用 SSI（服务器包含）技术，但禁止执行 CGI 脚本
SymLinksIfOwnerMatch	目录文件与目录属于同一用户时支持符号链接

注意： 可以使用“+”或“−”号在 Options 选项中添加或取消某个选项的值。如果不使用这两个符号，那么容器中 Options 选项的取值将完全覆盖以前的 Options 指令的取值。

（2）设置文档目录默认。

```
<Directory  "/var/www/html">
        Options Indexes FollowSymLinks
        AllowOverride None                    ①
        Order allow, deny                     ②
        Allow from all                        ③
</Directory>
```

以上代码中带有序号的 3 行说明如下。

① AllowOverride 使用的指令组此处不使用认证。

② 设置默认的访问权限与 Allow 和 Deny 字段的处理顺序。

③ Allow 字段用来设置哪些客户端可以访问服务器。与之对应的 Deny 字段则用来限制哪些客户端不能访问服务器。

Allow 和 Deny 字段的处理顺序非常重要，需要详细了解它们的含义和使用技巧。

情况一：**Order allow, deny**

表示默认情况下禁止所有客户端访问，且 Allow 字段在 Deny 字段之前被匹配。如果既匹配 Allow 字段，又匹配 Deny 字段，则 Deny 字段最终生效，也就是说，Deny 会覆盖 Allow。

情况二：**Order deny, allow**

表示默认情况下允许所有客户端访问，且 Deny 字段在 Allow 语句之前被匹配。如果既匹配 Allow 字段，又匹配 Deny 字段，则 Allow 字段最终生效，也就是说，Allow 会覆盖 Deny。

下面举例说明 Allow 和 Deny 字段的用法。

【例 9-10】 允许所有客户端访问（先允许后拒绝）。

```
Order allow, deny
Allow from all
```

【例 9-11】 拒绝 IP 地址为 192.168.100.100 和来自.bad.com 域的客户端访问，其他客户端都可以正常访问。

```
Order deny,allow
Deny from  192.168.100.100
Deny from  .bad.com
```

【例 9-12】 仅允许 192.168.0.0/24 网段的客户端访问，但其中 192.168.0.100 不能访问。

```
Order allow,deny
Allow from  192.168.0.0/24
Deny from  192.168.0.100
```

为了说明允许和拒绝条目的使用，对照看下面的两个例子。

【例 9-13】 除了 www.test.com 的主机，允许其他所有人访问 Apache 服务器。

```
Order allow,deny
```

```
Allow from  all
Deny from  www.test.com
```

【例 9-14】 只允许 10.0.0.0/8 网段的主机访问服务器。

```
Order deny,allow
Deny from all
Allow from 10.0.0.0/255.255.0.0
```

注意：Over、Allow from 和 Deny from 关键词，它们对大小写不敏感，但 allow 和 deny 之间以“,”分割，二者之间不能有空格。

技巧：如果仅仅想对某个文件做权限设置，可以使用<Files 文件名></Files>容器语句实现，方法和使用<Directory "目录"></Directory>几乎一样。例如：

```
<Files  "/var/www/html/f1.txt">
        Order allow, deny
        Allow from all
</Files>
```

任务 9-5 配置虚拟主机

虚拟主机是在一台 Web 服务器上，可以为多个独立的 IP 地址、域名或端口号提供不同的 Web 站点。对于访问量不大的站点来说，这样做可以降低单个站点的运营成本。

1. 配置基于 IP 地址的虚拟主机

配置基于 IP 地址的虚拟主机需要在服务器上绑定多个 IP 地址，然后配置 Apache，把多个网站绑定在不同的 IP 地址上，访问服务器上不同的 IP 地址，就可以看到不同的网站。

【例 9-15】 假设 Apache 服务器具有 192.168.10.1 和 192.168.10.2 两个 IP 地址（提前在服务器中配置这两个 IP 地址）。现需要利用这两个 IP 地址分别创建两个基于 IP 地址的虚拟主机，要求不同的虚拟主机对应的主目录不同，默认文档的内容也不同。配置步骤如下。

① 单击“Applications”→“System Tools”→“Settings”→“Network”，单击设置按钮，打开图 9-9 所示的配置对话框，可以直接单击“+”添加 IP 地址，完成后单击“Apply”按钮。这样可以在一块网卡上配置多个 IP 地址，当然也可以直接在多块网卡上配置多个 IP 地址。

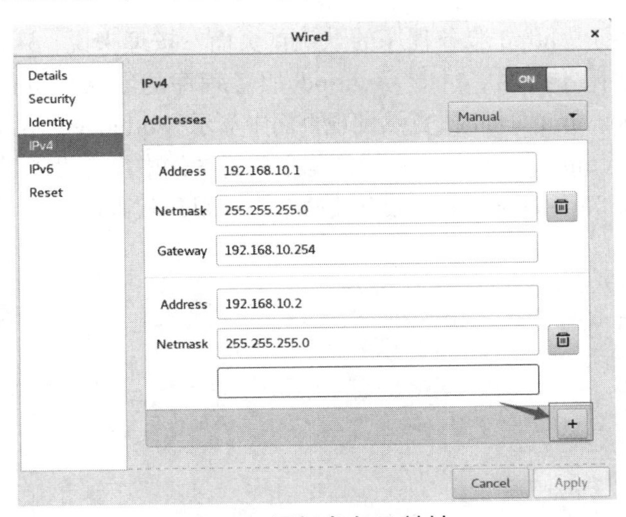

图 9-9 添加多个 IP 地址

② 分别创建/var/www/ip1 和/var/www/ip2 两个主目录和默认文件。

```
[root@RHEL7-1 ~]# mkdir   /var/www/ip1   /var/www/ip2
[root@RHEL7-1 ~]# echo "this is 192.168.10.1's web.">/var/www/ip1/index.html
[root@RHEL7-1 ~]# echo "this is 192.168.10.2's web.">/var/www/ip2/index.html
```

③ 添加**/etc/httpd/conf.d/vhost.conf** 文件。该文件的内容如下。

```
#设置基于 IP 地址为 192.168.10.1 的虚拟主机
<Virtualhost 192.168.10.1>
   DocumentRoot  /var/www/ip1
</Virtualhost>

#设置基于 IP 地址为 192.168.10.2 的虚拟主机
<Virtualhost 192.168.10.2>
   DocumentRoot /var/www/ip2
</Virtualhost>
```

④ SELinux 设置为允许，让防火墙放行 httpd 服务，重启 httpd 服务（见前面操作）。

⑤ 在客户端浏览器中可以看到 http://192.168.10.1 和 http://192.168.10.2 两个网站的浏览效果如图 9-10 所示。

图 9-10　测试时出现默认页面

奇怪！为什么看到了 httpd 服务程序的默认首页面？按理来说，只有在网站的首页面文件不存在或者用户权限不足时，才显示 httpd 服务程序的默认首页面。我们在尝试访问 http://192.168.10.1/index.html 页面时，竟然发现页面中显示“Forbidden You don't have permission to access /index.html on this server”。这一切都是主配置文件中没有设置目录权限所致！！解决方法是在/etc/httpd/conf/httpd.conf 中添加有关两个网站目录权限的内容（只设置/var/www 目录权限也可以）。

```
<Directory "/var/www/ip1">
   AllowOverride None
   Require all granted
</Directory>

<Directory "/var/www/ip2">
   AllowOverride None
   Require all granted
</Directory>
```

注意：为了不使后面的实训受到前面虚拟主机设置的影响，做完一个实训后，请将配置文件中添加的内容删除，然后再继续下一个实训。

如果直接修改**/etc/httpd/conf.d/vhost.conf** 文件，在原来的基础上增加下面的内容，可以吗？试一下。

```
#设置目录的访问权限，这一点特别容易忽视!!
<Directory /var/www>
   AllowOverride None
  Require all granted
</Directory>
```

2. 配置基于域名的虚拟主机

基于域名的虚拟主机的配置只需服务器有一个 IP 地址即可，所有的虚拟主机共享同一个 IP 地址，各虚拟主机之间通过域名进行区分。

要建立基于域名的虚拟主机，DNS 服务器中应建立多个主机资源记录，使它们解析到同一个 IP 地址。例如：

```
www.smile.com.      IN    A    192.168.10.1
www.long.com.       IN    A    192.168.10.1
```

【例 9-16】 假设 Apache 服务器的 IP 地址为 192.168.10.1。在本地 DNS 服务器中该 IP 地址对应的域名分别为 www1.long.com 和 www2.long.com。现需要创建基于域名的虚拟主机，要求不同的虚拟主机对应的主目录不同，默认文档的内容也不同。配置步骤如下。

① 分别创建/var/www/smile 和/var/www/long 两个主目录和默认文件。

```
[root@RHEL7-1 ~]# mkdir   /var/www/www1   /var/www/www2
[root@RHEL7-1 ~]# echo "www1.long.com's web.">/var/www/www1/index.html
[root@RHEL7-1 ~]# echo "www2.long.com's web.">/var/www/www2/index.html
```

② 修改 httpd.conf 文件。添加目录权限内容如下。

```
<Directory "/var/www">
   AllowOverride None
   Require all granted
</Directory>
```

③ 修改**/etc/httpd/conf.d/vhost.conf** 文件。该文件的内容如下（原来的内容清空）。

```
<Virtualhost 192.168.10.1>
DocumentRoot  /var/www/www1
ServerName  www1.long.com
</Virtualhost>

<Virtualhost 192.168.10.1>
DocumentRoot /var/www/www2
ServerName  www2.long.com
</Virtualhost>
```

④ SELinux 设置为允许，让防火墙放行 httpd 服务，重启 httpd 服务。在客户端 Client1 上测试。要确保 DNS 服务器解析正确，确保给 Client1 设置正确的 DNS 服务器地址（etc/resolv.conf）。

注意：在例 9-16 的配置中，DNS 的正确配置至关重要，一定要确保 long. com 域名及主机解析正确，否则无法成功。正向区域配置文件如下（参考前面）。

```
[root@RHEL7-1 ~]# vim /var/named/long.com.zone
$TTL 1D
@       IN SOA  dns.long.com. mail.long.com. (
                                   0       ; serial
                                   1D      ; refresh
                                   1H      ; retry
                                   1W      ; expire
                                   3H )    ; minimum

@            IN   NS               dns.long.com.
@            IN   MX      10       mail.long.com.

dns          IN   A                192.168.10.1
www1         IN   A                192.168.10.1
www2         IN   A                192.168.10.1
```

思考：为了测试方便，在Client1上直接设置/etc/hosts如下内容，可否代替DNS服务器？

```
192.168.10.1  www1.long.com
192.168.10.1  www2.long.com
```

3. 基于端口号的虚拟主机的配置

基于端口号的虚拟主机的配置只需服务器有一个IP地址即可，所有的虚拟主机共享同一个IP，各虚拟主机之间通过不同的端口号区分。在设置基于端口号的虚拟主机的配置时，需要利用Listen语句设置监听的端口。

【例9-17】 假设Apache服务器的IP地址为192.168.10.1。现需要创建基于8088和8089两个不同端口号的虚拟主机，要求不同的虚拟主机对应的主目录不同，默认文档的内容也不同，如何配置？配置步骤如下。

① 分别创建/var/www/8088和/var/www/8089两个主目录和默认文件。

```
[root@RHEL7-1 ~]# mkdir   /var/www/8088   /var/www/8089
[root@RHEL7-1 ~]# echo "8088 port's  web.">/var/www/8088/index.html
[root@RHEL7-1 ~]# echo "8089 port's  web.">/var/www/8089/index.html
```

② 修改/etc/httpd/conf/httpd.conf文件。该文件的修改内容如下。

```
Listen 8088
Listen 8089
<Directory "/var/www">
   AllowOverride None
   Require all granted
</Directory>
```

③ 修改**/etc/httpd/conf.d/vhost.conf**文件。该文件的内容如下（原来的内容清空）。

```
<Virtualhost 192.168.10.1:8088>
      DocumentRoot    /var/www/8088
</Virtualhost>

<Virtualhost 192.168.10.1:8089>
      DocumentRoot /var/www/8089
</Virtualhost>
```

④ 关闭防火墙和允许SELinux，重启httpd服务，然后在客户端Client1上测试。测试结果大失所望，如图9-11所示。

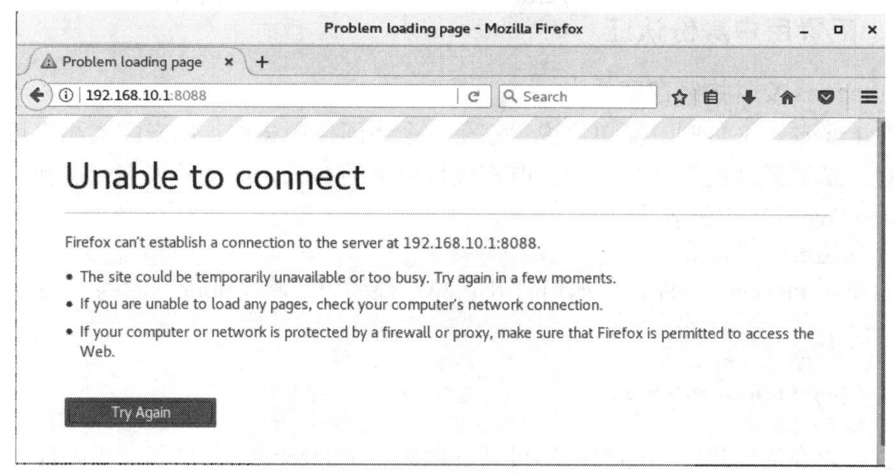

图 9-11 访问 192.168.10.1：8088 报错

⑤ 处理故障。这是因为 firewall 防火墙检测到 8088 和 8089 端口原本不属于 Apache 服务应该需要的资源，但现在却以 httpd 服务程序的名义监听使用了，所以防火墙会拒绝使用 Apache 服务使用这两个端口。可以使用 firewall-cmd 命令将需要的端口永久添加到 public 区域，并重启防火墙。

```
[root@RHEL7-1 ~]# firewall-cmd --list-all
public (active)  ……
  services: ssh dhcpv6-client samba dns http
  ports:
  ……
[root@RHEL7-1 ~]#firewall-cmd --zone=public --add-port=8088/tcp
success
[root@RHEL7-1 ~]# firewall-cmd --permanent --zone=public --add-port=8089/tcp
[root@RHEL7-1 ~]# firewall-cmd --permanent --zone=public --add-port=8088/tcp
[root@RHEL7-1 ~]# firewall-cmd --reload
[root@RHEL7-1 ~]# firewall-cmd --list-all
public (active)
  ……
  services: ssh dhcpv6-client samba dns http
  ports: 8089/tcp 8088/tcp
  ……
```

⑥ 再次在 Client1 上测试，结果如图 9-12 所示。

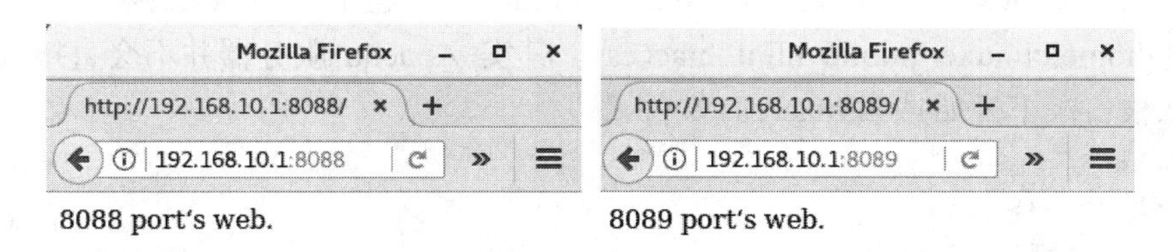

图 9-12 不同端口虚拟主机的测试结果

技巧：单击“Applications”→“Sundry”→“Firewall“，打开防火墙配置窗口，可以详尽地配置防火墙，包括配置 public 区域的 port（端口）等，读者不妨多操作试试，定会有惊喜。

任务 9-6　配置用户身份认证

1. .htaccess 文件控制存取

什么是**.htaccess** 文件呢？简单地说，它是一个访问控制文件，用来配置相应目录的访问方法。不过，按照默认的配置是不会读取相应目录下的**.htaccess** 文件来进行访问控制的。这是因为 AllowOverride 中配置为

```
AllowOverride    none
```

完全忽略了.htaccess 文件。该如何打开它呢？很简单，将“none”改为“AuthConfig”。

```
<Directory />
   Options FollowSymLinks
   AllowOverride AuthConfig
</Directory>
```

现在就可以在需要进行访问控制的目录下创建一个.htaccess 文件了。需要注意的是，文件前有一个“.”，说明这是一个隐藏文件（该文件名也可以采用其他的文件名，只需要在 httpd.conf 中设置即可）。

另外，在 httpd.conf 的<Directory/>目录代码段中的 AllowOverride 主要用于控制 htaccess 中允许进行的设置。Allow Override 有多项设置参数，详细参数说明请参考表 9-6。

表 9-6　AllowOverride 指令使用的指令组

指　令　组	可 用 指 令	说　　明
AuthConfig	AuthDBMGroupFile,AuthDBMUserFile,AuthGroupFile, AuthName, AuthType, AuthUserFile, Require	进行认证、授权以及安全的相关指令
FileInfo	DefaultType, ErrorDocument, ForceType, LanguagePriority, SetHandler, SetInputFilter, SetOutputFilter	控制文件处理方式的相关指令
Indexes	AddDescription,AddIcon, AddIconByEncoding, DefaultIcon, AddIconByType, DirectoryIndex, ReadmeName FancyIndexing, HeaderName, IndexIgnore, IndexOptions	控制目录列表方式的相关指令
Limit	Allow,Deny,Order	进行目录访问控制的相关指令
Options	Options, XBitHack	启用不能在主配置文件中使用的各种选项
All	全部指令组	可以使用以上所有指令
None	禁止使用所有指令	禁止处理.htaccess 文件

假设在用户 clinuxer 的 Web 目录（public_html）下新建了一个.htaccess 文件，该文件的绝对路径为/home/clinuxer/public_html/.htaccess。其实 Apache 服务器并不会直接读取这个文件，而是从根目录下开始搜索.htaccess 文件。

```
/.htaccess
/home/.htaccess
/home/clinuxer/.htaccess
/home/clinuxer/public_html/.htaccess
```

如果这个路径中有一个.htaccess 文件，如/home/clinuxer/.htaccess，则 Apache 并不会读/home/clinuxer/public_html/.htaccess，而是读/home/clinuxer/.htaccess。

2. 用户身份认证

Apache 中的用户身份认证，也可以采取“整体存取控制”或者“分布式存取控制”方式，

其中用得最广泛的就是通过.htaccess 来进行。

（1）创建用户名和密码

在/usr/local/httpd/bin 目录下，有一个 htpasswd 可执行文件，它就是用来创建.htaccess 文件身份认证使用的密码的。它的语法格式如下。

```
[root@RHEL7-1 ~]# htpasswd  [-bcD]  [-mdps]  密码文件名字  用户名
```

参数：

- -b：用批处理方式创建用户。htpasswd 不会提示输入用户密码，不过由于要在命令行输入可见的密码，因此并不是很安全。
- -c：新创建（create）一个密码文件。
- -D：删除一个用户。
- -m：采用 MD5 编码加密。
- -d：采用 CRYPT 编码加密，这是预设的方式。
- -p：采用明文格式的密码。因为安全的原因，目前不推荐使用。
- -s：采用 SHA 编码加密。

【例 9-18】 创建一个用于.htaccess 密码认证的用户 yy1。

在当前目录下创建一个.htpasswd 文件，并添加一个用户 yy1，密码为 P@ssw0rd。

```
[root@RHEL7-1 ~]# htpasswd  -c  -mb  .htpasswd  yy1  P@ssw0rd
```

（2）实例

【例 9-19】 设置一个虚拟目录“/httest”，让用户必须输入用户名和密码才能访问。

① 创建一个新用户 smile，应该输入以下命令。

```
[root@RHEL7-1 ~]# mkdir   /virdir/test
[root@RHEL7-1 ~]# echo "Require valid_users's  web.">/virdir/test/index.html
[root@RHEL7-1 ~]# cd  /virdir/test
[root@RHEL7-1 test]# /usr/bin/htpasswd  -c  /usr/local/.htpasswd  smile
```

之后会要求输入该用户的密码并确认，成功后会提示“Adding password for user smile”。

如果还要在.htpasswd 文件中添加其他用户，则直接使用以下命令（不带参数-c）。

```
[root@RHEL7-1 test]# /usr/bin/htpasswd   /usr/local/.htpasswd  user2
```

② 在 httpd.conf 文件中设置该目录允许采用.htaccess 进行用户身份认证。

加入如下内容（不要把注释写到配置文件中，下同）。

```
Alias  /httest  "/virdir/test"
<Directory "/virdir/test">
   Options Indexes MultiViews FollowSymLinks    #允许列目录
   AllowOverride AuthConfig                     #启用用户身份认证
   Order deny,allow
   Allow from all                               #允许所有用户访问
   AuthName   Test_Zone                         #定义的认证名称，与后面的.htpasswd 文件中的一致
</Directory>
```

如果修改了 Apache 的主配置文件 httpd.conf，则必须重启 Apache 才会使新配置生效。可以执行“systemctl restart httpd”命令重新启动它。

③ 在/virdir/test 目录下新建一个.htaccess 文件，内容如下。

```
[root@RHEL7-1 test]# cd  /virdir/test
[root@RHEL7-1 test]# touch  .htaccess             ;创建.htaccess
[root@RHEL7-1 test]# vim .htaccess                ;编辑.htaccess 文件并加入以下内容
AuthName "Test  Zone"
   AuthType Basic
```

```
    AuthUserFile    /usr/local/.htpasswd                    #指明存放授权访问的密码文件
    require    valid-user                                   #指明只有密码文件的用户才是有效用户
```

注意： 如果.htpasswd 不在默认的搜索路径中，则应该在 AuthUserFile 中指定该文件的绝对路径。

④ 在客户端打开浏览器输入 http://192.168.10.1/httest，如图 9-13 所示。访问 Apache 服务器上访问权限受限的目录时，会出现认证窗口，只有输入正确的用户名和密码才能打开，如图 9-14 所示。

图 9-13　正确输入后能够访问受限内容

Authentication Required
http://192.168.10.1 is requesting your username and password. The site says: "Test Zone"
User Name: smile
Password: •••
Cancel　OK

图 9-14　输入用户名和密码才能访问

9.4　项目实录

1. 视频位置

实训前请扫二维码观看：实训项目　配置与管理 Web 服务器

视频 9-2　实训项目　配置与管理 Web 服务器

2. 项目背景

假如你是某学校的网络管理员，学校的域名为 www.king.com，学校计划为每位教师开通个人主页服务，为教师与学生之间建立沟通的平台。该学校网络拓扑图如图 9-15 所示。

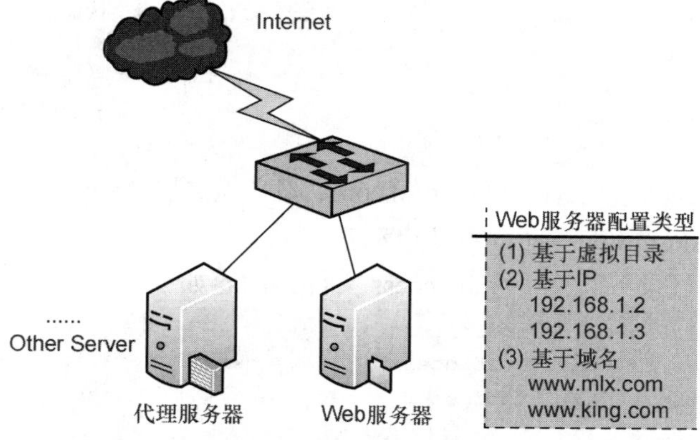

图 9-15　Web 服务器搭建与配置网络拓扑

学校计划为每位教师开通的个人主页服务要求实现如下功能。

（1）网页文件上传完成后，立即自动发布，URL 为 http://www.king.com/～用户名。

（2）在 Web 服务器中建立一个名为 private 的虚拟目录，其对应的物理路径是/data/private，并配置 Web 服务器对该虚拟目录启用用户认证，只允许 kingma 用户访问。

（3）在 Web 服务器中建立一个名为 private 的虚拟目录，其对应的物理路径是/dir1/test，并配置 Web 服务器仅允许来自网络 jnrp.net 域和 192.168.1.0/24 网段的客户机访问该虚拟目录。

（4）使用 192.168.1.2 和 192.168.1.3 两个 IP 地址，创建基于 IP 地址的虚拟主机。其中 IP 地址为 192.168.1.2 的虚拟主机对应的主目录为/var/www/ip2，IP 地址为 192.168.1.3 的虚拟主机对应的主目录为/var/www/ip3。

（5）创建基于 www.mlx.com 和 www.king.com 两个域名的虚拟主机，域名为 www.mlx.com 的虚拟主机对应的主目录为/var/www/mlx，域名为 www.king.com 的虚拟主机对应的主目录为/var/www/king。

3．深度思考

在观看视频时思考以下几个问题。

（1）使用虚拟目录有何好处？

（2）基于域名的虚拟主机的配置要注意什么？

（3）如何启用用户身份认证？

4．做一做

根据项目要求及视频内容，将项目完整无缺地完成。

9.5　练习题

一、填空题

1．Web 服务器使用的协议是________，英文全称是________，中文名称是________。

2．HTTP 请求的默认端口是________。

3．Red Hat Enterprise Linux 6 采用了 SELinux 这种增强的安全模式，在默认的配置下，只有________服务可以通过。

4．在命令行控制台窗口，输入________命令打开 Linux 配置工具选择窗口。

二、选择题

1．网络管理员可通过（　　）文件对 WWW 服务器进行访问、控制存取和运行等控制。

A．lilo.conf　　B．httpd.conf　　C．inetd.conf　　D．resolv.conf

2．在 Red Hat Linux 中手工安装 Apache 服务器时，默认的 Web 站点的目录为（　　）。

A．/etc/httpd　　B．/var/www/html

C．/etc/home　　D．/home/httpd

3．对于 Apache 服务器，提供的子进程的默认用户是（　　）。

A．root　　B．apached　　C．httpd　　D．nobody

4．Apache 服务器默认的工作方式是（　　）。

A．inetd　　B．xinetd　　C．standby　　D．standalone

5．用户的主页存放的目录由文件 httpd.conf 的（　　）参数设定。

A．UserDir　　B．Directory　　C．public_html　　D．DocumentRoot

6. 设置 Apache 服务器时，一般将服务的端口绑定到系统的（　　）端口上。
   A. 10000　　B. 23　　C. 80　　D. 53
7. 下面不是 Apache 基于主机的访问控制指令的是（　　）。
   A. allow　　B. deny　　C. order　　D. all
8. 用来设定当服务器产生错误时，显示在浏览器上的管理员的 E-mail 地址的是（　　）。
   A. Servername　　B. ServerAdmin　　C. ServerRoot　　D. DocumentRoot
9. 在 Apache 基于用户名的访问控制中，生成用户密码文件的命令是（　　）。
   A. smbpasswd　　B. htpasswd　　C. passwd　　D. password

9.6 实践习题

1. 建立 Web 服务器，同时建立一个名为/mytest 的虚拟目录，并完成以下设置。

（1）设置 Apache 根目录为/etc/httpd。
（2）设置首页名称为 test.html。
（3）设置超时时间为 240s。
（4）设置客户端连接数为 500。
（5）设置管理员 E-mail 地址为 root@smile.com。
（6）虚拟目录对应的实际目录为/linux/apache。
（7）将虚拟目录设置为仅允许 192.168.0.0/24 网段的客户端访问。
（8）分别测试 Web 服务器和虚拟目录。

2. 在文档目录中建立 security 目录，并完成以下设置。

（1）对该目录启用用户认证功能。
（2）仅允许 user1 和 user2 账号访问。
（3）更改 Apache 默认监听的端口，将其设置为 8080。
（4）将允许 Apache 服务的用户和组设置为 nobody。
（5）禁止使用目录浏览功能。
（6）使用 chroot 机制改变 Apache 服务的根目录。

3. 建立虚拟主机，并完成以下设置。

（1）建立 IP 地址为 192.168.0.1 的虚拟主机 1，对应的文档目录为/usr/local/www/web1。
（2）仅允许来自.smile.com.域的客户端可以访问虚拟主机 1。
（3）建立 IP 地址为 192.168.0.2 的虚拟主机 2，对应的文档目录为/usr/local/www/web2。
（4）仅允许来自.long.com.域的客户端可以访问虚拟主机 2。

4. 配置用户身份认证。

第⑩章　配置与管理 FTP 服务器

项目导入

某学院组建了校园网，建设了学院网站，架设了 Web 服务器来为学院网站安家，但在网站上传和更新时，需要用到文件上传和下载功能，因此还要架设 FTP 服务器，为学院内部和互联网用户提供 FTP 等服务。本单元先实践配置与管理 FTP 服务器。

项目目标

- 掌握 FTP 服务的工作原理
- 学会配置 vsftpd 服务器
- 掌握配置基于虚拟用户的 FTP 服务器
- 实践典型的 FTP 服务器配置案例

10.1　相关知识

以 HTTP 为基础的 WWW 服务功能虽然强大，但对于文件传输来说却略显不足。一种专门用于文件传输的服务 FTP 服务应运而生。

FTP 服务就是文件传输服务，FTP 的全称是 File Transfer Protocol，顾名思义，就是文件传输协议，它具备更强的文件传输可靠性和更高的效率。

10.1.1　FTP 工作原理

FTP 大大简化了文件传输的复杂性，它能够使文件通过网络从一台主机传送到另外一台计算机上，却不受计算机和操作系统类型的限制。无论是 PC、服务器、大型机，还是 IOS、Linux、Windows 操作系统，只要双方都支持 FTP，就可以方便、可靠地传送文件。

视频 10-1　管理与维护 FTP 服务器

FTP 服务的具体工作过程（见图 10-1）如下。

（1）客户端向服务器发出连接请求，同时客户端系统动态地打开一个大于 1024 的端口等候服务器连接（如 1031 端口）。

（2）若 FTP 服务器在端口 21 侦听到该请求，则会在客户端 1031 端口和服务器的 21 端口之间建立起一个 FTP 会话连接。

（3）当需要传输数据时，FTP 客户端再动态地打开一个大于 1024 的端口（如 1032 端口）连接到服务器的 20 端口，并在这两个端口之间传输数据。当数据传输完毕后，这两个端口会自动关闭。

（4）数据传输完毕，如果客户端不向服务端发送拆除连接的请求，则连接保持。

（5）当 FTP 客户端向服务器端发送拆除连接的请求并确认后，客户端将断开与 FTP 服务器的连接，客户端上动态分配的端口将自动释放。

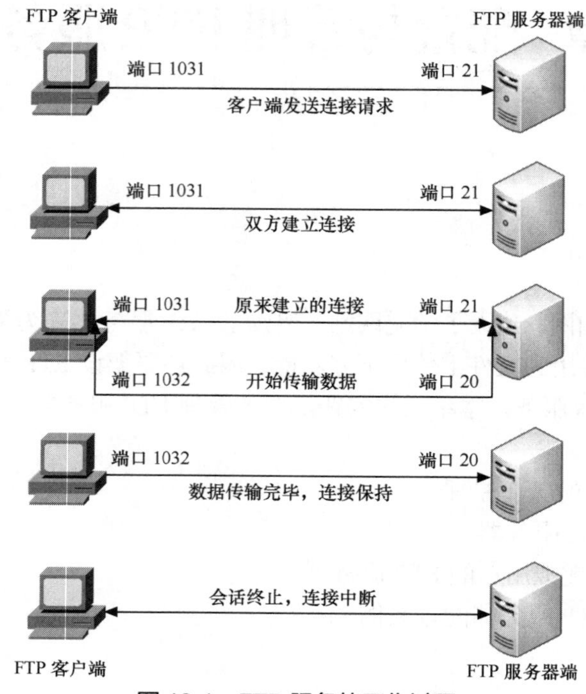

图 10-1　FTP 服务的工作过程

FTP 服务有两种工作模式：主动传输模式（Active FTP）和被动传输模式（Passive FTP）。

10.1.2　匿名用户

FTP 服务不同于 WWW，它首先要求登录到服务器上，然后再传输文件，这对于很多公开提供软件下载的服务器来说十分不便，于是匿名用户访问就诞生了。使用一个共同的用户名 anonymous，密码不限的管理策略（一般使用用户的邮箱作为密码即可），让任何用户都可以很方便地从这些服务器上下载软件。

10.2　项目设计与准备

3 台安装好 RHEL 7.4 和 Windows 7 的计算机，连网方式都设为 host only（VMnet1），一台作为服务器，两台作为客户端使用。计算机的配置信息如表 10-1 所示（可以使用 VM 的克隆技术快速安装需要的 Linux 客户端）。

表 10-1　Linux 服务器和客户端的配置信息

主机名称	操作系统	IP 地址	角色及其他
FTP 服务器：RHEL7-1	RHEL 7	192.168.10.1	FTP 服务器，VMnet1
Linux 客户端：Client1	RHEL 7	192.168.10.20	FTP 客户端，VMnet1
Windows 客户端：Win7-1	Windows 7	192.168.10.30	FTP 客户端，VMnet1

10.3 项目实施

任务 10-1 安装、启动与停止 vsftpd 服务

1. 安装 vsftpd 服务

```
[root@RHEL7-1 ~]# rpm -q vsftpd
[root@RHEL7-1 ~]# mkdir /iso
[root@RHEL7-1 ~]# mount /dev/cdrom /iso
[root@RHEL7-1 ~]# yum clean all                  //安装前先清除缓存
[root@RHEL7-1 ~]# yum install vsftpd -y
[root@RHEL7-1 ~]# yum install ftp -y             //同时安装 ftp 软件包
[root@RHEL7-1 ~]# rpm -qa|grep vsftpd            //检查安装组件是否成功
```

2. vsftpd 服务启动、重启、随系统启动、停止

安装完 vsftpd 服务后，下一步就是启动了。vsftpd 服务可以以独立或被动方式启动。在 Red Hat Enterprise Linux 7 中，默认以独立方式启动。

在此需要提醒读者，在生产环境中或者在 RHCSA、RHCE、RHCA 认证考试中，一定要把配置过的服务程序加入开机启动项中，以保证服务器在重启后依然能够正常提供传输服务。

重新启动 vsftpd 服务、随系统启动、开放防火墙、开放 SELinux，可以输入下面的命令。

```
[root@RHEL7-1 ~]# systemctl restart vsftpd        //启动 vsftpd 服务
[root@RHEL7-1 ~]# systemctl enable vsftpd         //开机自动启动 vsftpd
[root@RHEL7-1 ~]# firewall-cmd --permanent --add-service=ftp //把 firewalld 服务中请求
ftp 服务设置为永久允许
[root@RHEL7-1 ~]# firewall-cmd -reload            //立即生效
[root@RHEL7-1 ~]# setsebool -P ftpd_full_access=on //设置 ftp 服务完全访问为允许
```

任务 10-2 认识 vsftpd 的配置文件

vsftpd 的配置主要通过以下几个文件来完成。

1. 主配置文件

vsftpd 服务程序的主配置文件（/etc/vsftpd/vsftpd.conf）内容总长度达到 127 行，但其中大多数参数在开头都添加了井号（#），从而成为注释信息，读者没有必要在注释信息上花费太多的时间。可以使用 grep 命令添加-v 参数，过滤并反选出没有包含井号（#）的参数行（即过滤掉所有的注释信息），然后将过滤后的参数行通过输出重定向符写回原始的主配置文件中（为了安全起见，请先备份主配置文件）。

```
[root@RHEL7-1 ~]# mv /etc/vsftpd/vsftpd.conf /etc/vsftpd/vsftpd.conf.bak
[root@RHEL7-1 ~]# grep -v "#" /etc/vsftpd/vsftpd.conf.bak > /etc/vsftpd/vsftpd.conf
[root@RHEL7-1 ~]# cat /etc/vsftpd/vsftpd.conf -n
     1  anonymous_enable=YES
     2  local_enable=YES
     3  write_enable=YES
     4  local_umask=022
     5  dirmessage_enable=YES
     6  xferlog_enable=YES
     7  connect_from_port_20=YES
```

```
 8    xferlog_std_format=YES
 9    listen=NO
10    listen_ipv6=YES
11
12    pam_service_name=vsftpd
13    userlist_enable=YES
14    tcp_wrappers=YES
```

vsftpd 服务程序主配置文件中常用的参数及其作用如表 10-2 所示。在后续的实验中将演示重要参数的用法，以帮助大家熟悉并掌握。

表 10-2　vsftpd 服务程序常用的参数及其作用

参　数	作　用
listen=[YES|NO]	是否以独立运行的方式监听服务
listen_address=IP 地址	设置要监听的 IP 地址
listen_port=21	设置 FTP 服务的监听端口
download_enable = [YES|NO]	是否允许下载文件
userlist_enable=[YES|NO] userlist_deny=[YES|NO]	设置用户列表为“允许”还是“禁止”操作
max_clients=0	最大客户端连接数，0 为不限制
max_per_ip=0	同一 IP 地址的最大连接数，0 为不限制
anonymous_enable=[YES|NO]	是否允许匿名用户访问
anon_upload_enable=[YES|NO]	是否允许匿名用户上传文件
anon_umask=022	匿名用户上传文件的 umask 值
anon_root=/var/ftp	匿名用户的 FTP 根目录
anon_mkdir_write_enable=[YES|NO]	是否允许匿名用户创建目录
anon_other_write_enable=[YES|NO]	是否开放匿名用户的其他写入权限（包括重命名、删除等操作权限）
anon_max_rate=0	匿名用户的最大传输速率（Byte/s），0 为不限制
local_enable=[YES|NO]	是否允许本地用户登录 FTP
local_umask=022	本地用户上传文件的 umask 值
local_root=/var/ftp	本地用户的 FTP 根目录
chroot_local_user=[YES|NO]	是否将用户权限禁锢在 FTP 目录，以确保安全
local_max_rate=0	本地用户最大传输速率（Byte/s），0 为不限制

2. /etc/pam.d/vsftpd

vsftpd 的 Pluggable Authentication Modules（PAM）配置文件，主要用来加强 vsftpd 服务器的用户认证。

3. /etc/vsftpd/ftpusers

所有位于此文件内的用户都不能访问 vsftpd 服务。当然，为了安全起见，这个文件中默认已经包括了 root、bin 和 daemon 等系统账号。

4. /etc/vsftpd/user_list

这个文件中包括的用户有可能是被拒绝访问 vsftpd 服务的，也可能是允许访问的，这主要取决于 vsftpd 的主配置文件/etc/vsftpd/vsftpd.conf 中的“userlist_deny”参数是设置为“YES”（默认值）还是“NO”。

- 当 userlist_deny=NO 时，仅允许文件列表中的用户访问 FTP 服务器。
- 当 userlist_deny=YES 时，这也是默认值，拒绝文件列表中的用户访问 FTP 服务器

5. /var/ftp 文件夹

该文件夹是 vsftpd 提供服务的文件集散地，它包括一个 pub 子目录。在默认配置下，所有的目录都是只读的，不过只有 root 用户有写权限。

任务 10-3　配置匿名用户 FTP 实例

1. vsftpd 的认证模式

vsftpd 允许用户以 3 种认证模式登录到 FTP 服务器上。

- 匿名开放模式：是一种最不安全的认证模式，任何人都可以无需密码验证而直接登录到 FTP 服务器。
- 本地用户模式：是通过 Linux 系统本地的账户密码信息进行认证的模式，相较于匿名开放模式更安全，而且配置起来也很简单。但是如果被黑客破解了账户的信息，就可以畅通无阻地登录 FTP 服务器，从而完全控制整台服务器。
- 虚拟用户模式：是这 3 种模式中最安全的一种认证模式，它需要为 FTP 服务单独建立用户数据库文件，虚拟映射用来进行口令验证的账户信息，而这些账户信息在服务器系统中实际上是不存在的，仅供 FTP 服务程序进行认证使用。这样，即使黑客破解了账户信息，也无法登录服务器，从而有效降低了破坏范围和影响。

2. 匿名用户登录的参数说明

表 10-3 列举了可以向匿名用户开放的权限参数及其作用。

表 10-3　可以向匿名用户开放的权限参数及其作用

参　　数	作　　用
anonymous_enable=YES	允许匿名访问模式
anon_umask=022	匿名用户上传文件的 umask 值
anon_upload_enable=YES	允许匿名用户上传文件
anon_mkdir_write_enable=YES	允许匿名用户创建目录
anon_other_write_enable=YES	允许匿名用户修改目录名称或删除目录

3. 配置匿名用户登录 FTP 服务器实例

【例 10-1】　搭建一台 FTP 服务器，允许匿名用户上传和下载文件，匿名用户的根目录设置为/var/ftp。

① 新建测试文件，编辑/etc/vsftpd/vsftpd.conf。

```
[root@RHEL7-1 ~]# touch /var/ftp/pub/sample.tar
[root@RHEL7-1 ~]# vim  /etc/vsftpd/vsftpd.conf
```

② 在文件后面添加如下 4 行（语句前后和等号左右一定不要带空格，若有重复的语句请删除或直接在其上更改，切莫把注释放进去，下同）。

```
anonymous_enable=YES                #允许匿名用户登录
anon_root=/var/ftp                  #设置匿名用户的根目录为/var/ftp
```

```
anon_upload_enable=YES              #允许匿名用户上传文件
anon_mkdir_write_enable=YES         #允许匿名用户创建文件夹
```

提示：anon_other_write_enable=YES 表示允许匿名用户删除文件。

③ 允许 SELinux，让防火墙放行 ftp 服务，重启 vsftpd 服务。

```
[root@RHEL7-1 ~]# setenforce 0
[root@RHEL7-1 ~]# firewall-cmd --permanent --add-service=ftp
[root@RHEL7-1 ~]# firewall-cmd --reload
[root@RHEL7-1 ~]# firewall-cmd --list-all
[root@RHEL7-1 ~]# systemctl restart vsftpd
```

在 Windows 7 客户端的资源管理器中输入 ftp://192.168.10.1，打开 pub 目录，新建一个文件夹，结果出错了，如图 10-2 所示。

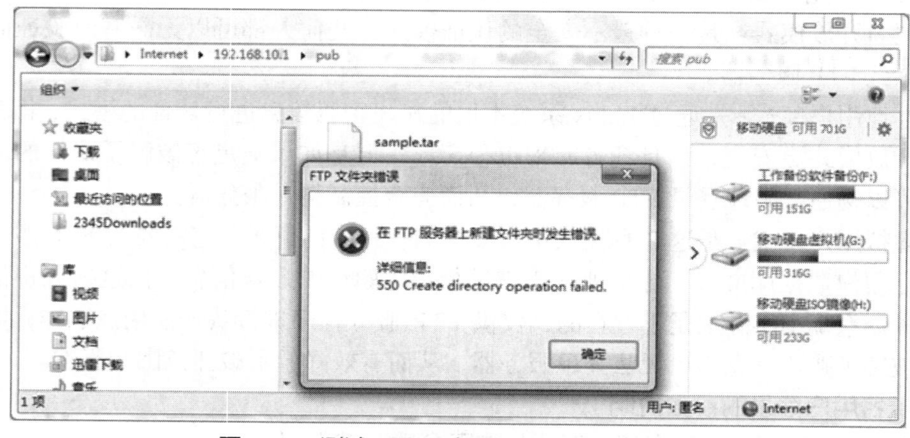

图 10-2 测试 FTP 服务器 192.168.10.1 出错

什么原因呢？系统的本地权限没有设置！

④ 设置本地系统权限，将属主设为 ftp，或者对 pub 目录赋予其他用户写的权限。

```
[root@RHEL7-1 ~]# ll -ld /var/ftp/pub
drwxr-xr-x. 2 root root 6 Mar 23  2017 /var/ftp/pub//其他用户没有写入权限
[root@RHEL7-1 ~]#  chown ftp /var/ftp/pub     //将属主改为匿名用户 ftp,或者
[root@RHEL7-1 ~]#  chmod  o+w /var/ftp/pub    //将属主改为匿名用户 ftp
[root@RHEL7-1 ~]# ll -ld /var/ftp/pub
drwxr-xr-x. 2 ftp root 6 Mar 23  2017 /var/ftp/pub     //已将属主改为匿名用户 ftp
[root@RHEL7-1 ~]# systemctl  restart vsftpd
```

⑤ 在 Windows 7 客户端再次测试，在 pub 目录下能够建立新文件夹。

提示：如果在 Linux 上测试，则用户名输入 ftp，密码处直接按回车键即可。

```
[root@client1 ~]# ftp 192.168.10.1
Connected to 192.168.10.1 (192.168.10.1).
220 (vsFTPd 3.0.2)
Name (192.168.10.1:root): ftp
331 Please specify the password.
Password:
230 Login successful.
Remote system type is UNIX.
Using binary mode to transfer files.
```

```
ftp> ls
227 Entering Passive Mode (192,168,10,1,176,188).
150 Here comes the directory listing.
drwxr-xrwx    3 14       0            44 Aug 03 04:10 pub
226 Directory send OK.
ftp> cd pub
250 Directory successfully changed.
```

注意：如果要实现匿名用户创建文件等功能，仅仅在配置文件中开启这些功能是不够的，还需要注意开放本地文件系统权限，使匿名用户拥有写权限才行，或者改变属主为ftp。在项目实录中有针对此问题的解决方案。另外也要特别注意防火墙和SELinux的设置，否则一样会出问题！切记！

任务10-4 配置本地模式的常规FTP服务器案例

1. FTP服务器配置要求

公司内部现在有一台FTP服务器和Web服务器，FTP主要用于维护公司的网站内容，包括上传文件、创建目录、更新网页等。公司现有两个部门负责维护任务，两者分别适用team1和team2账号进行管理。先要求仅允许team1和team2账号登录FTP服务器，但不能登录本地系统，并将这两个账号的根目录限制为/web/www/html，不能进入该目录以外的任何目录。

2. 需求分析

将FTP服务器和Web服务器做在一起是企业经常采用的方法，这样方便实现维护网站。为了增强安全性，首先需要使用仅允许本地用户访问，并禁止匿名用户登录。其次，使用chroot功能将team1和team2锁定在/web/www/html目录下。如果需要删除文件，还需要注意本地权限。

3. 解决方案

（1）建立维护网站内容的FTP账号team1、team2和user1并禁止本地登录，然后为其设置密码。

```
[root@RHEL7-1 ~]# useradd   -s   /sbin/nologin   team1
[root@RHEL7-1 ~]# useradd   -s   /sbin/nologin   team2
[root@RHEL7-1 ~]# useradd   -s   /sbin/nologin   user1
[root@RHEL7-1 ~]# passwd   team1
[root@RHEL7-1 ~]# passwd   team2
[root@RHEL7-1 ~]# passwd   user1
```

（2）配置vsftpd.conf主配置文件增加或修改相应内容（写入配置文件时，注释一定去掉，语句前后不要加空格，切记！另外，要把任务10-3的配置文件恢复到最初状态，免得各实训之间互相影响。）

```
[root@RHEL7-1 ~]# vim  /etc/vsftpd/vsftpd.conf
anonymous_enable=NO                 #禁止匿名用户登录
local_enable=YES                    #允许本地用户登录
local_root=/web/www/html            #设置本地用户的根目录为/web/www/html
chroot_local_user=NO                #是否限制本地用户，这也是默认值，可以省略
chroot_list_enable=YES              #激活chroot功能
chroot_list_file=/etc/vsftpd/chroot_list     #设置锁定用户在根目录中的列表文件
allow_writeable_chroot=YES
#只要启用chroot就一定加入这条：允许chroot限制!! 否则出现连接错误，切记
```

```
write_enable=YES
pam_service_name=vsftpd            #认证模块一定要加上
```

特别提示：chroot_local_user=NO是默认设置，即如果不做任何chroot设置，则FTP登录目录是不做限制的。另外，只要启用chroot，就一定增加**allow_writeable_chroot=YES**语句。为什么呢？

因为从2.3.5之后，vsftpd增强了安全检查，如果用户被限定在了其主目录下，则该用户的主目录不能再具有写权限了！如果检查发现还有写权限，就会报该错误：**500 OOPS: vsftpd: refusing to run with writable root inside chroot()**。

要修复这个错误，可以用命令chmod a-w /web/www/html去除用户主目录的写权限，注意把目录替换成需要的，本例是/web/www/html，不过这样就无法写入了。还有一种方法，就是可以在vsftpd的配置文件中增加下列项：**allow_writeable_chroot=YES。**

注意：chroot是靠例外列表来实现的，列表内用户即是例外的用户。所以根据是否启用本地用户转换，可设置不同目的的例外列表，从而实现chroot功能。因此实现锁定目录有两种方法。第一种是除列表内的用户外，其他用户都被限定在固定目录内，即列表内用户自由，列表外用户受限制（这时启用chroot_local_user=YES）。

```
chroot_local_user=YES
chroot_list_enable=YES
chroot_list_file=/etc/vsftpd/chroot_list
allow_writeable_chroot=YES
```

第二种是除列表内的用户外，其他用户都可自由转换目录，即列表内用户受限制，列表外用户自由（这时启用chroot_local_user=NO)。为了安全，建议使用第一种。

```
chroot_local_user=NO
chroot_list_enable=YES
chroot_list_file=/etc/vsftpd/chroot_list
```

（3）建立/etc/vsftpd/chroot_list文件，添加team1和team2账号。

```
[root@RHEL7-1 ~]# vim  /etc/vsftpd/chroot_list
team1
team2
```

（4）防火墙放行和SELinux允许，重启FTP服务。

```
[root@RHEL7-1 ~]# firewall-cmd --permanent --add-service=ftp
[root@RHEL7-1 ~]# firewall-cmd --reload
[root@RHEL7-1 ~]# firewall-cmd --list-all
[root@RHEL7-1 ~]# setenforce 0
[root@RHEL7-1 ~]# systemctl restart vsftpd
```

思考：如果设置setenforce 1（可使用命令“getenforce”查看），那么必须执行setsebool -P ftpd_full_access=on，保证目录的正常写入和删除等操作。

（5）修改本地权限。

```
[root@RHEL7-1 ~]# mkdir  /web/www/html -p
[root@RHEL7-1 ~]# touch /web/www/html/test.sample
[root@RHEL7-1 ~]# ll   -d   /web/www/html
[root@RHEL7-1 ~]# chmod   -R   o+w   /web/www/html        //其他用户可以写入
[root@RHEL7-1 ~]# ll   -d   /web/www/html
```

（6）在 Linux 客户端 client1 上先安装 ftp 工具，然后测试。

```
[root@client1 ~]# mount /dev/cdrom /iso
[root@client1 ~]# yum clean all
[root@client1 ~]# yum install ftp -y
```

① 使用 team1 和 team2 用户不能转换目录，但能建立新文件夹，显示的目录是“/”，其实是/web/www/html 文件夹。

```
[root@client1 ~]# ftp 192.168.10.1
Connected to 192.168.10.1 (192.168.10.1).
220 (vsFTPd 3.0.2)
Name (192.168.10.1:root): team1              //锁定用户测试
331 Please specify the password.
Password:
230 Login successful.
Remote system type is UNIX.
Using binary mode to transfer files.
ftp> pwd
257 "/"          //显示是“/”，其实是/web/www/html，从列示的文件中就知道
ftp> mkdir testteam1
257 "/testteam1" created
ftp> ls
227 Entering Passive Mode (192,168,10,1,46,226).
150 Here comes the directory listing.
-rw-r--r--    1 0          0          0 Jul 21 01:25 test.sample
drwxr-xr-x    2 1001       1001       6 Jul 21 01:48 testteam1
226 Directory send OK.
ftp> cd /etc
550 Failed to change directory. //不允许更改目录
ftp> exit
221 Goodbye.
```

② 使用 user1 用户，能自由转换目录，可以将/etc/passwd 文件下载到主目录，这很危险。

```
[root@client1 ~]# ftp 192.168.10.1
Connected to 192.168.10.1 (192.168.10.1).
220 (vsFTPd 3.0.2)
Name (192.168.10.1:root): user1        //列表外的用户是自由的
331 Please specify the password.
Password:
230 Login successful.
Remote system type is UNIX.
Using binary mode to transfer files.
ftp> pwd
257 "/web/www/html"
ftp> mkdir testuser1
257 "/web/www/html/testuser1" created
ftp> cd /etc            //成功转换到/etc 目录
250 Directory successfully changed.
ftp> get passwd         //成功下载密码文件 passwd 到/root，可以退出后查看
local: passwd remote: passwd
227 Entering Passive Mode (192,168,10,1,80,179).
150 Opening BINARY mode data connection for passwd (2203 bytes).
226 Transfer complete.
2203 bytes received in 9e-05 secs (24477.78 Kbytes/sec)
```

```
ftp> cd /web/www/html
250 Directory successfully changed.
ftp> ls
227 Entering Passive Mode (192,168,10,1,182,144).
150 Here comes the directory listing.
-rw-r--r--    1 0        0               0 Jul 21 01:25 test.sample
drwxr-xr-x    2 1001     1001            6 Jul 21 01:48 testteam1
drwxr-xr-x    2 1003     1003            6 Jul 21 01:50 testuser1
226 Directory send OK.
```

任务 10-5　设置 vsftp 虚拟账号

FTP 服务器的搭建工作并不复杂，但需要按照服务器的用途，合理规划相关配置。如果 FTP 服务器并不对互联网上的所有用户开放，则可以关闭匿名访问，而开启实体账户或者虚拟账户的验证机制。但实际操作中，如果使用实体账户访问，FTP 用户在拥有服务器真实用户名和密码的情况下，会对服务器产生潜在的危害，FTP 服务器设置不当，用户有可能使用实体账号进行非法操作。所以，为了 FTP 服务器的安全，可以使用虚拟用户验证方式，也就是将虚拟的账号映射为服务器的实体账号，客户端使用虚拟账号访问 FTP 服务器。

要求：使用虚拟用户 user2、user3 登录 FTP 服务器，访问主目录是/var/ftp/vuser，用户只允许查看文件，不允许上传、修改等操作。

配置 vsftp 虚拟账号主要有以下几个步骤。

1. 创建用户数据库

（1）创建用户文本文件

① 建立保存虚拟账号和密码的文本文件，格式如下。

```
虚拟账号 1
密码
虚拟账号 2
密码
```

② 使用 vim 编辑器建立用户文件 vuser.txt，添加虚拟账号 user2 和 user3，如下所示。

```
[root@RHEL7-1 ~]# mkdir   /vftp
[root@RHEL7-1 ~]# vim   /vftp/vuser.txt
user2
12345678
User3
12345678
```

（2）生成数据库

保存虚拟账号及密码的文本文件无法被系统账号直接调用，需要使用 db_load 命令生成 db 数据库文件。

```
[root@RHEL7-1 ~]# db_load  -T  -t  hash  -f  /vftp/vuser.txt  /vftp/vuser.db
[root@RHEL7-1 ~]# ls   /vftp
vuser.db   vuser.txt
```

（3）修改数据库文件访问权限

数据库文件中保存着虚拟账号和密码信息，为了防止非法用户盗取，可以修改该文件的访问权限。

```
[root@RHEL7-1 ~]# chmod   700   /vftp/vuser.db
[root@RHEL7-1 ~]# ll   /vftp
```

2．配置 PAM 文件

为了使服务器能够使用数据库文件，对客户端进行身份验证，需要调用系统的 PAM 模块。PAM（Plugable Authentication Module）为可插拔认证模块，不必重新安装应用程序，通过修改指定的配置文件，调整对该程序的认证方式。PAM 模块配置文件路径为/etc/pam.d，该目录下保存着大量与认证有关的配置文件，并以服务名称命名。

下面修改 vsftp 对应的 PAM 配置文件/etc/pam.d/vsftpd，将默认配置使用“#”全部注释，添加相应字段，如下所示。

```
[root@RHEL7-1 ~]# vim   /etc/pam.d/vsftpd
#PAM-1.0
#session      optional       pam_keyinit.so      force       revoke
#auth         required       pam_listfile.so     item=user   sense=deny
#file=/etc/vsftpd/ftpusers     onerr=succeed
#auth         required       pam_shells.so
auth          required       pam_userdb.so    db=/vftp/vuser
account       required       pam_userdb.so    db=/vftp/vuser
```

3．创建虚拟账户对应系统用户

```
[root@RHEL7-1 ~]# useradd  -d  /var/ftp/vuser  vuser            ①
[root@RHEL7-1 ~]# chown  vuser.vuser  /var/ftp/vuser             ②
[root@RHEL7-1 ~]# chmod  555  /var/ftp/vuser                     ③
[root@RHEL7-1 ~]# ls  -ld  /var/ftp/vuser                        ④
dr-xr-xr-x. 6 vuser vuser 127 Jul 21 14:28 /var/ftp/vuser
```

以上代码中，带序号的各行功能说明如下。

① 用 useradd 命令添加系统账户 vuser，并将其/home 目录指定为/var/ftp 下的 vuser。

② 变更 vuser 目录的所属用户和组，设定为 vuser 用户、vuser 组。

③ 当匿名账户登录时会映射为系统账户，并登录/var/ftp/vuser 目录，但其并没有访问该目录的权限，需要为 vuser 目录的属主、属组和其他用户和组添加读和执行权限。

④ 使用 ls 命令，查看 vuser 目录的详细信息，系统账号主目录设置完毕。

4．修改/etc/vsftpd/vsftpd.conf

```
anonymous_enable=NO                     ①
anon_upload_enable=NO
anon_mkdir_write_enable=NO
anon_other_write_enable=NO
local_enable=YES                        ②
chroot_local_user=YES                   ③
allow_writeable_chroot=YES
write_enable=NO                         ④
guest_enable=YES                        ⑤
guest_username=vuser                    ⑥
listen=YES                              ⑦
pam_service_name=vsftpd                 ⑧
```

注意：“=”号两边不要加空格。语句前后也不要加空格！

以上代码中，带序号的各行功能说明如下。

① 为了保证服务器的安全，关闭匿名访问，以及其他匿名相关设置。

② 因为虚拟账号会映射为服务器的系统账号，所以需要开启本地账号的支持。

③ 锁定账户的根目录。

④ 关闭用户的写权限。

⑤ 开启虚拟账号访问功能。

⑥ 设置虚拟账号对应的系统账号为 vuser。

⑦ 设置 FTP 服务器为独立运行。

⑧ 配置 vsftp 使用的 PAM 模块为 vsftpd。

5. 设置防火墙放行和 SELinux 允许，重启 vsftpd 服务

详见前面相关

6. 在 Client1 上测试

使用虚拟账号 user2、user3 登录 FTP 服务器，进行测试，会发现虚拟账号登录成功，并显示 FTP 服务器目录信息。

```
[root@Client1 ~]# ftp 192.168.10.1
Connected to 192.168.10.1 (192.168.10.1).
220 (vsFTPd 3.0.2)
Name (192.168.10.1:root): user2
331 Please specify the password.
Password:
230 Login successful.
Remote system type is UNIX.
Using binary mode to transfer files.
ftp> ls                    //可以列示目录信息
227 Entering Passive Mode (192,168,10,1,31,79).
150 Here comes the directory listing.
-rwx---rwx    1 0       0            0 Jul 21 05:40 test.sample
226 Directory send OK.
ftp> cd /etc               //不能更改主目录
550 Failed to change directory.
ftp> mkdir testuser1       //仅能查看，不能写入
550 Permission denied.
ftp> quit
221 Goodbye.
```

特别提示：匿名开放模式、本地用户模式和虚拟用户模式的配置文件，请在 www.ryjiaoyu.com 下载，或向作者索要。

7. 服务器端 vsftp 的主被动模式配置

① 主动模式配置

```
#开启主动模式
port_enable=YES
```

当主动模式开启的时候，是否启用默认的 20 端口监听

```
connect_from_port_20=YES
```

上一选项使用 NO 参数时指定数据传输端口

```
ftp_date_port=%portnumber%
```

② 被动模式配置

```
#开启被动模式
connect_from_port_20=NO
PASV_enable=YES
#被动模式最低端口
PASV_min_port=%number%
```

```
#被动模式最高端口
PASV_max_port=%number%
```

10.4　企业实战与应用

10.4.1　企业环境

公司为了宣传最新的产品信息，计划搭建 FTP 服务器，为客户提供相关文档的下载。对所有互联网用户开放共享目录，允许下载产品信息，禁止上传。公司的合作单位能够使用 FTP 服务器进行上传和下载，但不可删除数据，并且为保证服务器的稳定性，需要进行适当优化设置。

10.4.2　需求分析

根据企业的需求，对不同用户进行不同的权限限制，FTP 服务器需要实现用户的审核。因为考虑服务器的安全性，所以关闭实体用户登录，使用虚拟账户验证机制，并对不同虚拟账号设置不同的权限。为了保证服务器的性能，还需要根据用户的等级限制客户端的连接数以及下载速度。

10.4.3　解决方案

1. 创建用户数据库

step1：创建用户文本文件。

首先建立用户文本文件 ftptestuser.txt，添加 2 个虚拟账户，公共账户 ftptest、客户账户 vip，如下所示。

```
[root@RHEL7-1 ~]#  mkdir  /ftptestuser
[root@RHEL7-1 ~]#  vim    /ftptestuser/ftptestuser.txt
ftptest
123
vip
nihao123
```

step2：生成数据库。

使用 db_load 命令生成 db 数据库文件，如下所示。

```
[root@RHEL7-1 ~]# db_load -T -t hash -f /ftptestuser/ftptestuser.txt /ftptestuser/
ftptestuser.db
```

step3：修改数据库文件访问权限。

为了保证数据库文件的安全，需要修改该文件的访问权限，如下所示。

```
[root@RHEL7-1 ~]#  chmod    700    /ftptestuser/ftptestuser.db
[root@RHEL7-1 ~]#    ll      /ftptestuser
total 16
-rwx------. 1 root root 12288 Aug  3 18:33 ftptestuser.db
-rw-r--r--. 1 root root    26 Aug  3 18:32 ftptestuser.txt
```

2. 配置 PAM 文件

修改 vsftp 对应的 PAM 配置文件/etc/pam.d/vsftpd，如下所示。

```
#%PAM —1.0
# session    optional        pam_keyinit.so        force    revoke
# auth     required          pam_listfile.so      item=user     sense=deny
#file = /etc/vsftpd/ftptestusers    onerr = succeed
```

```
#auth        required    pam_shells.so
# auth         include       system-auth
# account     include       system-auth
# session     include       svstem-auth
# session     required      pam_loginuid.so
auth       required          pam_userdb.so    db=/ftptestuser/ftptestuser
account    required          pam_userdb.so    db=/ftptestuser/ftptestuser
```

3. 创建虚拟账户对应系统用户

对于公共账户和客户账户，因为需要配置不同的权限，所以可以将两个账户的目录隔离，控制用户的文件访问。公共账户 ftptest 对应系统账户 ftptestuser，并指定其主目录为/var/ftptest/share，而客户账户 vip 对应系统账户 ftpvip，指定主目录为/var/ftptest/vip。

```
[root@RHEL7-1 ~]# mkdir /var/ftptest
[root@RHEL7-1 ~]# useradd  -d  /var/ftptest/share  ftptestuser
[root@RHEL7-1 ~]# chown      ftptestuser:ftptestuser      /var/ftptest/share
[root@RHEL7-1 ~]# chmod      o=r      /var/ftptest/share                    ①
[root@RHEL7-1 ~]# useradd    -d       /var/ftptest/vip        ftpvip
[root@RHEL7-1 ~]# chown      ftpvip:ftpvip      /var/ftptest/vip
[root@RHEL7-1 ~]# chmod      o=rw               /var/ftptest/vip            ②
[root@RHEL7-1 ~]# mkdir      /var/ftptest/share/testdir
[root@RHEL7-1 ~]# touch      /var/ftptest/share/testfile
[root@RHEL7-1 ~]# mkdir      /var/ftptest/vip/vipdir
[root@RHEL7-1 ~]# touch      /var/ftptest/vip/vipfile
```

其后有序号的两行命令功能说明如下。

① 公共账户 ftptest 只允许下载，修改 share 目录其他用户的权限为 read（只读）。

② 因为客户账户 vip 允许上传和下载，所以将 vip 目录权限设置为 read 和 write（可读写）。

4. 建立配置文件

设置多个虚拟账户的不同权限，若使用一个配置文件无法实现该功能，就需要为每个虚拟账户建立独立的配置文件，并根据需要进行相应的设置。

step1：修改 vsftpd.conf。

配置主配置文件/etc/vsftpd/vsftpd.conf，添加虚拟账号的共同设置，并添加 user_config_dir 字段，定义虚拟账号的配置文件目录，如下所示。

```
anonymous_enable=NO
anon_upload_enable=NO
anon_mkdir_write_enable=NO
anon_other_write_enable=NO
local_enable=YES
chroot_local_user=YES
listen=YES
pam_service_name=vsftpd                                    ①
user_config_dir=/ftpconfig                                 ②
max_clients=300                                            ③
max_per_ip=10                                              ④
```

以上文件中，带序号的几行代码的功能说明如下。

① 配置 vsftp 使用的 PAM 模块为 vsftpd。

② 设置虚拟账号的主目录为/ftpconfig。

③ 设置 FTP 服务器最大接入客户端数量为 300。

④ 每个 IP 地址最大连接数为 10。

step2：建立虚拟账号配置文件。

设置多个虚拟账号的不同权限，若使用一个配置文件无法实现此功能，就需要为每个虚拟账号建立独立的配置文件，并根据需要进行相应的设置。

在 user_config_dir 指定路径下，建立与虚拟账号同名的配置文件，并添加相应的配置字段。首先创建公共账号 ftptest 的配置文件，如下所示。

```
[root@RHEL7-1 ~]# mkdir    /ftpconfig
[root@RHEL7-1 ~]# vim       /ftpconfig/ftptest
guest_enable=yes                                      ①
guest_username=ftptestuser                            ②
anon_world_readable_only=yes                          ③
anon_max_rate=30000                                   ④
```

以上文件中，带序号的几行代码的功能说明如下。

① 开启虚拟账号登录。

② 设置 ftptest 对应的系统账号为 ftptestuser。

③ 配置虚拟账号全局可读，允许其下载数据。

④ 限定传输速率为 30KB/s。

同理设置 ftpvip 的配置文件。

```
[root@RHEL7-1 ~]# vim       /ftpconfig/vip
guest_enable=yes
guest_username=ftpvip                             ①
anon_world_readable_only=no                       ②
write_enable=yes                                  ③
anon_upload_enable=yes                            ④
anon_mkdir_write_enable=yes
anon_max_rate=60000                               ⑤
allow_writeable_chroot=YES                        ⑥
```

以上文件中，带序号的几行代码的功能说明如下。

① 设置 vip 账户对应的系统账户为 ftpvip。

② 关闭匿名账户只读。

③ 允许在文件系统使用 ftp 命令进行操作。

④ 开启匿名账户的上传功能。

⑤ 限定传输速度为 60KB/s。

⑥ 允许用户的主目录具有写权限而不报错。

5. 配置防火墙和 SELinux，启动 vsftpd 并设置开机自动启动 vsftpd

```
[root@RHEL7-1 ~]# firewall-cmd --permanent --add-service=ftp
[root@RHEL7-1 ~]# firewall-cmd --reload
[root@RHEL7-1 ~]# firewall-cmd --list-all
[root@RHEL7-1 ~]# setsebool -P ftpd_full_access=on
[root@RHEL7-1 ~]# systemctl restart vsftpd
[root@RHEL7-1 ~]# systemctl enable  vsftpd
```

6. 测试

（1）使用公共账户 ftptest 登录服务器，可以浏览下载文件，但是尝试上传文件时，会提示错误信息。

（2）使用客户账号 vip 登录测试，vip 账号具备上传权限，使用 put 上传“XXX 文件”，使用 mkdir 创建文件夹，都是成功的。

（3）但是该账户删除文件时，会返回 550 错误提示，表明无法删除文件。vip 账户的测试过程如下。

```
[root@client1 ~]# ftp 192.168.10.1
Connected to 192.168.10.1 (192.168.10.1).
220 (vsFTPd 3.0.2)
Name (192.168.10.1:root): vip
331 Please specify the password.
Password:
230 Login successful.
Remote system type is UNIX.
Using binary mode to transfer files.
ftp> ls
227 Entering Passive Mode (192,168,10,1,45,236).
150 Here comes the directory listing.
drwxr-xr-x    2 0        0                6 Aug 03 13:15 vipdir
-rw-r--r--    1 0        0                0 Aug 03 13:15 vipfile
226 Directory send OK.
ftp> mkdir testdir1
257 "/testdir1" created
ftp> put /f1.conf
local: /f1.conf remote: /f1.conf
227 Entering Passive Mode (192,168,10,1,60,176).
150 Ok to send data.
226 Transfer complete.
1100 bytes sent in 7.1e-05 secs (15492.96 Kbytes/sec)
ftp> rm f1.conf
550 Permission denied.
ftp>
```

10.5 FTP 排错

相比其他的服务而言，vsftp 配置操作并不复杂，但管理员的疏忽，也会造成客户端无法正常访问 FTP 服务器。本节将通过几个常见错误，讲解 vsftp 的排错方法。

1. 拒绝账户登录（错误提示：OOPS 无法改变目录）

当客户端使用 ftp 账号登录服务器时，提示“500 OOPS”错误。

接收到该错误信息，其实并不是 vsftpd.conf 配置文件设置有问题，而是“cannot change directory”，即无法更改目录。造成这个错误，主要有以下两个原因。

（1）目录权限设置错误

该错误一般在本地账户登录时发生，如果管理员在设置该账户主目录权限时，忘记添加执行权限（X），就会收到该错误信息。FTP 中的本地账号，需要拥有目录的执行权限，使用 chmod 命令添加“X”权限，保证用户能够浏览目录信息，否则拒绝登录。对于 FTP 的虚拟账号，即使不具备目录的执行权限，也可以登录 FTP 服务器，但会有其他错误提示。为了保证 FTP 用户的正常访问，请开启目录的执行权限。

（2）SELinux

FTP 服务器开启了 SELinux 针对 FTP 数据传输的策略，也会造成“无法切换目录”的错误提示，如果目录权限设置正确，就需要检查 SELinux 的配置。用户可以通过 setsebool 命令，禁用 SELinux 的 FTP 传输审核功能。

```
[root@RHEL7-1 ~] # setsebool  -P  ftpd_disable_trans     1
```

重新启动 vsftpd 服务，用户能够成功登录 FTP 服务器。

2. 客户端连接 FTP 服务器超时

造成客户端访问服务器超时的原因，主要有以下几种情况。

（1）线路不通。

使用 ping 命令测试网络连通性，如果出现“Request Timed Out”，就说明客户端与服务器的网络连接存在问题，检查线路的故障。

（2）防火墙设置。

如果防火墙屏蔽了 FTP 服务器控制端口 21 以及其他的数据端口，则会造成客户端无法连接服务器，形成“超时”的错误提示。需要设置防火墙开放 21 端口，还应该开启主动模式的 20 端口，以及被动模式使用的端口范围，防止数据的连接错误。

3. 账户登录失败

客户端登录 FTP 服务器时，还可能会收到“登录失败”的错误提示。

登录失败，实际上涉及身份验证以及其他一些登录的设置。

（1）密码错误。

请保证登录密码的正确性，如果 FTP 服务器更新了密码设置，则使用新密码重新登录。

（2）PAM 验证模块。

当输入密码无误，但仍然无法登录 FTP 服务器时，很有可能是 PAM 模块中 vsftpd 的配置文件设置错误造成的。PAM 的配置比较复杂，其中 auth 字段主要是接收用户名和密码，进而对该用户的密码进行认证，account 字段主要是检查账户是否被允许登录系统、账号是否已经过期、账号的登录是否有时间段的限制等，保证这两个字段配置的正确性，否则 FTP 账号将无法登录服务器。事实上，大部分账号登录失败都是由这个错误造成的。

（3）用户目录权限。

FTP 账号对于主目录没有任何权限时，也会收到“登录失败”的错误提示，根据该账号的用户身份，重新设置其主目录权限，重启 vsftpd 服务，使配置生效。

4. 500 OOPS: vsftpd: refusing to run with writable root inside chroot()

从 2.3.5 之后，vsftpd 增强了安全检查，如果用户被限定在了其主目录下，则该用户的主目录不能再具有写权限了！如果检查发现还有写权限，就会报该错误：**500 OOPS: vsftpd: refusing to run with writable root inside chroot()**。

要修复这个错误，可以用命令 chmod a-w /web/www/html 去除用户主目录的写权限，注意把目录替换成所需的，本例是/web/www/html，不过这样就无法写入了。还有一种方法，就是可以在 vsftpd 的配置文件中增加下列项：allow_writeable_chroot=YES。

10.6 项目实录

视频 10-2 实训项目 配置与管理 FTP 服务器

1. 视频位置

实训前请扫二维码观看：实训项目 配置与管理 FTP 服务器。

2. 项目背景

某企业网络拓扑图如图 10-3 所示，该企业欲构建一台 FTP 服务器，为企业局域网中的计算机提供文件传送任务，为财务部门、销售部门和 OA 系统提供异地数据备份。要求能够对 FTP 服务器设置连接限制、日志记录、消息、验证客户端身份等属性，并能创建用户隔离的 FTP 站点。

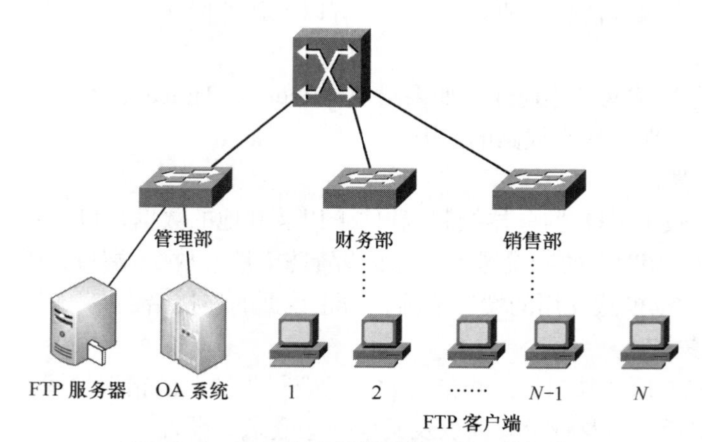

图 10-3 FTP 服务器搭建与配置网络拓扑

3. 深度思考

在观看视频时思考以下几个问题。

（1）如何使用 service vsftpd status 命令检查 vsftp 的安装状态？

（2）FTP 权限和文件系统权限有何不同？如何设置？

（3）为何不建议对根目录设置写权限？

（4）如何设置进入目录后的欢迎信息？

（5）如何锁定 FTP 用户在其宿主目录中？

（6）user_list 和 ftpusers 文件都存有用户名列表，如果一个用户同时存在两个文件中，最终的执行结果是怎样的？

4. 做一做

根据项目要求及视频内容，将项目完整无缺地完成。

10.7 练习题

一、填空题

1. FTP 服务就是________服务，FTP 的英文全称是________。

2. FTP 服务使用一个共同的用户名________，密码不限的管理策略，让任何用户都可以很方便地从这些服务器上下载软件。

3. FTP 服务有两种工作模式：________和________。

4. FTP 命令的格式为________。

二、选择题

1. ftp 命令的哪个参数可以与指定的机器建立连接？（　　）

A. connect　　B. close　　C. cdup　　D. open

2. FTP 服务使用的端口是（　　）。

A. 21　　B. 23　　C. 25　　D. 53

3. 从 Internet 上获得软件最常采用的是（　　）。

A. WWW　　B. telnet　　C. FTP　　D. DNS

4. 一次可以下载多个文件用（　　）命令。

A. mget　　B. get　　C. put　　D. mput

5. 下面（　　）不是 FTP 用户的类别。

A. real　　B. anonymous　　C. guest　　D. users

6. 修改文件 vsftpd.conf 的（　　）可以实现 vsftpd 服务独立启动。

A. listen=YES　　B. listen=NO

C. boot=standalone　　D. #listen=YES

7. 将用户加入（　　）文件中可能会阻止用户访问 FTP 服务器。

A. vsftpd/ftpusers　　B. vsftpd/user_list

C. ftpd/ftpusers　　D. ftpd/userlist

三、简答题

1. 简述 FTP 的工作原理。

2. 简述 FTP 服务的传输模式。

3. 简述常用的 FTP 软件。

10.8 实践习题

1. 在 VMWare 虚拟机中启动一台 Linux 服务器作为 vsftpd 服务器，在该系统中添加用户 user1 和 user2。

（1）确保系统安装了 vsftpd 软件包。

（2）设置匿名账号具有上传、创建目录的权限。

（3）利用/etc/vsftpd/ftpusers 文件设置禁止本地 user1 用户登录 ftp 服务器。

（4）设置本地用户 user2 登录 FTP 服务器之后，在进入 dir 目录时显示提示信息“welcome to user's dir!”。

（5）设置将所有本地用户都锁定在/home 目录中。

（6）设置只有在/etc/vsftpd/user_list 文件中指定本地用户 user1 和 user2 可以访问 FTP 服务器，其他用户都不可以。

（7）配置基于主机的访问控制，实现如下功能。

- 拒绝 192.168.6.0/24 访问。
- 对域 jnrp.net 和 192.168.2.0/24 内的主机不限制连接数和最大传输速率。
- 对其他主机的访问限制每 IP 地址的连接数为 2，最大传输速率为 500kbit/s。

2. 建立仅允许本地用户访问的 vsftp 服务器，并完成以下任务。

（1）禁止匿名用户访问。

（2）建立 s1 和 s2 账号，并具有读写权限。

（3）使用 chroot 限制 s1 和 s2 账号在/home 目录中。

第11章 配置与管理 Postfix 邮件服务器

项目导入

某高校组建了校园网，现需要在校园网中部署一台电子邮件服务器，用于发送公文和工作交流。利用基于 Linux 平台的 Postfix 邮件服务器既能满足需要，又能节省资金。

在完成该项目之前，首先应当规划好电子邮件服务器的存放位置、所属网段、IP 地址、域名等信息；其次，要确定每个用户的用户名，以便为其创建账号等。

项目目标

- 了解电子邮件服务的工作原理
- 掌握 postfixl 和 POP3 邮件服务器的配置
- 掌握电子邮件服务器的测试

11.1 相关知识

11.1.1 电子邮件服务概述

电子邮件（Electronic Mai1，E-mail）服务是 Internet 最基本，也是最重要的服务之一。

与传统邮件相比，电子邮件服务的诱人之处在于传递迅速。如果采用传统的方式发送信件，发一封特快专递也需要至少一天的时间，而发一封电子邮件给远方的用户，通常来说，对方几秒钟之内就能收到。与最常用的日常通信手段——电话系统相比，电子邮件在速度上虽然不占优势，但它不要求通信双方同时在场。由于电子邮件采用存储转发的方式发送邮件，发送邮件时并不需要收件人处于在线状态，收件人可以根据实际需要随时上网从邮件服务器上收取邮件，方便了信息交流。

与现实生活中的邮件传递类似，每个人必须有一个唯一的电子邮件地址。电子邮件地址的格式是“USER@RHEL6.COM”，由 3 部分组成。第一部分“USER”代表用户邮箱账号，对于同一个邮件接收服务器来说，这个账号必须是唯一的；第二部分“@”是分隔符；第三部分“SERVER.COM”是用户信箱的邮件接收服务器域名，用以标志其所在的位置。这样的一个电子邮件地址表明该用户在指定的计算机（邮件服务器）上有一块存储空间。Linux 邮件服务器上的邮件存储空间通常是位于/var/spool/mail 目录下的文件。

与常用的网络通信方式不同，电子邮件系统采用缓冲池（spooling）技术处理传递的延迟。用户发送邮件时，邮件服务器将完整的邮件信息存放到缓冲区队列中，系统后台进程会在适当的时候将队列中的邮件发送出去。RFC822 定义了电子邮件的标准格式，它将一封电子邮件分成头部（head）和正文（body）两部分。邮件的头部包含了邮件的发送方、接收方、发送日期、邮件主题等内容，而正文通常是要发送的信息。

11.1.2 电子邮件系统的组成

Linux 系统中的电子邮件系统包括 3 个组件：邮件用户代理（Mail User Agent，MUA）、邮件传送代理（Mail Transfer Agent，MTA）和邮件投递代理（Mail Dilivery Agent，MDA）。

1．MUA

MUA 是电子邮件系统的客户端程序。它是用户与电子邮件系统的接口，主要负责邮件的发送和接收以及邮件的撰写、阅读等工作。目前主流的用户代理软件有基于 Windows 平台的 Outlook、Foxmail 和基于 Linux 平台的 mail、elm、pine、Evolution 等。

2．MTA

MTA 是电子邮件系统的服务器端程序。它主要负责邮件的存储和转发。最常用的 MTA 软件有基于 Windows 平台的 Exchange 和基于 Linux 平台的 postfix、qmail 和 postfix 等。

3．MDA

MDA 有时也称为本地投递代理（Local Dilivery Agent，LDA）。MTA 把邮件投递到邮件接收者所在的邮件服务器，MDA 则负责把邮件按照接收者的用户名投递到邮箱中。

4．MUA、MTA 和 MDA 协同工作

总地来说，当使用 MUA 程序写信（如 elm，pine 或 mail）时，应用程序把信件传给 Postfix 或 Postfix 这样的 MTA 程序。如果信件是寄给局域网或本地主机的，MTA 程序应该从地址上就可以确定这个信息。如果信件是发给远程系统用户的，那么 MTA 程序必须能够选择路由，与远程邮件服务器建立连接并发送邮件。MTA 程序还必须能够处理发送邮件时产生的问题，并且能向发信人报告出错信息。例如，当邮件没有填写地址或收信人不存在时，MTA 程序要向发信人报错。MTA 程序还支持别名机制，使用户能够方便地用不同的名字与其他用户、主机或网络通信。而 MDA 的作用主要是把接收者 MTA 收到的邮件信息投递到相应的邮箱中。

11.1.3 电子邮件传输过程

电子邮件与普通邮件有类似的地方，发信者注明收件人的姓名与地址（即邮件地址），发送方服务器把邮件传到收件方服务器，收件方服务器再把邮件发到收件人的邮箱中。图 11-1 所示解释了由新浪邮箱发往谷歌邮箱的过程。

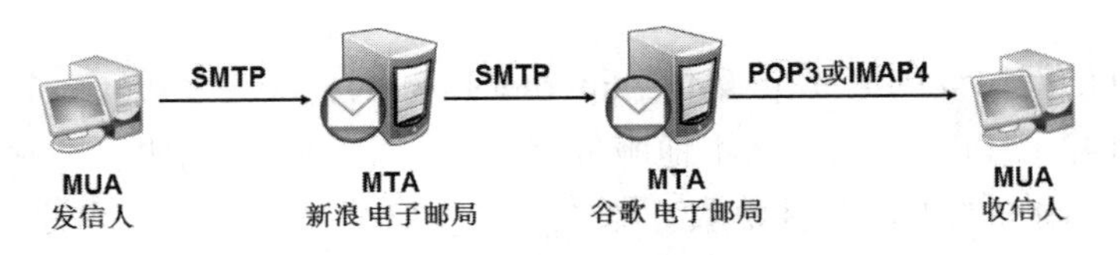

图 11-1 电子邮件发送示意图

电子邮件传输的基本过程如图 11-2 所示。

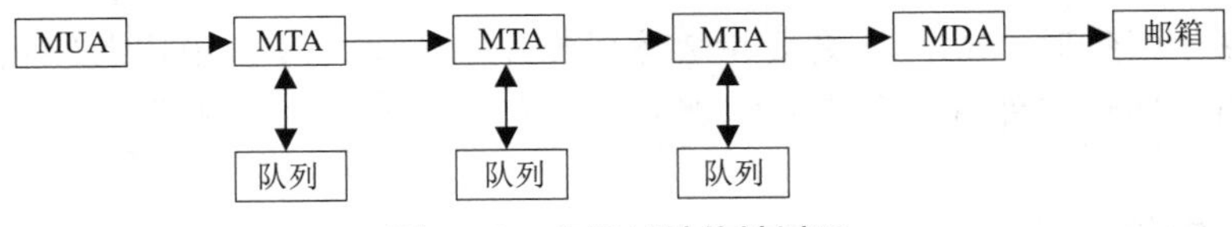

图 11-2 电子邮件传输过程

（1）邮件用户在客户机使用 MUA 撰写邮件，并将写好的邮件提交给本地 MTA 上的

缓冲区。

（2）MTA 每隔一定时间发送一次缓冲区中的邮件队列。MTA 根据邮件的接收者地址，使用 DNS 服务器的 MX（邮件交换器资源记录）解析邮件地址的域名部分，从而决定将邮件投递到哪一个目标主机。

（3）目标主机上的 MTA 收到邮件以后，根据邮件地址中的用户名部分判断用户的邮箱，并使用 MDA 将邮件投递到该用户的邮箱中。

（4）该邮件的接收者可以使用常用的 MUA 软件登录邮箱，查阅新邮件，并根据自己的需要做相应的处理。

11.1.4 与电子邮件相关的协议

常用的与电子邮件相关的协议有 SMTP、POP3 和 IMAP4。

1. SMTP

简单邮件传输协议（Simple Mail Transfer Protocol，SMTP）默认工作在 TCP 的 25 端口。SMTP 属于客户机/服务器模型，它是一组用于由源地址到目的地址传送邮件的规则，由它来控制信件的中转方式。SMTP 属于 TCP/IP 协议簇，它帮助每台计算机在发送或中转信件时找到下一个目的地。通过 SMTP 指定的服务器，就可以把电子邮件寄到收件人的服务器上了。SMTP 服务器则是遵循 SMTP 的发送邮件服务器，用来发送或中转发出的电子邮件。SMTP 仅能用来传输基本的文本信息，不支持字体、颜色、声音、图像等信息的传输。为了传输这些内容，目前在 Internet 中广为使用的是多用途 Internet 邮件扩展（Multipurpose Internet Mail Extension，MIME）协议。MIME 弥补了 SMTP 的不足，解决了 SMTP 仅能传送 ASCII 文本的限制。目前，SMTP 和 MIME 协议已经广泛应用于各种电子邮件系统中。

2. POP3

邮局协议的第 3 个版本（Post Office Protocol 3，POP3）默认工作在 TCP 的 110 端口。POP3 同样也属于客户机/服务器模型，它规定怎样将个人计算机连接到 Internet 的邮件服务器和下载电子邮件。它是 Internet 电子邮件的第一个离线协议标准，POP3 允许从服务器上把邮件存储到本地主机，即自己的计算机上，同时删除保存在邮件服务器上的邮件。遵循 POP3 来接收电子邮件的服务器是 POP3 服务器。

3. IMAP4

Internet 信息访问协议的第 4 个版本（Internet Message Access Protocol 4，IMAP4）默认工作在 TCP 的 143 端口。是用于从本地服务器上访问电子邮件的协议，它也是一个客户机/服务器模型协议，用户的电子邮件由服务器负责接收保存，用户可以通过浏览信件头来决定是否要下载此信件。用户也可以在服务器上创建或更改文件夹或邮箱，删除信件或检索信件的特定部分。

注意：虽然 POP3 和 IMAP4 都用于处理电子邮件的接收，但二者在机制上有所不同。在用户访问电子邮件时，IMAP4 需要持续访问邮件服务器，而 POP3 则是将信件保存在服务器上，当用户阅读信件时，所有内容都会被立即下载到用户的机器上。

11.1.5 邮件中继

前面讲解了整个邮件转发的流程，实际上邮件服务器在接收到邮件以后，会根据邮件的目的地址判断该邮件是发送至本域还是外部，然后再分别进行不同的操作，常见的处理方法有以下两种。

1. 本地邮件发送

当邮件服务器检测到邮件发往本地邮箱时，如 yun@smile.com 发送至 ph@smile.com，处理方法比较简单，会直接将邮件发往指定的邮箱。

2. 邮件中继

中继是指要求用户的服务器向其他服务器传递邮件的一种请求。一个服务器处理的邮件只有两类，一类是外发的邮件，一类是接收的邮件，前者是本域用户通过服务器要向外部转发的邮件，后者是发给本域用户的。

一个服务器不应该处理过路的邮件，就是既不是你的用户发送的，也不是发给你的用户的，而是一个外部用户发给另一个外部用户的。这一行为称为第三方中继。如果不需要经过验证就可以中继邮件到组织外，称为 OPEN RELAY（开放中继），“第三方中继”和“开放中继”是要禁止的，但中继是不能关闭的。这里需要了解以下几个概念。

（1）中继。

用户通过服务器将邮件传递到组织外。

（2）OPEN RELAY。

不受限制的组织外中继，即无验证的用户也可提交中继请求。

（3）第三方中继。

由服务器提交的 OPEN RELAY 不是从客户端直接提交的。比如我的域是 A，我通过服务器 B（属于 B 域）中转邮件到 C 域。这时在服务器 B 上看到的是连接请求来源于 A 域的服务器（不是客户），而邮件既不是服务器 B 所在域用户提交的，也不是发 B 域的，这就属于第三方中继。这是垃圾邮件的根本。如果用户通过直接连接你的服务器发送邮件，这是无法阻止的，比如群发软件。但如果关闭了 OPEN RELAY，那么他只能发信到你的组织内用户，无法将邮件中继出组织。

3. 邮件认证机制

如果关闭了 OPEN RELAY，那么必须是该组织成员通过验证后才可以提交中继请求。也就是说，你的用户要发邮件到组织外，一定要经过验证。要注意的是不能关闭中继，否则邮件系统只能在组织内使用。邮件认证机制要求用户在发送邮件时，必须提交账号及密码，邮件服务器验证该用户属于该域合法用户后，才允许转发邮件。

11.2 项目设计及准备

11.2.1 项目设计

本项目选择企业版 Linux 网络操作系统提供的电子邮件系统 Postfix 来部署电子邮件服务，利用 Windows 7 的 Outlook 程序来收发邮件（如果没安装请从网上下载后安装）。

11.2.2 项目准备

部署电子邮件服务应满足下列需求。

（1）安装好企业版 Linux 网络操作系统，并且必须保证 Apache 服务和 perl 语言解释器正常工作。客户端使用 Linux 和 Windows 网络操作系统。服务器和客户端能够通过网络进行通信。

（2）电子邮件服务器的 IP 地址、子网掩码等 TCP/IP 参数应手工配置。

（3）电子邮件服务器应拥有一个友好的 DNS 名称，应能够被正常解析，并且具有电子邮件服务所需的 MX 资源记录。

（4）创建任何电子邮件域之前，规划并设置好 POP3 服务器的身份验证方法。

计算机的配置信息如表 11-1 所示（可以使用 VM 的克隆技术快速安装需要的 Linux 客户端）。

表 11-1　Linux 服务器和客户端的配置信息

主机名称	操作系统	IP 地址	角色及其他
邮件服务器：RHEL7-1	RHEL 7	192.168.10.1	DNS 服务器、Postfix 邮件服务器，VMnet1
Linux 客户端：Client1	RHEL 7	IP:192.168.10.20 DNS:192.168.10.1	邮件测试客户端，VMnet1
Windows 客户端:Win7-1	Windows 7	IP:192.168.10.50 DNS:192.168.10.1	邮件测试客户端，VMnet1

11.3　项目实施

任务 11-1　配置 Postfix 常规服务器

在 RHEL 5、RHEL 6 以及诸多早期的 Linux 系统中，默认使用的发件服务是由 Postfix 服务程序提供的，而在 RHEL 7 系统中已经替换为 Postfix 服务程序。相较于 Postfix 服务程序，Postfix 服务程序减少了很多不必要的配置步骤，而且在稳定性、并发性方面也有很大改进。

如果想要成功地架设 Postfix 服务器，除了需要理解其工作原理外，还需要清楚整个设定流程，以及在整个流程中每一步的作用。设定一个简易 Postfix 服务器主要包含以下几个步骤。

（1）配置好 DNS。

（2）配置 Postfix 服务程序。

（3）配置 Dovecot 服务程序。

（4）创建电子邮件系统的登录账户。

（5）启动 Postfix 服务器。

（6）测试电子邮件系统。

1．安装 bind 和 postfix 服务

```
[root@RHEL7-1 ~]# rpm -q postfix
[root@RHEL7-1 ~]# mkdir /iso
[root@RHEL7-1 ~]# mount /dev/cdrom /iso
[root@RHEL7-1 ~]# yum clean all                 //安装前先清除缓存
[root@RHEL7-1 ~]# yum install bind postfix -y
[root@RHEL7-1 ~]# rpm -qa|grep postfix          //检查安装组件是否成功
```

2．开放 dns、smtp 服务

打开 SELinux 有关的布尔值，在防火墙中开放 dns、smtp 服务。重启服务，并设置开机重启生效。

```
[root@RHEL7-1 ~]# setsebool -P allow_postfix_local_write_mail_spool on
[root@RHEL7-1 ~]# systemctl restart postfix
[root@RHEL7-1 ~]# systemctl restart named
[root@RHEL7-1 ~]# systemctl enable named
[root@RHEL7-1 ~]# systemctl enable postfix
[root@RHEL7-1 ~]# firewall-cmd --permanent --add-service=dns
[root@RHEL7-1 ~]# firewall-cmd --permanent --add-service=smtp
[root@RHEL7-1 ~]# firewall-cmd --reload
```

3. Postfix服务程序主配置文件

Postfix服务程序主配置文件（/etc/ postfix/main.cf）有679行左右的内容，主要的配置参数如表11-2所示。

表11-2 Postfix服务程序主配置文件中的主要参数

参　数	作　用
myhostname	邮局系统的主机名
mydomain	邮局系统的域名
myorigin	从本机发出邮件的域名名称
inet_interfaces	监听的网卡接口
mydestination	可接收邮件的主机名或域名
mynetworks	设置可转发哪些主机的邮件
relay_domains	设置可转发哪些网域的邮件

在Postfix服务程序的主配置文件中，总计需要修改以下5处。

① 在第76行定义一个名为myhostname的变量，用来保存服务器的主机名称。还要记住以下的参数需要调用它

```
myhostname = mail.long.com
```

② 在第83行定义一个名为mydomain的变量，用来保存邮件域的名称。后面也要调用这个变量。

```
mydomain = long.com
```

③ 在第99行调用前面的mydomain变量，用来定义发出邮件的域。调用变量的好处是避免重复写入信息，以及便于日后统一修改。

```
myorigin = $mydomain
```

④ 在第116行定义网卡监听地址。可以指定要使用服务器的哪些IP地址对外提供电子邮件服务；也可以直接写成all，代表所有IP地址都能提供电子邮件服务。

```
inet_interfaces = all
```

⑤ 在第164行定义可接收邮件的主机名或域名列表。这里可以直接调用前面定义好的myhostname和mydomain变量（如果不想调用变量，也可以直接调用变量中的值）。

```
mydestination = $myhostname , $mydomain,localhost
```

4. 别名和群发设置

用户别名是经常用到的一个功能。顾名思义，别名就是给用户起的另外一个名字。例如，给用户A起个别名为B，以后发给B的邮件实际是A用户来接收。为什么说这是一个经常用到的功能呢？第一，root用户无法收发邮件，如果有发给root用户的信件，就必须为root用户建立别名。第二，群发设置需要用到这个功能。企业内部在使用邮件服务时，经常会按照部门群发信件，发给财务部门的信件只有财务部的人才会收到，其他部门的则无法收到。

如果要使用别名设置功能，首先需要在/etc 目录下建立文件 aliases，然后编辑文件内容，其格式如下。

```
alias: recipient[,recipient,…]
```

其中，alias 为邮件地址中的用户名（别名），recipient 是实际接收该邮件的用户。下面通过几个例子来说明用户别名的设置方法。

【例 11-1】 为 user1 账号设置别名为 zhangsan，为 user2 账号设置别名为 lisi。方法如下。

```
[root@RHEL7-1 ~]# vim   /etc/aliases
//添加下面两行：
zhangsan: user1
lisi: user2
```

【例 11-2】 假设网络组的每位成员在本地 Linux 系统中都拥有一个真实的电子邮件账户，现在要给网络组的所有成员发送一封相同内容的电子邮件。可以使用用户别名机制中的邮件列表功能实现，方法如下。

```
[root@RHEL7-1 ~]# vim   /etc/aliases
network_group: net1,net2,net3,net4
```

这样，通过给 network_group 发送信件就可以给网络组中的 net1、net2、net3 和 net4 都发送了一封同样的信件。

最后，在设置过 aliases 文件后，还要使用 newaliases 命令生成 aliases.db 数据库文件。

```
[root@RHEL7-1 ~]# newaliases
```

5. 利用 Access 文件设置邮件中继

Access 文件用于控制邮件中继（RELAY）和邮件的进出管理。可以利用 Access 文件来限制哪些客户端可以使用此邮件服务器来转发邮件。例如，限制某个域的客户端拒绝转发邮件，也可以限制某个网段的客户端可以转发邮件。Access 文件的内容会以列表形式体现出来。其格式如下。

```
对象     处理方式
```

对象和处理方式的表现形式并不单一，每一行都包含对象和对它们的处理方式。下面简单介绍常见的对象和处理方式的类型。

Access 文件中的每一行都具有一个对象和一种处理方式，需要根据环境需要进行二者的组合。来看一个示例，使用 vim 命令查看默认的 access 文件。

默认的设置表示来自本地的客户端允许使用 Mail 服务器收发邮件。通过修改 Access 文件，可以设置邮件服务器对 E-mail 的转发行为，但是配置后必须使用 postmap 建立新的 access.db 数据库。

【例 11-3】 允许 192.168.0.0/24 网段和 long.com 自由发送邮件，但拒绝客户端 clm.long.com，及除 192.168.2.100 以外的 192.168.2.0/24 网段的所有主机。

```
[root@RHEL7-1 ~]# vim   /etc/postfix/access
192.168.0                                   OK
.long.com                                   OK
clm.long.com                                REJECT
192.168.2.100                               OK
192.168.2                                   OK
```

还需要在/etc/postfix/main.cf 中增加以下内容。

```
smtpd_client_restrictions = check_client_access hash:/etc/postfix/access
```

特别注意：只有增加这一行访问控制的过滤规则（access）才生效！

最后使用 postmap 生成新的 access.db 数据库。

```
[root@RHEL7-1 ~]# postmap  hash:/etc/postfix/access
[root@RHEL7-1 ~]# ls -l /etc/postfix/access*
-rw-r--r--. 1 root root 20986 Aug  4 18:53 /etc/postfix/access
-rw-r--r--. 1 root root 12288 Aug  4 18:55 /etc/postfix/access.db
```

6. 设置邮箱容量

（1）设置用户邮件的大小限制

编辑/etc/postfix/main.cf 配置文件，限制发送的邮件大小最大为 5MB，添加以下内容。

```
message_size_limit=5000000
```

（2）通过磁盘配额限制用户邮箱空间

① 使用“**df　-hT**”查看邮件目录挂载信息，如图 11-3 所示。

```
root@RHEL7-1:~
File  Edit  View  Search  Terminal  Help
[root@RHEL7-1 ~]# df -hT
Filesystem     Type      Size  Used Avail Use% Mounted on
/dev/sda2      xfs       9.4G  123M  9.2G   2% /
devtmpfs       devtmpfs  897M     0  897M   0% /dev
tmpfs          tmpfs     912M   12K  912M   1% /dev/shm
tmpfs          tmpfs     912M  9.1M  903M   1% /run
tmpfs          tmpfs     912M     0  912M   0% /sys/fs/cgroup
/dev/sda5      xfs       7.5G  3.1G  4.5G  41% /usr
/dev/sda6      xfs       7.5G  233M  7.3G   4% /var
/dev/sda3      xfs       7.5G   39M  7.5G   1% /home
/dev/sda8      xfs       4.4G   33M  4.3G   1% /tmp
/dev/sda1      xfs       283M  163M  121M  58% /boot
tmpfs          tmpfs     183M   20K  183M   1% /run/user/0
/dev/sr0       iso9660   3.8G  3.8G     0 100% /run/media/root/RHEL-7.4 Server.x86_64
[root@RHEL7-1 ~]#
```

图 11-3　查看邮件目录挂载信息

② 使用 vim 编辑器修改/etc/fstab 文件，如图 11-4 所示（一定保证/var 是单独的 xfs 分区）。

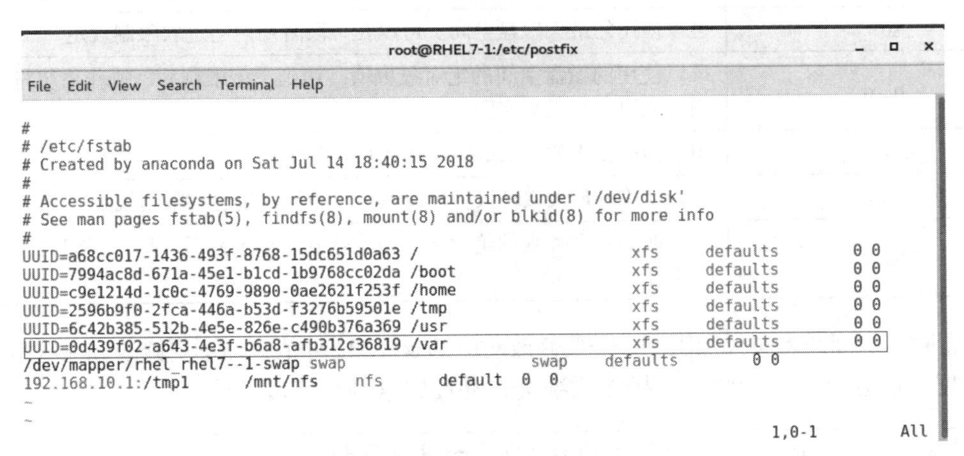

```
root@RHEL7-1:/etc/postfix
File  Edit  View  Search  Terminal  Help

#
# /etc/fstab
# Created by anaconda on Sat Jul 14 18:40:15 2018
#
# Accessible filesystems, by reference, are maintained under '/dev/disk'
# See man pages fstab(5), findfs(8), mount(8) and/or blkid(8) for more info
#
UUID=a68cc017-1436-493f-8768-15dc651d0a63 /              xfs     defaults        0 0
UUID=7994ac8d-671a-45e1-b1cd-1b9768cc02da /boot          xfs     defaults        0 0
UUID=c9e1214d-1c0c-4769-9890-0ae2621f253f /home          xfs     defaults        0 0
UUID=2596b9f0-2fca-446a-b53d-f3276b59501e /tmp           xfs     defaults        0 0
UUID=6c42b385-512b-4e5e-826e-c490b376a369 /usr           xfs     defaults        0 0
UUID=0d439f02-a643-4e3f-b6a8-afb312c36819 /var           xfs     defaults        0 0
/dev/mapper/rhel_rhel7--1-swap swap                swap    defaults        0 0
192.168.10.1:/tmp1      /mnt/nfs     nfs      default  0  0
~
~
                                                          1,0-1         All
```

图 11-4　/etc/fstab 文件

在项目 1 中的硬盘分区中已经考虑了独立分区的问题，这样保证了该实训的正常进行。从图 11-3 可以看出，/var 已经自动挂载了。

③ 由于 sda2 分区格式为 xfs，所以默认自动开启磁盘配额功能：**usrquota,grpquota**。

usrquota 为用户的配额参数，grpquota 为组的配额参数。保存退出，重新启动机器，使操作系统按照新的参数挂载文件系统。

```
[root@RHEL7-1 ~]#  mount
……
```

```
debugfs on /sys/kernel/debug type debugfs (rw,relatime)
nfsd on /proc/fs/nfsd type nfsd (rw,relatime)
/dev/sda6 on /var type xfs (rw,relatime,seclabel,attr2,inode64,usrquota,grpquota)
/dev/sda3 on /home type xfs (rw,relatime,seclabel,attr2,inode64,noquota)
/dev/sda8 on /tmp type xfs (rw,relatime,seclabel,attr2,inode64,noquota)
/dev/sda1 on /boot type xfs (rw,relatime,seclabel,attr2,inode64,noquota)
……
[root@RHEL7-1 ~]# quotaon -p /var
group quota on /var (/dev/sda6) is on
user quota on /var (/dev/sda6) is on
```

④ 设置磁盘配额。

下面为用户和组配置详细的配额限制，使用 edquota 命令设置磁盘配额，命令格式如下。

```
edquota   -u  用户名        或  edquota   -g   组名
```

为用户 bob 配置磁盘配额限制，执行 edquota 命令，打开用户配额编辑文件，如下所示（bob 用户一定是存在的 Linux 系统用户）。

```
[root@RHEL7-1 ~]# edquota   -u   bob
Disk quotas for user bob (uid 1015):
  Filesystem                 blocks       soft       hard       inodes       soft      hard
  /dev/sda6                       0          0          0            1          0         0
```

磁盘配额参数的含义如表 11-3 所示。

表 11-3　磁盘配额参数

列　名	解　释
Filesystem	文件系统的名称
blocks	用户当前使用的块数（磁盘空间），单位为 KB
soft	可以使用的最大磁盘空间。可以在一段时期内超过软限制规定
hard	可以使用的磁盘空间的绝对最大值。达到了该限制后，操作系统将不再为用户或组分配磁盘空间
inodes	用户当前使用的 inode 节点数量（文件数）
soft	可以使用的最大文件数。可以在一段时期内超过软限制规定
hard	可以使用的文件数的绝对最大值。达到了该限制后，用户或组将不能再建立文件

设置磁盘空间或者文件数限制，需要修改对应的 soft、hard 值，而不要修改 blocks 和 inodes 值，根据当前磁盘的使用状态，操作系统会自动设置这两个字段的值。

注意：如果 soft 或者 hard 设置为 0，则表示没有限制。

这里将磁盘空间的硬限制设置为 100MB。

```
[root@RHEL7-1 ~]# edquota   -u   bob
Disk quotas for user bob (uid 1015):
  Filesystem                 blocks       soft       hard       inodes       soft      hard
  /dev/sda6                       0          0     100000            1          0         0
```

⑤ 编辑/etc/postfix/main.cf 配置文件，删除以下语句，将邮件发送大小限制去掉。

```
message_size_limit=5000000
```

任务 11-2　配置 Dovecot 服务程序

在 Postfix 服务器 RHEL7-1 上进行基本配置以后，Mail Server 就可以完成 E-mail 的邮件发送工作，但是如果需要使用 POP3 和 IMAP 协议接收邮件，还需要安装 dovecot 软件包。

1. 安装 Dovecot 服务程序软件包

（1）安装 POP3 和 IMAP。

```
[root@RHEL7-1 ~]# yum install dovecot -y
[root@RHEL7-1 ~]# rpm -qa |grep dovecot
dovecot-2.2.10-8.el7.x86_64
```

（2）启动 POP3 服务，同时开放 pop3 和 imap 对应的 TCP 端口 110 和 143。

```
[root@RHEL7-1 ~]# systemctl restart  dovecot
[root@RHEL7-1 ~]# systemctl enable  dovecot
[root@RHEL7-1 ~]# firewall-cmd --permanent --add-port=110/tcp
[root@RHEL7-1 ~]# firewall-cmd --permanent --add-port=25/tcp
[root@RHEL7-1 ~]# firewall-cmd --permanent --add-port=143/tcp
[root@RHEL7-1 ~]# firewall-cmd --reload
```

（3）测试。

使用 netstat 命令测试是否开启 POP3 的 110 端口和 IMAP 的 143 端口，如下所示。

```
[root@RHEL7-1 ~]#netstat   -an|grep   :110
tcp        0       0 0.0.0.0:110              0.0.0.0:*               LISTEN
tcp6       0       0 :::110                  :::*                    LISTEN
udp        0       0 0.0.0.0:41100            0.0.0.0:*
[root@RHEL7-1 ~]#netstat   -an|grep   :143
tcp        0       0 0.0.0.0:143              0.0.0.0:*               LISTEN
tcp6       0       0 :::143                  :::*                    LISTEN
```

如果显示 110 和 143 端口开启，则表示 POP3 以及 IMAP 服务已经可以正常工作。

2. 配置部署 Dovecot 服务程序

① 在 Dovecot 服务程序的主配置文件中进行如下修改。首先是第 24 行，把 Dovecot 服务程序支持的电子邮件协议修改为 imap、pop3 和 lmtp。不修改也可以，默认就是这些协议。

```
[root@RHEL7-1  ~]#  vim /etc/dovecot/dovecot.conf
protocols = imap pop3 lmtp
```

② 在主配置文件中的第 48 行，设置允许登录的网段地址，也就是说，可以在这里限制只有来自于某个网段的用户才能使用电子邮件系统。如果想允许所有人都能使用，修改本参数如下。

```
login_trusted_networks = 0.0.0.0/0
```

也可修改为某网段，如 192.168.10.0/24。

特别注意：本字段一定要启用，否则在连接 telnet 使用 25 号端口收邮件时会出现如下错误：-ERR [AUTH] Plaintext authentication disallowed on non-secure (SSL/TLS) connections.

---

3. 配置邮件格式与存储路径

在 Dovecot 服务程序单独的子配置文件中，定义一个路径，用于指定要将收到的邮件存放到服务器本地的哪个位置。这个路径默认已经定义好了，只需要将该配置文件中第 24 行前面的井号（#）删除即可。

```
[root@RHEL7-1 ~]# vim /etc/dovecot/conf.d/10-mail.conf
mail_location = mbox:~/mail:INBOX=/var/mail/%u
```

4. 创建用户，建立保存邮件的目录

以创建 user1 和 user2 为例。创建用户完成后，建立相应用户的保存邮件的目录（这是必

须的，否则出错）。至此，对 Dovecot 服务程序的配置部署全部结束。

```
[root@RHEL7-1 ~]# useradd user1
[root@RHEL7-1 ~]# useradd user2
[root@RHEL7-1 ~]# passwd user1
[root@RHEL7-1 ~]# passwd user2
[root@RHEL7-1 ~]# mkdir -p /home/user1/mail/.imap/INBOX
[root@RHEL7-1 ~]# mkdir -p /home/user2/mail/.imap/INBOX
```

任务 11-3　配置一个完整的收发邮件服务器并测试

Postfix 电子邮件服务器和 DNS 服务器的地址为 192.168.10.1，利用 Telnet 命令，使邮件地址为 user3@long.com 的用户向邮件地址为 user4@long.com 的用户发送主题为“The first mail：user3 TO user4”的邮件，同时使用 telnet 命令从 IP 地址为 192.168.10.1 的 POP3 服务器接收电子邮件。

1．任务分析

当 Postfix 服务器搭建好之后，应该尽可能快地保证服务器正常使用，一种快速有效的测试方法是使用 Telnet 命令直接登录服务器的 25 端口，并收发信件以及对 postfix 进行测试。

在测试之前，先确保 Telnet 的服务器端软件和客户端软件已经安装（分别在 RHEL7-1 和 client1 上安装，不再一一分述）。为了避免原来的设置影响本次实训，建议将计算机恢复到初始状态。具体操作过程如下。

2．在 RHEL7-1 上安装 dns、postfix、dovecot 和 telnet，并启动

① 安装 dns、postfix、dovecot 和 telnet。

```
[root@RHEL7-1 ~]# mkdir  /iso
[root@RHEL7-1 ~]# mount /dev/cdrom /iso
[root@RHEL7-1 ~]# yum clean all                    //安装前先清除缓存
[root@RHEL7-1 ~]# yum install bind postfix dovecot telnet-server telnet -y
```

② 打开 SELinux 有关的布尔值，在防火墙中开放 dns、smtp 服务。

```
[root@RHEL7-1 ~]# setsebool  -P  allow_postfix_local_write_mail_spool  on
[root@RHEL7-1 ~]# firewall-cmd --permanent --add-service=dns
[root@RHEL7-1 ~]# firewall-cmd --permanent --add-service=smtp
[root@RHEL7-1 ~]# firewall-cmd --permanent --add-service=telnet
[root@RHEL7-1 ~]# firewall-cmd --reload
```

③ 启动 POP3 服务，同时开放 pop3 和 imap 对应的 TCP 端口 110 和 143。

```
[root@RHEL7-1 ~]# firewall-cmd --permanent --add-port=110/tcp
[root@RHEL7-1 ~]# firewall-cmd --permanent --add-port=25/tcp
[root@RHEL7-1 ~]# firewall-cmd --permanent --add-port=143/tcp
[root@RHEL7-1 ~]# firewall-cmd --reload
```

3．在 RHEL7-1 上配置 DNS 服务器，设置 MX 资源记录

配置 DNS 服务器，并设置虚拟域的 MX 资源记录。具体步骤如下。

① 编辑修改 DNS 服务的主配置文件，添加 long.com 域的区域声明（options 部分省略，按常规配置即可，完全的配置文件见 www.ryjiaoyu.com 或向作者索要）。

```
[root@RHEL7-1 ~]# vim /etc/named.conf
zone "long.com" IN {
      type master;
      file "long.com.zone";  };

zone "10.168.192.in-addr.arpa" IN {
```

```
      type            master;
      file            "1.10.168.192.zone";
 };
#include "/etc/named.zones";
```

注释掉 include 语句，免得受影响，因为本例在 named.conf 中直接写入域的声明。也就是将 named.conf 和 named.zones 合二为一。

② 编辑 long.com 区域的正向解析数据库文件。

```
[root@RHEL7-1 ~]# vim /var/named/long.com.zone
$TTL 1D
@       IN SOA  long.com.  root.long.com. (
                                      2013120800     ; serial
                                      1D             ; refresh
                                      1H             ; retry
                                      1W             ; expire
                                      3H )           ; minimum


@                  IN      NS               dns.long.com.
@                  IN      MX      10       mail.long.com.
dns                IN      A                192.168.10.1
mail               IN      A                192.168.10.1
smtp               IN      A                192.168.10.1
pop3               IN      A                192.168.10.1
```

③ 编辑 long.com 区域的反向解析数据库文件。

```
[root@RHEL7-1 ~]# vim /var/named/1.10.168.192.zone
$TTL 1D
@       IN SOA   @    root.long.com.  (
                                      0        ; serial
                                      1D       ; refresh
                                      1H       ; retry
                                      1W       ; expire
                                      3H )     ; minimum

@           IN             NS           dns.long.com.
@           IN             MX     10    mail.long.com.

1           IN             PTR          dns.long.com.
1           IN             PTR          mail.long.com.
1           IN             PTR          smtp.long.com.
1           IN             PTR          pop3.long.com.
```

④ 利用下面的命令重新启动 DNS 服务，使配置生效。

```
[root@RHEL7-1 ~]# systemctl restart named
[root@RHEL7-1 ~]# systemctl enable named
```

4．在 server1 上配置邮件服务器

先配置/etc/ postfix/main.cf，再配置 Dovecot 服务程序。

① 配置/etc/ postfix/main.cf。

```
[root@RHEL7-1 ~]# vim /etc/postfix/main.cf
myhostname = mail.long.com
mydomain = long.com
myorigin = $mydomain
inet_interfaces = all
```

```
mydestination = $myhostname,$mydomain,localhost
```

② 配置 dovecot.conf。

```
[root@RHEL7-1 ~]# vim /etc/dovecot/dovecot.conf
protocols = imap pop3 lmtp
login_trusted_networks = 0.0.0.0/0
```

③ 配置邮件格式和路径，建立邮件目录（极易出错）。

```
[root@RHEL7-1 ~]# vim /etc/dovecot/conf.d/10-mail.conf
mail_location = mbox:~/mail:INBOX=/var/mail/%u
[root@RHEL7-1 ~]# useradd user3
[root@RHEL7-1 ~]# useradd user4
[root@RHEL7-1 ~]# passwd user3
[root@RHEL7-1 ~]# passwd user4
[root@RHEL7-1 ~]# mkdir -p /home/user3/mail/.imap/INBOX
[root@RHEL7-1 ~]# mkdir -p /home/user4/mail/.imap/INBOX
```

④ 启动各种服务，配置防火墙，允许布尔值等。

```
[root@RHEL7-1 ~]# systemctl restart postfix
[root@RHEL7-1 ~]# systemctl restart named
[root@RHEL7-1 ~]# systemctl restart  dovecot
[root@RHEL7-1 ~]# systemctl enable postfix
[root@RHEL7-1 ~]# systemctl enable  dovecot
[root@RHEL7-1 ~]# systemctl enable named
[root@RHEL7-1 ~]# setsebool  -P  allow_postfix_local_write_mail_spool  on
```

5. 在 client1 上使用 telnet 发送邮件

使用 telnet 发送邮件（在 Client1 客户端测试，确保 DNS 服务器设为 192.168.10.1）。

① 在 Client1 上测试 DNS 是否正常，这一步至关重要。

```
[root@client1 ~]# vim /etc/resolv.conf
nameserver 192.168.10.1
 [root@client1 ~]# nslookup
> set type=MX
> long.com
Server:       192.168.10.1
Address: 192.168.10.1#53

long.com mail exchanger = 10 mail.long.com.
> exit
```

② 在 Client1 上依次安装 telnet 所需的软件包。

```
[root@Client1 ~]# rpm -qa|grep telnet
[root@Client1 ~]# yum install telnet-server -y     //安装 telnet 服务器软件
[root@Client1 ~]# yum install telnet -y            //安装 telnet 客户端软件
[root@Client1 ~]# rpm -qa|grep telnet              //检查安装组件是否成功
telnet-server-0.17-64.el7.x86_64
telnet-0.17-64.el7.x86_64
```

③ 在 Client1 客户端测试。

```
[root@Client1 ~]# telnet 192.168.10.1 25  //利用 telnet 命令连接邮件服务器的 25 端口
Trying 192.168.10.1...
Connected to 192.168.10.1.
Escape character is '^]'.
220 mail.long.com ESMTP Postfix
helo long.com                 //利用 helo 命令向邮件服务器表明身份，不是 hello
250 mail.long.com
```

```
mail from:"test"<user3@long.com>    //设置信件标题以及发信人地址。其中信件标题
                                    //为“test”，发信人地址为 client1@smile.com
250 2.1.0 Ok
rcpt to:user4@long.com        //利用 rcpt to 命令输入收件人的邮件地址
250 2.1.5 Ok
data                          // data 表示要求开始写信件内容了。当输入完 data 指令
                              // 后，会提示以一个单行的“.”结束信件
354 End data with <CR><LF>.<CR><LF>
The first mail: user3 TO user4      //信件内容
.                             // “.”表示结束信件内容。千万不要忘记输入“.”
250 2.0.0 Ok: queued as 456EF25F

quit                                //退出 telnet 命令
221 2.0.0 Bye
Connection closed by foreign host.
```

细心的读者一定已经注意到，每当输入指令后，服务器总会回应一个数字代码给用户。熟知这些代码的含义对于判断服务器的错误是很有帮助的。下面介绍常见的回应代码以及相关含义，如表 11-4 所示。

表 11-4 邮件回应代码

回 应 代 码	说 明
220	表示 SMTP 服务器开始提供服务
250	表示命令指定完毕，回应正确
354	可以开始输入信件内容，并以“.”结束
500	表示 SMTP 语法错误，无法执行指令
501	表示指令参数或引述的语法错误
502	表示不支持该指令

6. 利用 Telnet 命令接收电子邮件

```
[root@Client1 ~]# telnet 192.168.10.1 110 //利用 telnet 命令连接邮件服务器 110 端口
Trying 192.168.10.1...
Connected to 192.168.10.1.
Escape character is '^]'.
+OK Dovecot ready.
user user4                    //利用 user 命令输入用户的用户名为 user4
+OK
pass 12345678                 //利用 pass 命令输入 user4 账户的密码为 12345678
+OK Logged in.
list                          //利用 list 命令获得 user4 账户邮箱中各邮件的编号
+OK 1 messages:
1 291
.
retr 1                        //利用 retr 命令收取邮件编号为 1 的邮件信息，下面各行为邮件信息
+OK 291 octets
Return-Path: <user3@long.com>
X-Original-To: user4@long.com
Delivered-To: user4@long.com
Received: from long.com (unknown [192.168.10.20])
by mail.long.com (Postfix) with SMTP id EF4AD25F
```

```
for <user4@long.com>; Sat,  4 Aug 2018 22:33:23 +0800 (CST)

The first mail: user3 TO user4
.
quit                    //退出telnet命令
+OK Logging out.
Connection closed by foreign host.
```

Telnet命令有以下命令可以使用，其命令格式及参数说明如下。

- stat命令 格式：stat无需参数。
- list命令 格式：list [*n*]参数*n*可选，*n*为邮件编号。
- uidl命令 格式：uidl [*n*]同上。
- retr命令 格式：retr *n*参数*n*不可省，*n*为邮件编号。
- dele命令 格式：dele *n*同上。
- top 命令 格式：top *n m*参数*n*、*m*不可省，*n*为邮件编号，*m*为行数。
- noop命令 格式：noop无需参数。
- quit命令 格式：quit无需参数。

各命令的详细功能见下面的说明。

- stat命令不带参数，对于此命令，POP3服务器会响应一个正确应答，此响应为一个单行的信息提示，它以“+OK”开头，接着是两个数字，第一个是邮件数目，第二个是邮件的大小，如+OK 4 1603。
- list命令的参数可选，该参数是一个数字，表示的是邮件在邮箱中的编号，可以利用不带参数的list命令获得各邮件的编号，并且每一封邮件均占用一行显示，前面的数为邮件的编号，后面的数为邮件的大小。
- uidl命令与list命令用途差不多，只不过uidl命令显示邮件的信息比list更详细、更具体。
- retr命令是收邮件中最重要的一条命令，它的作用是查看邮件的内容，它必须带参数运行。该命令执行之后，服务器应答的信息比较长，其中包括发件人的电子邮箱地址、发件时间、邮件主题等，这些信息统称为邮件头，紧接在邮件头之后的信息便是邮件正文。
- dele命令是用来删除指定的邮件（注意：dele *n*命令只是给邮件做删除标记，只有在执行quit命令之后，邮件才会真正删除）。
- top命令有两个参数，形如：top *n m*。其中*n*为邮件编号，*m*是要读出邮件正文的行数，如果*m*=0，则只读出邮件的邮件头部分。
- noop命令，该命令发出后，POP3服务器不作任何事，仅返回一个正确响应“+OK”。
- quit命令，该命令发出后，Telnet断开与服务器的连接，系统进入更新状态。

7. 用户邮件目录/var/spool/mail

我们可以在邮件服务器RHEL7-1上进行用户邮件的查看，这可以确保邮件服务器已经在正常工作了。Postfix在/var/spool/mail目录中为每个用户分别建立单独的文件用于存放每个用户的邮件，这些文件的名字和用户名是相同的。例如，邮件用户user3@long.com的文件是user3。

```
[root@RHEL7-1 ~]# ls  /var/spool/mail
user3    user4    root
```

8. 邮件队列

邮件服务器配置成功后，就能够为用户提供 E-mail 的发送服务了，但如果接收这些邮件的服务器出现问题，或者因为其他原因导致邮件无法安全地到达目的地，而发送的 SMTP 服务器又没有保存邮件，这封邮件就可能会失踪。不论是谁都不愿意看到这样的情况，所以 Postfix 采用了邮件队列来保存这些发送不成功的信件，而且，服务器会每隔一段时间重新发送这些邮件。通过 mailq 命令来查看邮件队列的内容。

```
[root@RHEL7-1 ~]# mailq
```

其中各列说明如下。

- Q-ID：表示此封邮件队列的编号（ID）。
- Size：表示邮件的大小。
- Q-Time：邮件进入/var/spool/mqueue 目录的时间，并且说明无法立即传送出去的原因。
- Sender/Recipient：发信人和收信人的邮件地址。

如果邮件队列中有大量的邮件，那么请检查邮件服务器是否设置不当，或者被当作了转发邮件服务器。

任务 11-4　使用 Cyrus-SASL 实现 SMTP 认证

无论是本地域内的不同用户，还是本地域与远程域的用户，要实现邮件通信都要求邮件服务器开启邮件的转发功能。为了避免邮件服务器成为各类广告与垃圾信件的中转站和集结地，对转发邮件的客户端进行身份认证（用户名和密码验证）是非常必要的。SMTP 认证机制是通过 Cryus-SASL 包来实现的。

视频 11-1　使用 Cyrus-SASL 实现 SMTP 认证器

实例：建立一个能够实现 SMTP 认证的服务器，邮件服务器和 DNS 服务器的 IP 地址是 192.168.10.1，客户端 Client1 的 IP 地址是 192.168.10.20，系统用户是 user3 和 user4，DNS 服务器的配置沿用例 11-4。其具体配置步骤如下。

1. 编辑认证配置文件

（1）安装 cyrus-sasl 软件。

```
[root@RHEL7-1 ~]# yum install cyrus-sasl -y
```

（2）查看、选择、启动和测试所选的密码验证方式。

```
[root@RHEL7-1 ~]# saslauthd  -v                        //查看支持的密码验证方法
saslauthd 2.1.26
authentication mechanisms: getpwent kerberos5 pam rimap shadow ldap httpform
[root@mail ~]# vim  /etc/sysconfig/saslauthd            //将密码认证机制修改为 shadow
……
MECH=shadow        //指定对用户及密码的验证方式，由 pam 改为 shadow，本地用户认证
……
[root@RHEL7-1 ~]# ps aux | grep saslauthd               //查看 saslauthd 进程是否已经运行
root  5253  0.0  0.0 112664  972 pts/0   S+   16:15   0:00 grep --color=auto saslauthd
//开启 SELinux 允许 saslauthd 程序读取/etc/shadow 文件
[root@RHEL7-1 ~]# setsebool  -P  allow_saslauthd_read_shadow  on
[root@RHEL7-1 ~]# testsaslauthd  -u user3  -p  '123' //测试 saslauthd 的认证功能
0:OK  "Success."                                       //表示 saslauthd 的认证功能已起作用
```

（3）编辑 smtpd.conf 文件，使 Cyrus-SASL 支持 SMTP 认证。

```
[root@RHEL7-1 ~]# vim  /etc/sasl2/smtpd.conf
pwcheck_method: saslauthd
```

```
mech_list: plain  login
log_level: 3                           //记录 log 的模式
saslauthd_path:/run/saslauthd/mux      //设置 smtp 寻找 cyrus-sasl 的路径
```

2. 编辑 main.cf 文件,使 Postfix 支持 SMTP 认证

（1）在默认情况下，Postfix 并没有启用 SMTP 认证机制。要让 Postfix 启用 SMTP 认证，就必须在 main.cf 文件中添加如下配置行。

```
[root@RHEL7-1 ~]# vim  /etc/postfix/main.cf
smtpd_sasl_auth_enable = yes                //启用 SASL 作为 SMTP 认证
smtpd_sasl_security_options = noanonymous    //禁止采用匿名登录方式
broken_sasl_auth_clients = yes              //兼容早期非标准的 SMTP 认证协议(如 OE4.x)
smtpd_recipient_restrictions =  permit_sasl_authenticated, reject_unauth_destination
                                            //认证网络允许，没有认证的拒绝
```

最后一句设置基于收件人地址的过滤规则，允许通过 SASL 认证的用户向外发送邮件，拒绝不是发往默认转发和默认接收的连接。

（2）重新载入 Postfix 服务，使配置文件生效（防火墙、端口、SELinux 的设置同前面内容）。

```
[root@RHEL7-1 ~]# postfix check
[root@RHEL7-1 ~]# postfix  reload
[root@RHEL7-1 ~]# systemctl  restart  saslauthd
[root@RHEL7-1 ~]# systemctl  enable  saslauthd
```

3. 测试普通发信验证

```
   [root@client1 ~]# telnet mail.long.com 25
Trying 192.168.10.1...
Connected to mail.long.com.
Escape character is '^]'.
helo long.com
220 mail.long.com ESMTP Postfix
250 mail.long.com
mail from:user3@long.com
250 2.1.0 Ok
rcpt to:68433059@qq.com
554 5.7.1 <68433059@qq.com>: Relay access denied  //未认证，所以拒绝访问，发送失败
```

4. 字符终端测试 Postfix 的 SMTP 认证（使用域名来测试）

（1）由于前面采用的用户身份认证方式不是明文方式，所以首先要通过 printf 命令计算出用户名和密码的相应编码。

```
[root@RHEL7-1 ~]# printf "user3" | openssl base64
dXNlcjE=                                  //用户名 user3 的 Base64 编码
[root@RHEL7-1 ~]# printf "123" | openssl base64
MTIz                                      // 密码 123 的 Base64 编码
```

（2）字符终端测试认证发信。

```
[root@client1 ~]# telnet 192.168.10.1 25
Trying 192.168.10.1...
Connected to 192.168.10.1.
Escape character is '^]'.
220 mail.long.com ESMTP Postfix
ehlo localhost                            //告知客户端地址
250-mail.long.com
250-PIPELINING
250-SIZE 10240000
```

```
250-VRFY
250-ETRN
250-AUTH PLAIN LOGIN
250-AUTH=PLAIN LOGIN
250-ENHANCEDSTATUSCODES
250-8BITMIME
250 DSN
auth login                              //声明开始进行 SMTP 认证登录
334 VXNlcm5hbWU6                        //“Username:”的 Base64 编码
dXNlcjE=                                //输入 user3 用户名对应的 Base64 编码
334 UGFzc3dvcmQ6
MTIz                                    //用户密码“123”的 Base64 编码
235 2.7.0 Authentication successful     //通过了身份认证
mail from:user3@long.com
250 2.1.0 Ok
rcpt to:68433059@qq.com
250 2.1.5 Ok
data
354 End data with <CR><LF>.<CR><LF>
This a test mail!
.
250 2.0.0 Ok: queued as 5D1F9911        //经过身份认证后的发信成功
quit
221 2.0.0 Bye
Connection closed by foreign host.
```

5. 在客户端启用认证支持

当服务器启用认证机制后，客户端也需要启用认证支持。以 Outlook 2010 为例，在图 11-5 所示的对话框中一定要勾选“我的发送服务器（SMTP）要求验证”，否则，不能向其他邮件域的用户发送邮件，而只能给本域内的其他用户发送邮件。

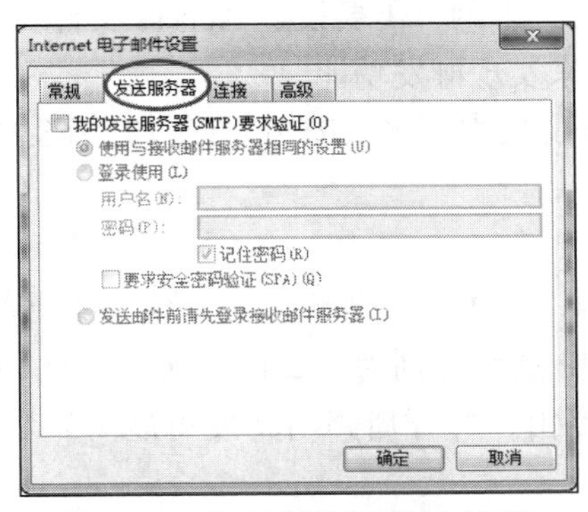

图 11-5 在客户端启用认证支持

11.4 Postfix 服务企业实战与应用

11.4.1 企业环境

公司采用两个网段和两个域来分别管理内部员工，team1.smile.com 域采用 192.168.10.0/24

网段，team2.smile.com 域采用 192.168.20.0/24 网段，DNS 及 Postfix 服务器地址是 192.168.30.3。网络拓扑如图 11-6 所示。

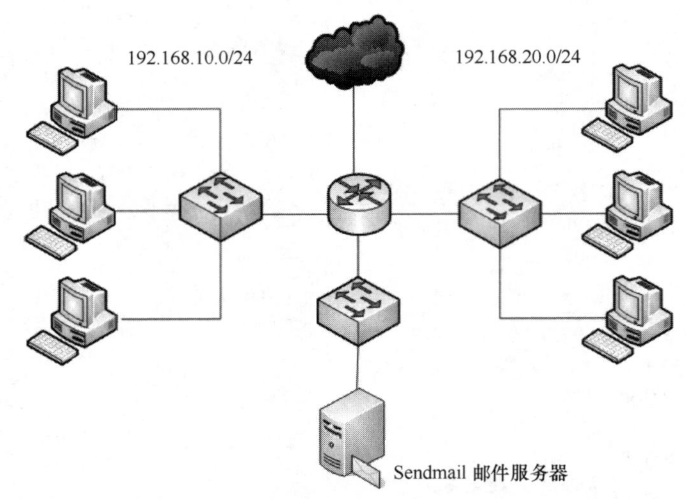

图 11-6　Postfix 应用案例拓扑

要求如下。

（1）员工可以自由收发内部邮件并且能够通过邮件服务器往外网发信。

（2）设置两个邮件群组 team1 和 team2，确保发送给 team1 的邮件，“team1.smile.com”域成员都可以收到，同理，发送给 team2 的邮件，“team2.smile.com” 域成员都可以收到。

（3）禁止主机 192.168.10.88 使用 Postfix 服务器。

11.4.2　需求分析

要求（1）中设置员工自由收发内部邮件，可以参考“任务 11-1”中相关内容的设置，如果需要邮件服务器把邮件发到外网，需要设置 Access 文件。

要求（2）需要设置别名来实现群发功能。

要求（3）需要在 Access 文件中拒绝（REJECT）192.168.10.88。

11.4.3　解决方案

特别声明：由于实验原因，用 Postfix 邮件服务器代替路由器，Postfix 服务器安装 3 块网卡：ens33、ens38 和 ens39，IP 地址分别为 192.168.10.3、192.168.20.3 和 192.168.30.3。还必须在 Postfix 服务器上设置路由，并开启路由转发可能（3 块网卡的连接方式可以都使用 VMnet1）。

1．配置路由器

（1）增加两个网络接口（在虚拟机中添加硬件—网络适配器）并设置 IP 地址、子网掩码和 DNS 服务器（192.168.30.3）。

（2）增加 IP 转发功。

```
# 启动 IP 转发
[root@RHEL7-1 ~]# vim /etc/sysctl.conf
net.ipv4.ip_forward = 1
# 找到上述的设定值，将默认值 0 改为上述的 1 即可，储存后离开
```

```
[root@RHEL7-1 ~]# sysctl -p
[root@RHEL7-1 ~]# cat /proc/sys/net/ipv4/ip_forward
1    <==这就是重点!
```

2. 配置 DNS 服务器

（1）配置 DNS 主配置文件 named.conf（options 部分省略，按常规配置即可，完全的配置文件见 www.ryjiaoyu.com 或向作者索要）。

```
[root@RHEL7-1 ~]# vim    /etc/named.conf
......
zone "smile.com" IN {
       type   master;
       file        "smile.com.zone";
};
zone "30.168.192.in-addr.arpa" IN {
       type        master;
       file        "3.30.168.192.zone";
 };
zone "team1.smile.com" IN {
       type    master;
       file    "team1.smile.com.zone";
};
zone "10.168.192.in-addr.arpa" IN {
       type    master;
       file    "3.10.168.192.zone";
 };
zone "team2.smile.com" IN {
       type    master;
       file    "team2.smile.com.zone";
};
zone "20.168.192.in-addr.arpa" IN {
       type    master;
       file    "3.20.168.192.zone";
 };
```

（2）配置/var/named/smile.com.zone 区域文件（只显示必需的部分）。

```
$TTL 1D

@        IN       SOA      smile.com. root.smile.com.(
                     2013121400          ; Serial
                     28800               ; Refresh
                     14400               ; Retry
                     3600000             ; Expire
                     86400 )             ; Minimum
@                 IN              NS           dns.smile.com.
dns               IN              A            192.168.30.3
@                 IN              MX     5     mail.smile.com.
mail              IN              A            192.168.30.3
```

（3）配置/var/named/3.30.168.192.zone 反向区域文件。

```
$TTL     86400
@        IN       SOA      30.168.192.in-addr.arpa. root.smile.com.(
                           2013120800              ; Serial
                           28800                   ; Refresh
                           14400                   ; Retry
```

```
                          3600000              ; Expire
                          86400 )              ; Minimum
@               IN               NS           dns.smile.com.
3               IN               PTR          dns.smile.com.
@               IN               MX      5    mail.smile.com.
3               IN               PTR          mail.smile.com.
```

（4）配置/var/named/team1.smile.com.zone 区域文件。

```
$TTL 1D

@       IN      SOA      team1.smile.com. root.team1.smile.com.(
                     2013121400         ; Serial
                     28800              ; Refresh
                     14400              ; Retry
                     3600000            ; Expire
                     86400 )            ; Minimum
@               IN      NS                    dns.team1.smile.com.
dns             IN      A                     192.168.10.3
@               IN      MX      5             mail.team1.smile.com.
mail            IN      A                     192.168.10.3
```

（5）配置/var/named/3.10.168.192.zone 反向区域文件。

```
$TTL    86400
@       IN      SOA     10.168.192.in-addr.arpa. root.team1.smile.com.(
                          2013120800            ; Serial
                          28800                 ; Refresh
                          14400                 ; Retry
                          3600000               ; Expire
                          86400 )               ; Minimum
@       IN              NS                      dns.team1.smile.com.
3       IN              PTR                     dns.team1.smile.com.
@       IN              MX      5               mail.team1.smile.com.
3       IN              PTR                     mail.team1.smile.com.
```

（6）配置/var/named/team2.smile.com.zone 区域文件。

```
$TTL 1D

@       IN      SOA      team2.smile.com. root.team2.smile.com.(
                     2013121400          ; Serial
                     28800               ; Refresh
                     14400               ; Retry
                     3600000             ; Expire
                     86400 )             ; Minimum
@               IN     NS                      dns.team2.smile.com.
dns             IN     A                       192.168.20.3
@               IN     MX      5               mail.team2.smile.com.
mail            IN     A                       192.168.20.3
```

（7）配置/var/named/3.20.168.192.zone 反向区域文件。

```
$TTL    86400
@       IN      SOA     20.168.192.in-addr.arpa. root.team2.smile.com.(
                        2013120800           ; Serial
                        28800                ; Refresh
                        14400                ; Retry
                        3600000              ; Expire
                        86400 )              ; Minimum
```

```
@       IN          NS                   dns.team2.smile.com.
3       IN          PTR                  dns.team2.smile.com.
@       IN          MX      5            mail.team2.smile.com.
3       IN          PTR                  mail.team2.smile.com.
```

（8）修改 DNS 域名解析的配置文件。

使用 vim 编辑/etc/resolv.conf，将"nameserver"的值改为 192.168.30.3。

（9）重启 named 服务，使配置生效。

3. 安装 Postfix 软件包，配置/etc/postfix/main.cf（配置文件的其他内容同任务 11-1）

```
myhostname = mail.smile.com
mydomain = smile.com
smtpd_client_restrictions = check_client_access hash:/etc/postfix/access
//特别注意：只有增加这一行，访问控制的过滤规则才生效，配合/etc/postfix/access 才有效
```

将任务 11-4 增加的支持 smtp 认证的 4 条语句删除或注释掉。

```
#smtpd_sasl_auth_enable = no
#smtpd_sasl_security_options = noanonymous
#broken_sasl_auth_clients = yes
#smtpd_recipient_restrictions =permit_sasl_authenticated, reject_unauth_destination
```

4. 群发邮件设置

（1）设置别名。

aliases 文件语法格式：真实用户账号：别名 1，别名 2

```
[root@RHEL7-1 ~]# vim /etc/aliases
team1:client1,client2,client3
team2:clienta,clientb,clientc
```

（2）使用 newaliases 命令生成 aliases.db 数据库文件。

```
[root@RHEL7-1 ~]# newaliases
```

5. 配置访问控制的 Access 文件

（1）编辑修改/etc/postfix/access 文件。

在 RHEL 7 中，默认 Postfix 服务器所在主机的用户可以任意发送邮件，而不需要任何身份验证，修改/etc/postfix/access 文件内容。

（2）生成 Access 数据库文件（地址的前面不能有空格，中间使用 Tab 键隔开地址与 OK）。

```
[root@RHEL7-1 ~]# vim  /etc/postfix/access
127.0.0.1           OK
192.168.10          OK
192.168.20          OK
192.168.30          OK
192.168.10.88       REJECT
[root@RHEL7-1 ~]# postmap  hash:/etc/postfix/access
```

6. 配置 dovecot 软件包（POP3 和 IMAP）

请参见任务 11-2。

7. 创建用户，建立保存邮件的目录

```
[root@RHEL7-1 ~]# groupadd  team1
[root@RHEL7-1 ~]# groupadd  team2
[root@RHEL7-1 ~]# useradd   -g   team1   -s   /sbin/nologin   client1
[root@RHEL7-1 ~]# useradd   -g   team1   -s   /sbin/nologin   client2
[root@RHEL7-1 ~]# useradd   -g   team1   -s   /sbin/nologin   client3
[root@RHEL7-1 ~]# useradd   -g   team2   -s   /sbin/nologin   clienta
[root@RHEL7-1 ~]# useradd   -g   team2   -s   /sbin/nologin   clientb
```

```
[root@RHEL7-1 ~]# useradd  -g  team2  -s  /sbin/nologin  clientc
[root@RHEL7-1 ~]# passwd  client1
[root@RHEL7-1 ~]# passwd  client2
[root@RHEL7-1 ~]# passwd  client3
[root@RHEL7-1 ~]# passwd  clienta
[root@RHEL7-1 ~]# passwd  clientb
[root@RHEL7-1 ~]# passwd  clientc
[root@RHEL7-1 ~]# mkdir -p /home/client1/mail/.imap/INBOX
[root@RHEL7-1 ~]# mkdir -p /home/client2/mail/.imap/INBOX
[root@RHEL7-1 ~]# mkdir -p /home/client3/mail/.imap/INBOX
[root@RHEL7-1 ~]# mkdir -p /home/clienta/mail/.imap/INBOX
[root@RHEL7-1 ~]# mkdir -p /home/clientb/mail/.imap/INBOX
[root@RHEL7-1 ~]# mkdir -p /home/clientc/mail/.imap/INBOX
```

8. 启动 Postfix 服务、设置防火墙、开放端口、设置 SELinux 等

```
[root@RHEL7-1 ~]# systemctl restart  postfix
[root@RHEL7-1 ~]# systemctl restart  dovecot
[root@RHEL7-1 ~]# setsebool  -P  allow_postfix_local_write_mail_spool  on
[root@RHEL7-1 ~]# firewall-cmd --permanent --add-service=dns
[root@RHEL7-1 ~]# firewall-cmd --permanent --add-service=smtp
[root@RHEL7-1 ~]# firewall-cmd --permanent --add-service=telnet
[root@RHEL7-1 ~]# firewall-cmd --permanent --add-port=110/tcp
[root@RHEL7-1 ~]# firewall-cmd --permanent --add-port=143/tcp
[root@RHEL7-1 ~]# firewall-cmd --permanent --add-port=25/tcp
[root@RHEL7-1 ~]# firewall-cmd --reload
```

9. 测试端口

使用 netstat-ntla 命令测试是否开启 SMTP 的 25 端口、POP3 的 110 端口及 IMAP 的 143 端口。

```
[root@RHEL7-1 ~]# netstat  -ntla
```

10. 在客户端 192.168.30.0/24 网段测试

测试客户端的网络设置如下。

IP 地址为 192.168.30.110/24，默认网关为 192.168.30.3，DNS 服务器为 192.168.30.3。

（1）邮件发送与接收测试。

在 Linux 客户端（192.168.30.111）使用 telnet，分别用 client1 和 clienta 测试邮件的发送与接收。测试过程如下（发件人为 client1@smile.com，收件人为 clienta@smile.com）。

```
[root@Client1 ~]# telnet 192.168.30.3 25        //利用 telnet 命令连接邮件服务器的 25 端口
Trying 192.168.30.3...
Connected to 192.168.30.3.
Escape character is '^]'.
220 mail.smile.com ESMTP Postfix
helo smile.com                          //利用 helo 命令向邮件服务器表明身份，不是 hello
250 mail.smile.com
mail from:"client1"<client1@smile.com>     //设置信件标题以及发信人地址。其中信件标题
                                        //为“client1”，发信人地址为 client1@smile.com
250 2.1.0 Ok
rcpt to:client2@smile.com               //利用 rcpt to 命令输入收件人的邮件地址
250 2.1.5 Ok
//data    // data 表示要求开始写信件内容了。当输入 data 指令按回车键后， 会提示以一个单行的“.”
          结束的信件
354 End data with <CR><LF>.<CR><LF>
```

```
Client1 TO Client2! A test mail!
.                              // "." 表示结束信件内容。千万不要忘记输入 "."
250 2.0.0 Ok: queued as 71B1990E
quit                           //退出 telnet 命令
221 2.0.0 Bye
Connection closed by foreign host.
```

（2）在服务器端检查 client2 的收件箱。

在服务器端利用 mail 命令检查 clienta 的收件箱。在本地登录服务器，在 Linux 命令行下，使用 mail 命令可以发送、收取用户的邮件。

```
[root@RHEL7-1 ~]# mail   -u   client2
Heirloom Mail version 12.5 7/5/10.  Type ? for help.
"/var/mail/client2": 1 message 1 new
>N  1 client1@smile.com     Sun Aug  5 22:08  10/349
& 1                           //如果要阅读 E-mail，选择邮件编号，按 Enter 键确认
Message  1:                   //选择了 1
From client1@smile.com  Sun Aug  5 22:08:24 2018
Return-Path: <client1@smile.com>
X-Original-To: client2@smile.com
Delivered-To: client2@smile.com
Status: R

Client1 TO Client2! A test mail!            //查看到的信件内容


& quit
Held 1 message in /var/mail/client2& 1
```

（3）群发测试。

① 发件人为 client1@smile.com，收件人为 team1@smile.com。

请在客户端使用 telnet 进行测试。

```
[root@client1 ~]# telnet mail.smile.com 25
Trying 192.168.30.3...
Connected to 192.168.30.3.
Escape character is '^]'.
220 mail.smile.com ESMTP Postfix
helo smile.com
250 mail.smile.com
mail from:client1            //省略域名
250 2.1.0 Ok
rcpt to:team1                //群发地址，同样省略域名
250 2.1.5 Ok
data
354 End data with <CR><LF>.<CR><LF>
发件人：client1@smile.com，收件人：team1@smile.com
.
250 2.0.0 Ok: queued as 1178C90E
quit
221 2.0.0 Bye
Connection closed by foreign host.
```

② 在应客户端检查 client1、client2 和 client3 的收件箱。在客户端 client1 查看 client3 用户。

```
[root@client1 ~]# telnet mail.smile.com 110
```

```
Trying 192.168.30.3...
Connected to mail.smile.com.
Escape character is '^]'.
+OK [XCLIENT] Dovecot ready.
user client3
+OK
pass 123
+OK Logged in.
list
+OK 2 messages:
1 289
2 311
.
retr 2
+OK 311 octets
Return-Path: <client1@smile.com>
X-Original-To: team1
Delivered-To: team1@smile.com
Received: from smile.com (unknown [192.168.30.111])
   by mail.smile.com (Postfix) with SMTP id 1178C90E
   for <team1>; Mon,  6 Aug 2018 18:42:51 +0800 (CST)

发件人：client1@smile.com，收件人：team1@smile.com。
.
quit
+OK Logging out.
Connection closed by foreign host.
[root@client1 ~]#
```

（4）服务器端进行测试。

client2 和 client3 用户类似。在服务器端可以看到 team1 组成员邮箱已经收到192.168.30.0/24 网段中 client1 用户发的邮件。检查命令如下（team1 包含 client1、client2、client3）。

```
[root@RHEL7-1 ~]# mail -u client1
[root@RHEL7-1 ~]# mail -u client2
[root@RHEL7-1 ~]# mail -u client3
```

11. 在192.168.10.0/24网段进行接收测试

（1）测试客户端的网络设置。

IP 地址为 192.168.10.110/24，默认网关为 192.168.10.3，DNS 服务器为 192.168.30.3。

将客户端的 IP 地址信息按题目要求更改，默认网关、DNS 服务器地址等一定要设置正确，保证客户端与 192.168.30.3、192.168.10.3 和 192.168.20.3 的通信畅通。

（2）邮件接收测试（在客户端 client1 上）。

分别用 client2 和 client3 接收邮件，测试成功，以 Client2 为例。

```
[root@client1 ~]# telnet mail.smile.com 110
Trying 192.168.30.3...
Connected to mail.smile.com.
Escape character is '^]'.
+OK [XCLIENT] Dovecot ready.
user client2
+OK
```

```
pass 123
+OK Logged in.
list
+OK 4 messages:
1 307
2 289
3 320
4 311
.
retr 4
+OK 311 octets
Return-Path: <client1@smile.com>
X-Original-To: team1
Delivered-To: team1@smile.com
Received: from smile.com (unknown [192.168.30.111])
by mail.smile.com (Postfix) with SMTP id 1178C90E
for <team1>; Mon,  6 Aug 2018 18:42:51 +0800 (CST)

发件人：client1@smile.com，收件人：team1@smile.com。
.
```

（3）邮件群发测试。

下面由 team1.smile.com 区域向 team2.smile.com 用户成员群发邮件。

发件人为 client1@smile.com，收件人为 team2@smile.com。

① 在客户端利用 telnet 的发信过程如图 11-7 所示。

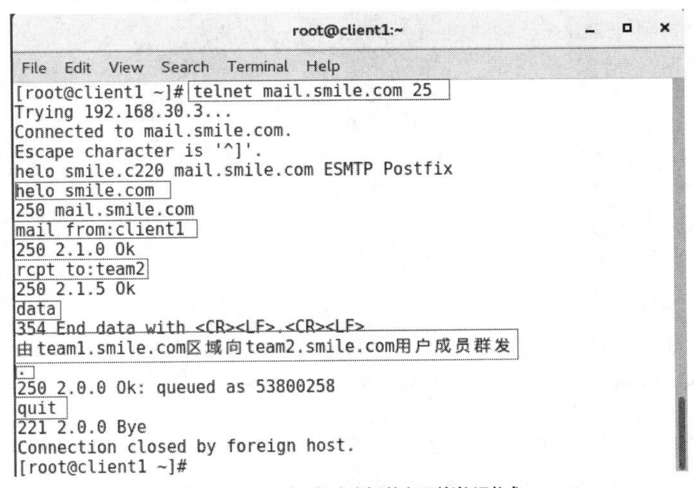

图 11-7　在客户端进行群发测试

team2 成员用户应该收到 3 封邮件。

② 服务器端测试，如图 11-8 所示。

```
[root@RHEL7-1 ~]# mail  -u  clienta
[root@RHEL7-1 ~]# mail  -u  clientb
[root@RHEL7-1 ~]# mail  -u  clientc
```

12. 在 192.168.20.0/24 网段测试

（1）分别在相应客户端利用 Outlook 进行接收邮件的测试。不再详述。

（2）在主机 192.168.10.88 上进行测试（DNS 为 192.168.30.3，默认网关为 192.168.10.3）。

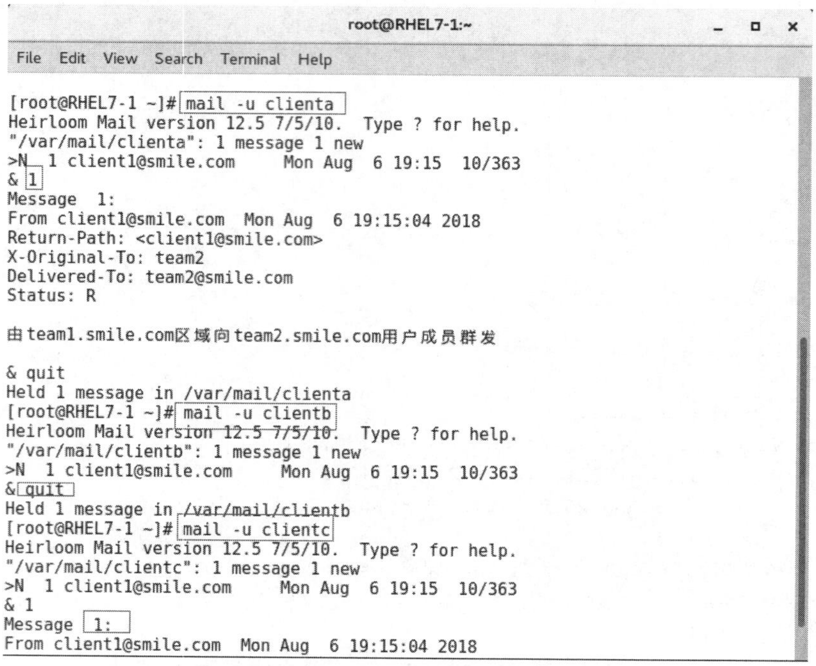

```
[root@RHEL7-1 ~]# mail -u clienta
Heirloom Mail version 12.5 7/5/10.  Type ? for help.
"/var/mail/clienta": 1 message 1 new
>N  1 client1@smile.com     Mon Aug  6 19:15  10/363
& 1
Message  1:
From client1@smile.com  Mon Aug  6 19:15:04 2018
Return-Path: <client1@smile.com>
X-Original-To: team2
Delivered-To: team2@smile.com
Status: R

由team1.smile.com区域向team2.smile.com用户成员群发

& quit
Held 1 message in /var/mail/clienta
[root@RHEL7-1 ~]# mail -u clientb
Heirloom Mail version 12.5 7/5/10.  Type ? for help.
"/var/mail/clientb": 1 message 1 new
>N  1 client1@smile.com     Mon Aug  6 19:15  10/363
& quit
Held 1 message in /var/mail/clientb
[root@RHEL7-1 ~]# mail -u clientc
Heirloom Mail version 12.5 7/5/10.  Type ? for help.
"/var/mail/clientc": 1 message 1 new
>N  1 client1@smile.com     Mon Aug  6 19:15  10/363
& 1
Message  1:
From client1@smile.com  Mon Aug  6 19:15:04 2018
```

图 11-8　在服务器端查看用户收件箱

最后测试禁止主机 192.168.10.88 使用 Postfix 服务器功能。

① 在 192.168.10.88 上发送邮件，发现主机不能使用 Postfix 邮件功能。

```
[root@client1 ~]# telnet 192.168.10.3 25
Trying 192.168.10.3...
Connected to 192.168.10.3.
Escape character is '^]'.
220 mail.smile.com ESMTP Postfix
helo smile.com
250 mail.smile.com
mail from:client1
250 2.1.0 Ok
rcpt to:client2
554 5.7.1 <unknown[192.168.10.88]>: Client host rejected: Access denied //拒绝!
421 4.4.2 mail.smile.com Error: timeout exceeded
Connection closed by foreign host.
```

② 在 192.168.10.99 上（DNS 为 192.168.30.3，默认网关为 192.168.10.3）发送邮件，成功。

```
[root@client1 ~]# telnet 192.168.10.3 25
Trying 192.168.10.3...
Connected to 192.168.10.3.
Escape character is '^]'.
220 mail.smile.com ESMTP Postfix
helo smile.com
250 mail.smile.com
mail from:team1
250 2.1.0 Ok
rcpt to:team2
250 2.1.5 Ok
data
```

```
354 End data with <CR><LF>.<CR><LF>
Team1 TO team2!!
.
250 2.0.0 Ok: queued as 5FC0E25F
quit
221 2.0.0 Bye
Connection closed by foreign host.
```

11.5　Postfix 排错

Postfix 功能强大，但其程序代码非常庞大，配置也相对复杂，而且与 DNS 服务等组件密切关联，一旦某一环节出现问题，就可能导致邮件服务器的意外错误。

11.5.1　无法定位邮件服务器

客户端使用 MUA 发送邮件时，如果收到无法找到邮件服务器的信息，表明客户端没有连接到邮件服务器，这很有可能是因为 DNS 解析失败造成的。如果出现该问题，可以在客户端和 DNS 服务器分别寻找问题的缘由。

1．客户端

检查客户端配置的 DNS 服务器 IP 地址是否正确、可用，Linux 检查/etc/reslov.conf 文件，Windows 用户查看网卡的 TCP/IP 协议属性，再使用 host 命令尝试解析邮件服务器的域名。

2．DNS 服务器

打开 DNS 服务器的 named.conf 文件，检查邮件服务器的区域配置是否完整，并查看其对应的区域文件 MX 记录。一切确认无误，重新进行测试。

11.5.2　身份验证失败

对于开启了邮件认证的服务器，saslauthd 服务如果出现问题未正常运行，会导致邮件服务器认证失败。在收发邮件时若频繁提示输入用户名及密码，就检查 saslauthd 是否开启，排除该错误。

11.5.3　邮箱配额限制

客户端使用 MUA 向其他用户发送邮件时，如果收到信息为 Disk quota exceeded 系统退信，则表明接收方的邮件空间已经达到磁盘配额限制。

这时，接收方必须删除垃圾邮件，或者由管理员增加使用空间，才可以正常接收 E-mail。

11.5.4　邮件服务器配置常记几件事

（1）一定要把 DNS 服务器配置好，保证 DNS 服务器和 postfix 服务器、客户端通信畅通。

（2）关闭防火墙或者让防火墙放行（服务或端口）。

（3）建议将 SELinux 关闭（设为 disables），所需配置文件是/etc/sysconfig/selinux，或者使用如下命令。

```
setsebool  -P  allow_postfix_local_write_mail_spool  on
setsebool  -P  allow_saslauthd_read_shadow  on
```

（4）注意各网卡在虚拟机中的网络连接方式，这也是在通信中最易出错的地方。先保证通信畅通，再配置。

（5）注意几个配置文件之间的关联以及各实例前后的联系，为了不让实训间互相影响，可以恢复到初始状态再配置另一个实例，这个对全书都适用！

11.6 项目实录

1. 视频位置

实训前请扫二维码观看：实训项目 配置与管理电子邮件服务器。

视频 11-2 实训项目 配置与管理电子邮件服务器

2. 项目实训目的

- 能熟练完成企业 POP3 邮件服务器的安装与配置。
- 能熟练完成企业邮件服务器的安装与配置。
- 能熟练测试邮件服务器。

3. 项目背景与任务

企业需求：企业需要构建自己的邮件服务器供员工使用；本企业已经申请了域名 long.com，要求企业内部员工的邮件地址为 username@long.com 格式。员工可以通过浏览器或者专门的客户端软件收发邮件。

任务：假设邮件服务器的 IP 地址为 192.168.1.2，域名为 mail.long.com。请构建 POP3 和 SMTP 服务器，为局域网中的用户提供电子邮件；邮件要能发送到 Internet 上，同时 Internet 上的用户也能把邮件发到企业内部用户的邮箱。

4. 项目实训内容

（1）复习 DNS 在邮件中的使用。

（2）练习 Linux 系统下邮件服务器的配置方法。

（3）使用 telnet 进行邮件的发送和接收测试。

5. 做一做

根据项目实录视频进行项目实训，检查学习效果。

11.7 练习题

一、填空题

1. 电子邮件地址的格式是 user@RHEL6.com。一个完整的电子邮件由 3 部分组成，第 1 部分代表________，第 2 部分是________，第 3 部分是________。

2. Linux 系统中的电子邮件系统包括 3 个组件：________、________和________。

3. 常用的与电子邮件相关的协议有________、________和________。

4. SMTP 默认工作在 TCP 的________端口，POP3 默认工作在 TCP 的________端口。

二、选择题

1. 用来将电子邮件下载到客户机的协议是（　　）。

A. SMTP　　B. IMAP4　　C. POP3　　D. MIME

2. 利用 Access 文件设置邮件中继需要转换 access.db 数据库，需要使用命令（　　）。

A. postmap　　B. m4　　C. access　　D. macro

3. 用来控制 Postfix 服务器邮件中继的文件是（　　）。

A. main.cf　　B. postfix.cf　　C. postfix.conf　　D. access.db

4. 邮件转发代理也称邮件转发服务器，可以使用 SMTP，也可以使用（　　）。

A. FTP　　B. TCP　　C. UUCP　　D. POP

5.（　　）不是邮件系统的组成部分。

A. 用户代理　　B. 代理服务器　　C. 传输代理　　D. 投递代理

6. 在 Linux 下可用哪些 MTA 服务器？（　　）

A. Postfix　　B. qmail　　C. imap　　D. sendmail

7. Postfix 常用 MTA 软件有（　　）。

A. sendmail　　B. postfix　　C. qmail　　D. exchange

8. Postfix 的主配置文件是（　　）。

A. postfix.cf　　B. main.cf　　C. access　　D. local-host-name

9. Access 数据库中访问控制操作有（　　）。

A. OK　　B. REJECT　　C. DISCARD　　D. RELAY

10. 默认的邮件别名数据库文件是（　　）。

A. /etc/names　　B. /etc/aliases

C. /etc/postfix/aliases　　D. /etc/hosts

三、简述题

1. 简述电子邮件系统的构成。
2. 简述电子邮件的传输过程。
3. 电子邮件服务与 HTTP、FTP、NFS 等程序的服务模式的最大区别是什么？
4. 电子邮件系统中 MUA、MTA、MDA 三种服务角色的用途分别是什么？
5. 能否让 Dovecot 服务程序限制允许连接的主机范围？
6. 如何定义用户别名信箱以及让其立即生效？如何设置群发邮件。

11.8　实践习题

1. 实际操作任务 11-2 中的 Postfix 应用案例。

2. 假设邮件服务器的 IP 地址为 192.168.0.3，域名为 mail.smile.com。请构建 POP3 和 SMTP 服务器，为局域网中的用户提供电子邮件；邮件要能发送到 Internet 上，同时 Internet 上的用户也能把邮件发到企业内部用户的邮箱。要设置邮箱的最大容量为 100MB，收发邮件最大为 20MB，并提供反垃圾邮件功能。

参考文献

[1] 杨云. Linux 网络操作系统项目教程（RHEL6.4/CentOS 6.4）（第 2 版）. 北京：人民邮电出版社，2016.

[2] 杨云. Red Hat Enterprise Linux 6.4 网络操作系统详解. 北京：清华大学出版社，2017.

[3] 杨云. 网络服务器搭建、配置与管理——Linux 版（第 2 版）. 北京：人民邮电出版社，2015.

[4] 杨云. Linux 网络操作系统与实训（第 3 版）. 长沙：中国铁道出版社，2016.

[5] 杨云. Linux 网络服务器配置管理项目实训教程（第二版）. 北京：中国水利水电出版社，2014.

[6] 刘遄. Linux 就该这么学. 北京：人民邮电出版社，2016.

[7] 刘晓辉等. 网络服务搭建、配置与管理大全（Linux 版）. 北京：电子工业出版社，2009.

[8] 陈涛等. 企业级 Linux 服务攻略. 北京：清华大学出版社，2008.

[9] 曹江华. RedHat Enterprise Linux 5.0 服务器构建与故障排除. 北京：电子工业出版社，2008.

[10] 夏笠芹. Linux 网络操作系统配置与管理（第 3 版）. 大连：大连理工大学出版社，2018.